经济管理类数学基础

# 概率论与数理统计

谢 安 李冬红 主编

U0249115

清华大学出版社
北京

## 内 容 简 介

本书全面、系统地论述了概率与数理统计的概念、方法、理论及其应用.

全书共分 9 章,由概率和数理统计两大部分组成.概率部分包括:随机事件与概率、随机变量及其概率分布、多维随机变量及其分布、随机变量的数字特征、大数定律和中心极限定理.数理统计部分包括:数理统计的基本概念、参数估计、假设检验、回归分析.每章都配有一定数量的习题.概率部分的习题分为 A、B两类,A 类是计算、证明、应用题;B 类是填空、选择、判断题.书后附有习题的参考答案.

本书是作者在多年教学实践的基础上,参照教育部非数学专业教学指导委员会最新制定的"经济管理类本科数学基础教学基本要求",涵盖教育部最新颁布的《全国硕士研究生入学统一考试数学考试大纲》中概率论与数理统计全部内容,汲取国内外其他同类教材精华编写而成.全书内容完整,论述清晰、简洁、合理,例题习题编选恰当,而且经过了多次教学检验.本书可作为高等学校经济管理类专业的教材或教学参考书,也非常适合报考研究生的考生参考.

**图书在版编目(CIP)数据**

概率论与数理统计/谢安,李冬红主编.--北京:清华大学出版社,2012.7 (2024.9重印)
(经济管理类数学基础)
ISBN 978-7-302-28917-3

Ⅰ.①概… Ⅱ.①谢…②李… Ⅲ.①概率论-高等学校-教材②数理统计-高等学校-教材
Ⅳ.①O21

中国版本图书馆 CIP 数据核字(2012)第 106705 号

责任编辑:石　磊
封面设计:傅瑞雪
责任校对:刘玉霞
责任印制:杨　艳

出版发行:清华大学出版社
　　　网　　　址:https://www.tup.com.cn,https://www.wqxuetang.com
　　　地　　　址:北京清华大学学研大厦 A 座　　　　　邮　　编:100084
　　　社 总 机:010-83470000　　　　　　　　　　　　邮　　购:010-62786544
　　　投稿与读者服务:010-62776969,c-service@tup.tsinghua.edu.cn
　　　质量反馈:010-62772015,zhiliang@tup.tsinghua.edu.cn
印 装 者:涿州汇美亿浓印刷有限公司
经　　销:全国新华书店
开　　本:185mm×230mm　　印　张:15.5　　　　　字　　数:334 千字
版　　次:2012 年 7 月第 1 版　　　　　　　　　　　印　　次:2024 年 9 月第 14 次印刷
定　　价:45.00 元

产品编号:043046-05

随着我国经济与管理学科的迅速发展,数学作为经济与管理学科的重要基础课受到越来越广泛的关注和重视.数学课的教学目的在于培养学生的抽象思维能力、逻辑思维能力、科学的定量分析能力等基本数学素质,特别是培养学生在研究经济理论和经济管理的实践中综合运用数学思想方法去分析问题和解决问题的能力.数学课的教学质量,直接影响后续专业课的教学和相关专业学生的培养质量.

经济管理类数学基础系列课程主要有微积分、线性代数、概率论与数理统计三门课程.长期以来,中央财经大学应用数学学院一直非常重视这些基础课程的建设与改革.学院曾于1998年组织骨干教师编写出版了这三门课程的教材.该教材被评为中央财经大学重点系列教材,自出版发行以来,深受广大教师及学生的好评,还在一定程度上满足了兄弟院校教学的需要.

近年来,随着我校教育教学改革的不断深入,我们进一步对数学课的教学内容、教学手段等方面进行了一系列改革,力求使之更加适应新形势下财经应用型创新人才培养的要求.依据新的培养目标和培养方案,参考2009年教育部最新颁布的研究生入学数学考试大纲,我们重新修订了这三门课的教学大纲,组织教学小组积极探索提高公共数学课教学质量的途径、方法和有效手段.经过几年的努力,我们在课程建设方面取得了一定的成绩.目前,三门经济管理类数学课程均已成为校级精品课,其中微积分于2008年被评为北京市精品课程.

2010年5月,教育部为贯彻落实《国家中长期教育改革和发展规划纲要(2010—2020年)》,扎实有序地推进教育改革,决定在全国范围分区域、有步骤地开展改革试点工作.中央财经大学的"财经应用型创新人才培养模式改革"成为首批国家教育体制改革试点项目.基于此,我们在课程建设中进一步突出了学生创新意识和创新能力的培养,成立教学改革课题组,开展"数学课程与教材一体化建设的研究".

在上述工作的基础上,我们编写了这套"经济管理类数学基础"系列教材,包括《微积分》、《线性代数》、《概率论与数理统计》,以及配套的习题课教材和电子教案.教材内容涵盖了教育部非数学类专业数学基础课程教学指导分委员会最新制定的"经济管理类本科数学基础教学基本要求",并且满足经济类、管理类各专业对数学越来越高的要求.在我们原有教材的基础上,该系列教材凝聚了作者近年来在大学数学教学改革方面的一些新成果,借鉴了近几年国内外一批优秀教材的有益经验.教材在内容上注重基本概念、基本理论和基本技能的讲解,突出理论联系实际,努力体现实用性.根据经济管理类专业学生的实际情况,尽量以直观的、通俗的方法重点阐述数学方法的思想、应用背景及其在金融、保险、统计等领域应用中应该注意的问题.选择与当今社会经济生活和现代科技密切相关的实例,避免那种远离实际而只讲数学的抽象定义、定理、证明的模式,尽量突出数学建模的思想和方法.通过加强对经济学、管理学具体问题的数学表述和数学理论问题的经济学含义解释,使得数学的能力培养功能与应用功能有机结合,培养学生在经济学中的数学思维方式和数学应用能力,实现经济、管理类数学基础教育的"培养素质、提高能力特别是专业素质"的目标.我们希望系列教材与精品课程互为依托,进一步促进课程与专业建设水平全面提高.

在本系列教材的编写和出版过程中,得到中央财经大学教务处、应用数学学院以及清华大学出版社的大力支持,在此一并致谢.

尽管作者都有良好的愿望和多年的教学经验,但由于受经验和水平的限制,加之时间仓促,书中难免存在作者未发现的错漏,恳请使用本书的读者不吝指正,以便进一步完善.

编　者

2012 年 5 月

# 前　言

　　本书是根据教育部非数学专业教学指导委员会最新制定的"经济管理类本科数学基础课程教学基本要求"和 2009 年教育部颁布的《全国硕士研究生入学统一考试数学考试大纲》的内容和要求编写而成.

　　本书作为经济管理类数学基础系列教材之一,以深入浅出的方式介绍了概率论与数理统计的基本内容,并着重介绍概率论与数理统计中主要内容的思想方法.本书的另外一个特色是,在每章的内容中穿插介绍了与本章内容有关的一些背景知识或概率论与数理统计的应用实例,旨在加深读者对概率统计内容的了解,扩大阅读视野,加强对实际问题分析能力的培养,以利于读者对基本理论与基本方法的掌握与应用.本书每章的例题、习题都经过精心设计与编选,增加了概率论与数理统计在经济中应用的例题,编入了部分难度适中的考研真题,以及一些与最新科技及日常生活有关的习题,以提高读者解决问题的能力.

　　参照 2009 年教育部颁布的《全国硕士研究生入学统一考试数学考试大纲》的要求,并考虑到经济管理类专业的需要,本书在现行经济管理类数学教学基本要求的基础上略有拓宽与加深.在第 3 章将条件分布单独编写为一节,对两个随机变量的函数的分布进行了更加深入系统的论述.在第 7 章,特意编入了两个正态总体均值差、方差比的区间估计.第 9 章回归分析中加入了多元线性回归的内容.

　　本书由谢安教授组织编写(主编并编写第 1、5、9 章),参加编写的还有李冬红副教授(主编并编写第 2、3、4、8 章)、雷孟京副教授(编写第 6、7 章).

　　由于编者的水平有限,书中难免有不当和错误之处,敬请读者和同行不吝指正.

编　者

2011 年 12 月

# 目 录

**第1章　随机事件与概率** ……………………………………………… 1

  1.1　随机事件 …………………………………………………………… 1

    1.1.1　随机现象 …………………………………………………… 1

    1.1.2　随机试验 …………………………………………………… 2

    1.1.3　随机事件、样本空间 ……………………………………… 2

    1.1.4　事件的关系及运算 ………………………………………… 3

  1.2　随机事件的概率 …………………………………………………… 7

    1.2.1　事件的频率与概率的统计定义 …………………………… 7

    1.2.2　古典概型 …………………………………………………… 8

    1.2.3　几何概型 …………………………………………………… 10

    1.2.4　概率的公理化定义 ………………………………………… 11

    1.2.5　概率的基本性质 …………………………………………… 12

  1.3　条件概率、事件的独立性 ………………………………………… 15

    1.3.1　条件概率 …………………………………………………… 15

    1.3.2　乘法公式 …………………………………………………… 16

    1.3.3　事件的独立性 ……………………………………………… 18

  1.4　全概率公式与贝叶斯公式 ………………………………………… 20

  1.5　$n$ 重伯努利概型 ………………………………………………… 24

  习题一 …………………………………………………………………… 26

**第2章　随机变量及其概率分布** ……………………………………… 31

  2.1　随机变量 …………………………………………………………… 31

  2.2　离散型随机变量 …………………………………………………… 32

    2.2.1　一维离散型随机变量的概念 ……………………………… 32

    2.2.2　常见的离散型随机变量及其分布 ………………………… 34

  2.3　随机变量的分布函数 ……………………………………………… 38

    2.3.1　分布函数的定义及性质 …………………………………… 38

　　　　2.3.2　离散型随机变量的分布函数 ···················· 39

　　2.4　连续型随机变量 ···················· 41

　　　　2.4.1　连续型随机变量及其概率密度 ···················· 41

　　　　2.4.2　连续型随机变量的分布函数 ···················· 42

　　　　2.4.3　常见的连续型随机变量及其分布 ···················· 43

　　2.5　随机变量函数的分布 ···················· 49

　　　　2.5.1　离散型随机变量函数的分布 ···················· 49

　　　　2.5.2　连续型随机变量函数的分布 ···················· 50

　　习题二 ···················· 53

**第3章　多维随机向量及其分布** ···················· 58

　　3.1　多维随机向量及其联合分布 ···················· 58

　　　　3.1.1　多维随机向量及联合分布函数 ···················· 58

　　　　3.1.2　二维离散型随机向量 ···················· 60

　　　　3.1.3　二维连续型随机向量 ···················· 63

　　3.2　随机变量的独立性 ···················· 67

　　　　3.2.1　两个随机变量的独立性 ···················· 67

　　　　3.2.2　$n$ 个随机变量的独立性 ···················· 69

　　3.3　条件分布 ···················· 70

　　　　3.3.1　离散型随机变量的条件分布 ···················· 70

　　　　3.3.2　连续型随机变量的条件分布 ···················· 72

　　3.4　二维正态分布 ···················· 74

　　3.5　两个随机变量函数的分布 ···················· 76

　　　　3.5.1　离散型随机变量函数的分布 ···················· 76

　　　　3.5.2　连续型随机变量函数的分布 ···················· 78

　　习题三 ···················· 81

**第4章　随机变量的数字特征** ···················· 87

　　4.1　数学期望 ···················· 87

　　　　4.1.1　离散型随机变量的数学期望 ···················· 87

　　　　4.1.2　连续型随机变量的数学期望 ···················· 90

　　　　4.1.3　二维随机向量及其函数的数学期望 ···················· 93

　　　　4.1.4　数学期望的性质 ···················· 94

　　　　4.1.5　条件数学期望 ···················· 96

　　4.2　方差 ···················· 96

　　　　4.2.1　方差的概念 ……………………………………………………………… 97
　　　　4.2.2　常见的随机变量的方差 …………………………………………………… 99
　　　　4.2.3　随机向量的方差 …………………………………………………………… 102
　　　　4.2.4　方差的性质 ………………………………………………………………… 103
　　4.3　协方差和相关系数 …………………………………………………………………… 105
　　　　4.3.1　协方差 ……………………………………………………………………… 105
　　　　4.3.2　相关系数 …………………………………………………………………… 106
　　　　4.3.3　二维正态分布的协方差与相关系数 ……………………………………… 107
　　　　4.3.4　原点矩和中心矩 …………………………………………………………… 108
　　习题四 ……………………………………………………………………………………… 109

**第 5 章　大数定律和中心极限定理** …………………………………………………………… 113

　　5.1　大数定律 ……………………………………………………………………………… 113
　　5.2　中心极限定理 ………………………………………………………………………… 116
　　习题五 ……………………………………………………………………………………… 119

**第 6 章　数理统计的基本概念** ………………………………………………………………… 121

　　6.1　总体与样本 …………………………………………………………………………… 121
　　　　6.1.1　总体 ………………………………………………………………………… 121
　　　　6.1.2　样本 ………………………………………………………………………… 122
　　6.2　统计量 ………………………………………………………………………………… 123
　　　　6.2.1　统计量的概念 ……………………………………………………………… 123
　　　　6.2.2　几个常用的统计量 ………………………………………………………… 124
　　6.3　抽样分布 ……………………………………………………………………………… 126
　　　　6.3.1　样本均值的分布 …………………………………………………………… 126
　　　　6.3.2　$\chi^2$ 分布 …………………………………………………………………… 127
　　　　6.3.3　$t$ 分布 ……………………………………………………………………… 130
　　　　6.3.4　$F$ 分布 ……………………………………………………………………… 132
　　习题六 ……………………………………………………………………………………… 134

**第 7 章　参数估计** ……………………………………………………………………………… 136

　　7.1　点估计及其优良性 …………………………………………………………………… 136
　　　　7.1.1　点估计的概念 ……………………………………………………………… 136
　　　　7.1.2　估计量的优良性 …………………………………………………………… 137
　　7.2　最大似然估计法 ……………………………………………………………………… 141

7.3 矩估计法 ················································· 146

7.4 区间估计 ················································· 148

    7.4.1 区间估计的基本思想 ································· 150

    7.4.2 单个正态总体参数的区间估计 ····················· 151

    7.4.3* 两个正态总体参数的区间估计 ··················· 154

习题七 ························································· 156

## 第 8 章 假设检验 ········································· 160

8.1 假设检验的基本思想与概念 ··························· 160

    8.1.1 假设检验的基本概念 ····························· 160

    8.1.2 假设检验的基本思想与步骤 ····················· 161

    8.1.3 两类错误 ······································· 163

8.2 一个正态总体参数的假设检验 ······················· 163

    8.2.1 方差 $\sigma^2$ 已知时，正态总体均值 $\mu$ 的假设检验 ······· 163

    8.2.2 总体方差 $\sigma^2$ 未知时，检验假设 $H_0:\mu=\mu_0$ ········· 165

    8.2.3 总体均值 $\mu$ 未知时，检验假设 $H_0:\sigma^2=\sigma_0^2$，其中 $\sigma_0^2$ 是已知常数 ····· 166

8.3 两个正态总体参数的假设检验 ······················· 168

    8.3.1 两个正态总体均值的假设检验 ····················· 168

    8.3.2 两个正态总体方差的假设检验 ····················· 169

8.4* 总体比率的假设检验 ······························· 172

8.5* 总体分布函数的假设检验 ··························· 173

    8.5.1 频率直方图 ····································· 174

    8.5.2 皮尔逊 $\chi^2$ 检验 ································· 175

习题八 ························································· 178

## 第 9 章 回归分析 ········································· 180

9.1 一元线性回归 ········································· 180

    9.1.1 变量间的关系 ··································· 180

    9.1.2 一元线性回归模型 ······························· 181

    9.1.3 参数估计 ······································· 182

    9.1.4 最小二乘估计的性质 ····························· 184

9.2 回归方程的显著性检验 ······························· 185

    9.2.1 总离差平方和分解公式 ··························· 185

    9.2.2 $F$ 检验 ········································· 187

    9.2.3 相关系数检验 ··································· 188

9.3　预测和控制 ……………………………………………………… 189

9.3.1　预测问题 …………………………………………………… 189

9.3.2　控制问题 …………………………………………………… 192

9.4　可化为线性回归的曲线回归 ………………………………… 193

9.5*　多元线性回归 ……………………………………………… 196

9.5.1　多元线性回归模型 ………………………………………… 197

9.5.2　参数估计 …………………………………………………… 198

9.5.3　多元线性回归模型的显著性检验 ………………………… 203

9.5.4　预测 ………………………………………………………… 205

习题九 ……………………………………………………………… 207

**习题参考答案** …………………………………………………… 210

**附录A** ……………………………………………………………… 225

表 A1　泊松分布表 ………………………………………………… 225

表 A2　标准正态分布函数值表 …………………………………… 226

表 A3　$\chi^2$ 分布上侧临界值 $\chi_\alpha^2$ 表 ……………………………… 227

表 A4　$t$ 分布上侧临界值 $t_\alpha$ 表 ………………………………… 228

表 A5　$F$ 分布上侧临界值 $F_\alpha$ 表 ……………………………… 230

表 A6　相关系数检验表 …………………………………………… 234

**参考文献** ………………………………………………………… 235

# 第 1 章

# 随机事件与概率

本章介绍概率论中的基本概念和术语,随机事件之间的关系及运算,事件的概率及概率的基本性质,概率的基本公式,事件的独立性与 $n$ 重伯努利概型. 本章内容对于准确掌握概率与数理统计理论体系与应用方法都十分重要.

## 1.1  随机事件

### 1.1.1  随机现象

概率论与数理统计是研究随机现象统计规律性的一门学科.

在自然界和社会实践中,人们观察到的现象各种各样,但归纳起来大体上可分为两类.

一类是确定性现象. 例如,向上抛掷的重物必然自由下落;在标准大气压下,纯水加热到 $100\,^\circ\!\mathrm{C}$ 时会沸腾;在一批合格的产品中任取一件,必定不是废品等. 这类在一定条件下必然出现某一结果的现象称为确定性现象或必然现象. 几何、代数、微积分等都是研究确定性现象的数学工具.

另一类是随机现象,它是与确定性现象有着本质区别的一类现象. 例如,抛掷一枚均匀的硬币,其结果可能是正面朝上,也可能是反面朝上;某射手向同一目标射击多次,各次射击的弹着点不尽相同,并且每次射击之前无法预知弹着点的确切位置. 这类现象的共同特点是:在同样条件下重复进行一系列试验,每次试验的可能结果不止一个,且事先不能预知将会出现哪一种结果,即试验结果呈现出不确定性. 但人们经过长期实践并深入研究之后,发现这类现象在大量重复试验或观察下,其结果却呈现出某种规律性. 例如,在相同条件下多次重复抛掷一枚均匀硬币,出现正面朝上的次数大致占抛掷总次数的一半;某射手向同一目标射击的弹着点按照一定的规律分布等. 这种在大量重复试验或观察中所呈现出的固有的规律性称为统计规律性.

我们把在个别试验中呈现出不确定性,而在大量重复试验或观察中又具有统计规律性的现象,称为随机现象.

### 1.1.2 随机试验

在概率论中,试验是一个含义广泛的术语,它包括为研究随机现象的统计规律性而进行的各种科学实验或对事物的某种特性进行的观察. 常用字母 $E$ 表示这类试验. 例如

$E_1$: 抛掷一枚均匀硬币,观察它出现正面朝上与反面朝上的情况.

$E_2$: 抛掷一颗骰子,观察它出现的点数.

$E_3$: 记录电话交换台在单位时间内收到的呼叫次数.

$E_4$: 在一批同型号的灯泡中任意抽取一只,测试它的使用寿命.

$E_5$: 在相同条件下,接连不断地向一个目标射击,直到击中目标为止,记录射击的次数.

以上试验都可以在相同条件下重复进行. 试验 $E_1$ 只有两种可能结果:出现正面朝上或反面朝上,但是在抛掷之前不知道究竟会出现哪一面朝上. 对于试验 $E_4$,灯泡的使用寿命(以小时计)是一个非负实数,而在测试之前不能确定它的使用寿命有多长. 概括起来,这些试验具有下列特点:

(1) 试验可以在相同的条件下重复进行;

(2) 试验的所有可能结果在试验之前是明确可知的,并且不止一个;

(3) 每次试验之前不能确定这次试验会出现哪一个结果.

称具有上述三个特点的试验为随机试验,简称为试验. 我们是通过随机试验来研究随机现象的.

### 1.1.3 随机事件、样本空间

在随机试验 $E$ 中,每个可能出现的不能再分解的最简单的结果称为随机试验 $E$ 的基本事件. 由于随机试验的所有可能结果是明确的,因此试验的所有基本事件也是已知的. 将全体基本事件组成的集合称为样本空间或基本事件空间,记为 $\Omega$. 样本空间 $\Omega$ 中的元素,即基本事件又称为样本点,用 $\omega$ 表示.

**例 1.1** 抛掷一枚硬币,观察出现正面朝上与反面朝上的情况. 若记 $\omega_1 = \{$正面朝上$\}$,$\omega_2 = \{$反面朝上$\}$,则样本空间由两个样本点组成,即

$$\Omega = \{\omega_1, \omega_2\}$$

**例 1.2** 一个盒子中有 10 个完全相同的球,分别标有号码 $1, 2, \cdots, 10$,从中任取 1 球,观察球上的号码. 若记 $\omega_i = \{$取出的球的号码为 $i\}$ $(i = 1, 2, \cdots, 10)$,则样本空间为

$$\Omega = \{\omega_1, \omega_2, \cdots, \omega_{10}\}$$

**例 1.3** 将一枚硬币连续地抛两次,观察出现正面、反面朝上的情况. 这个试验共有 4 个基本事件:(正,正),(正,反),(反,正),(反,反),其中(正,正)表示两次都出现正面朝上;(正,反)表示第一次出现正面朝上,第二次出现反面朝上,其余类推. 若记 $\omega_1 = \{$正,正$\}$,$\omega_2 = \{$正,反$\}$,$\omega_3 = \{$反,正$\}$,$\omega_4 = \{$反,反$\}$,则样本空间为

$$\Omega = \{\omega_1, \omega_2, \omega_3, \omega_4\}$$

**例 1.4** 记录电话交换台在单位时间内收到的呼叫次数. 若记 $\omega_i = \{$收到 $i$ 次呼叫$\}$ $(i = 0, 1, 2, \cdots)$, 则样本空间为

$$\Omega = \{\omega_0, \omega_1, \omega_2, \cdots\}$$

**例 1.5** 某射手对同一目标进行射击, 观察弹着点与目标的距离. 若用 $x$ 表示"弹着点与目标的距离"这一结果, 则样本空间为

$$\Omega = \{x \mid 0 \leqslant x < +\infty\}$$

在确定随机试验的样本空间时, 要注意试验的内容与目的. 譬如, 例 1.1 和例 1.3 都是抛硬币的试验, 但由于试验内容不同, 所以样本空间也不一样.

在随机试验中, 人们常常关心具有某些特征的样本点所组成的集合. 称样本空间 $\Omega$ 的子集为随机事件, 简称事件. 常用字母 $A, B, C, \cdots$ 表示. 在试验中, 称某个事件发生, 当且仅当该子集中的某一个样本点在试验中出现. 显然基本事件也是随机事件.

**例 1.6** 在例 1.2 中, 若记

$$A_i = \{$$取出的球的号码为 $i\} (i = 1, 2, \cdots, 10), \quad B = \{取出的球的号码是偶数\}$$

则 $A_1, A_2, \cdots, A_{10}, B$ 都是随机事件. 其中 $B$ 是由 $A_2, A_4, A_6, A_8, A_{10}$ 这 5 个基本事件组成的. 像这种由若干个基本事件所组成的事件称为复合事件. 我们说事件 $B$ 发生, 当且仅当 $A_2, A_4, A_6, A_8, A_{10}$ 这 5 个基本事件中有一个发生.

每次试验中一定会发生的事件称为必然事件, 用字母 $\Omega$ 表示; 每次试验中一定不会发生的事件称为不可能事件, 记为 $\varnothing$. 必然事件与不可能事件不具有随机性, 但为了讨论问题的方便, 也把它们看作是特殊的随机事件. 譬如, 在例 1.2 中"取出的球的号码不大于 10"是必然事件, 而"取出的球的号码为 11"是不可能事件.

因为样本空间 $\Omega$ 是由所有基本事件组成的集合, 因此在任何一次试验中, 必然会出现 $\Omega$ 中的某个样本点, 所以样本空间 $\Omega$ 作为一个事件是必然事件. 空集 $\varnothing$ 不包含任何样本点, 它作为一个事件在每次试验中都不会发生, 所以空集 $\varnothing$ 是不可能事件.

由于任一事件 $A$ 是样本空间 $\Omega$ 的子集, 为了叙述方便, 不妨把这个子集称为集合 $A$. 于是事件之间的关系和运算就可以用集合论的知识来解释. 在概率论中常用平面上的某个矩形区域表示样本空间 $\Omega$, 该区域内的某个子区域表示事件, 见图 1-1(a)~(f).

## 1.1.4 事件的关系及运算

在一个随机试验中, 可以有许多随机事件, 其中有些比较简单, 有些则比较复杂, 它们之间存在着各种各样的关系. 概率论的任务之一是希望从简单事件的概率推算出复杂事件的概率. 为此, 需要研究事件之间的关系和运算.

下面讨论事件之间的几种主要关系和运算.

**1. 事件的包含**

若事件 $A$ 发生必然导致事件 $B$ 发生, 则称事件 $B$ 包含事件 $A$, 或称事件 $A$ 含于事件 $B$, 记为 $B \supset A$ 或 $A \subset B$.

从集合论的观点看,事件 $B$ 包含事件 $A$,就是 $A$ 中的每一个样本点都包含在 $B$ 中,如图 1-1(a)所示.

对任一事件 $A$,有 $\varnothing \subset A \subset \Omega$.

**2. 事件的相等**

若 $A \subset B$ 且 $B \subset A$,则称事件 $A$ 与 $B$ 相等,记为 $A=B$.

相等的两个事件所包含的样本点完全相同.

**3. 事件的并**

"事件 $A$ 与 $B$ 中至少有一个发生"这一事件,称为事件 $A$ 与 $B$ 的并(或和),记为 $A \cup B$ 或 $A+B$.

$A \cup B$ 是由事件 $A$ 与 $B$ 的所有样本点构成的集合. 如图 1-1(b)所示.

对任一事件 $A$,有 $A \cup A=A$,$A \cup \varnothing=A$,$A \cup \Omega=\Omega$.

事件的并的概念可以推广到有限个或可列无穷多个事件的情形.

"事件 $A_1,A_2,\cdots,A_n$ 中至少有一个发生"这一事件,称为事件 $A_1,A_2,\cdots,A_n$ 的并(或和),记为 $\bigcup\limits_{i=1}^{n} A_i \left(或 \sum\limits_{i=1}^{n} A_i\right)$.

"事件 $A_1,A_2,\cdots,A_n,\cdots$ 中至少有一个发生"这一事件,称为事件 $A_1,A_2,\cdots,A_n,\cdots$ 的并(或和),记为 $\bigcup\limits_{i=1}^{\infty} A_i \left(或 \sum\limits_{i=1}^{\infty} A_i\right)$.

**4. 事件的交**

"事件 $A$ 与 $B$ 同时发生"这一事件,称为事件 $A$ 与 $B$ 的交(或积),记为 $A \cap B$(或 $AB$).

$A \cap B$ 是由事件 $A$ 与 $B$ 的所有公共样本点构成的集合. 如图 1-1(c)所示.

对任一事件 $A$,有 $AA=A$,$A\varnothing=\varnothing$,$A\Omega=A$.

类似地,"事件 $A_1,A_2,\cdots,A_n$ 同时发生"这一事件,称为事件 $A_1,A_2,\cdots,A_n$ 的交(或积),记为 $\bigcap\limits_{i=1}^{n} A_i \left(或 \prod\limits_{i=1}^{n} A_i\right)$.

"事件 $A_1,A_2,\cdots,A_n,\cdots$ 同时发生"这一事件,称为事件 $A_1,A_2,\cdots,A_n,\cdots$ 的交(或积),记为 $\bigcap\limits_{i=1}^{\infty} A_i \left(或 \prod\limits_{i=1}^{\infty} A_i\right)$.

**5. 事件的差**

"事件 $A$ 发生而事件 $B$ 不发生"这一事件,称为事件 $A$ 与 $B$ 的差,记为 $A-B$.

$A-B$ 是由属于 $A$ 但不属于 $B$ 的那些样本点构成的集合. 如图 1-1(d)所示.

**6. 互不相容事件**

若事件 $A$ 与 $B$ 不能同时发生,即 $AB=\varnothing$,则称事件 $A$ 与 $B$ 互不相容(或 $A$ 与 $B$ 互斥).

事件 $A$ 与 $B$ 互不相容表示 $A$ 与 $B$ 没有公共的样本点. 如图 1-1(e)所示.

若事件 $A_1,A_2,\cdots,A_n$(或 $A_1,A_2,\cdots,A_n,\cdots$)中任意两个事件都互不相容,即 $A_iA_j=\varnothing$ ($i\neq j$; $i,j=1,2,\cdots,n$ 或 $i,j=1,2,\cdots,n,\cdots$),则称事件 $A_1,A_2,\cdots,A_n$(或 $A_1,A_2,\cdots,A_n,\cdots$)两两互不相容.

### 7. 对立事件

"事件 $A$ 不发生"(或事件"非 $A$")称为 $A$ 的对立事件,也称为 $A$ 的逆事件,记为 $\overline{A}$.

$\overline{A}$ 是由样本空间中不属于 $A$ 的那些样本点构成的集合. 如图 1-1(f)所示.

对立事件的另一种定义:若事件 $A$ 与 $B$ 满足 $AB=\varnothing$,且 $A\bigcup B=\Omega$,则称事件 $A,B$ 互为对立事件,记为 $\overline{A}=B,\overline{B}=A$.

显然有

$$A\overline{A}=\varnothing,\quad A\bigcup\overline{A}=\Omega,\quad A-B=A\overline{B}$$

$$\overline{A}=\Omega-A,\quad \overline{\overline{A}}=A$$

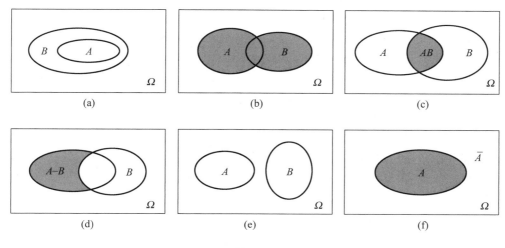

图 1-1

可以验证,事件的运算满足以下规律:

(1) 交换律 $A\bigcup B=B\bigcup A,AB=BA$.

(2) 结合律 $A\bigcup(B\bigcup C)=(A\bigcup B)\bigcup C,A(BC)=(AB)C$.

(3) 分配律 $A(B\bigcup C)=(AB)\bigcup(AC),A\bigcup(BC)=(A\bigcup B)(A\bigcup C)$.

(4) 对偶律(德摩根律)

$$\overline{A\bigcup B}=\overline{A}\bigcap\overline{B},\quad \overline{A\bigcap B}=\overline{A}\bigcup\overline{B}$$

对于有限个事件有

$$\overline{\bigcup_{i=1}^{n} A_i} = \bigcap_{i=1}^{n} \overline{A_i}, \quad \overline{\bigcap_{i=1}^{n} A_i} = \bigcup_{i=1}^{n} \overline{A_i}$$

概率论中事件间的关系及运算与集合论中集合间相应的关系及运算是一致的. 它们之间的对应关系见表 1-1.

表 1-1

| 符　号 | 概　率　论 | 集　合　论 |
|---|---|---|
| $\Omega$ | 样本空间、必然事件 | 空间 |
| $\varnothing$ | 不可能事件 | 空集 |
| $\omega$ | 样本点、基本事件 | $\Omega$ 中的元素(或点) |
| $A$ | 事件 | $\Omega$ 的子集 |
| $A \subset B$ | 事件 $A$ 发生必然导致事件 $B$ 发生 | 集合 $A$ 含于集合 $B$ 中 |
| $A = B$ | 事件 $A$ 与事件 $B$ 相等 | 集合 $A$ 与集合 $B$ 相等 |
| $A \cup B$ | 事件 $A$ 与 $B$ 中至少有一个发生 | 集合 $A$ 与集合 $B$ 的并集(或和集) |
| $AB$ | 事件 $A$ 与事件 $B$ 同时发生 | 集合 $A$ 与集合 $B$ 的交集 |
| $A - B$ | 事件 $A$ 发生而事件 $B$ 不发生 | 集合 $A$ 与集合 $B$ 的差集 |
| $\overline{A}$ | $A$ 的对立事件 | 集合 $A$ 的余集 |
| $AB = \varnothing$ | 事件 $A$ 与事件 $B$ 互不相容 | 集合 $A$ 与集合 $B$ 无公共元素 |

在许多场合,用集合论的表达方式显得简练,也更易理解. 但重要的是要学会用概率论的语言来解释集合间的关系及运算,并能运用它们.

**例 1.7**　抛掷一颗均匀的骰子,观察它出现的点数. 设 $\omega_i = \{$出现 $i$ 点$\}(i = 1, 2, \cdots, 6)$, $A = \{\omega_1, \omega_3, \omega_5\}, B = \{\omega_1, \omega_2, \omega_3, \omega_4\}, C = \{\omega_2, \omega_4\}$. 求 $A \cup B, A - B, AC, AB, A \cup \overline{C}$, $\overline{AB}, \overline{A \cup B}$.

**解**　依题意有

$$A \cup B = \{\omega_1, \omega_2, \omega_3, \omega_4, \omega_5\}, \quad A - B = \{\omega_5\}, \quad AC = \varnothing, \quad AB = \{\omega_1, \omega_3\}$$

$$A \cup \overline{C} = \{\omega_1, \omega_3, \omega_5, \omega_6\}, \quad \overline{AB} = \{\omega_2, \omega_4, \omega_5, \omega_6\}, \quad \overline{A \cup B} = \{\omega_6\}$$

**例 1.8**　一批产品中有若干个正品和次品,从中不放回地抽取三次,每次任取一件进行检查,设 $A_i$ 表示事件"第 $i$ 次取到正品"$(i = 1, 2, 3)$,则

(1) "三次都取到正品"可表示为 $A_1 A_2 A_3$;

(2) "前两次都取到正品,第三次取到次品"可表示为 $A_1 A_2 \overline{A_3}$;

(3) "三次中至少有一次取到正品"可表示为 $A_1 \cup A_2 \cup A_3$ 或

$A_1 \overline{A_2} \overline{A_3} \cup \overline{A_1} A_2 \overline{A_3} \cup \overline{A_1} \overline{A_2} A_3 \cup A_1 A_2 \overline{A_3} \cup A_1 \overline{A_2} A_3 \cup \overline{A_1} A_2 A_3 \cup A_1 A_2 A_3$

(4) "三次中恰有两次取到正品"可表示为 $A_1 A_2 \overline{A_3} \cup A_1 \overline{A_2} A_3 \cup \overline{A_1} A_2 A_3$;

(5) "三次中至多有一次取到正品"可表示为 $\overline{A_1} \overline{A_2} \overline{A_3} \cup A_1 \overline{A_2} \overline{A_3} \cup \overline{A_1} A_2 \overline{A_3} \cup \overline{A_1} \overline{A_2} A_3$ 或 $\overline{A_1} \overline{A_2} \cup \overline{A_1} \overline{A_3} \cup \overline{A_2} \overline{A_3}$.

## 1.2  随机事件的概率

### 1.2.1  事件的频率与概率的统计定义

随机事件在一次试验中可能发生,也可能不发生,即有偶然性的一面. 但是在相同的条件下,进行大量的重复试验就会发现随机事件的统计规律性. 不同事件发生的可能性有大小之分,而且这种可能性的大小是事件本身固有的一种属性,它是可以用数字来度量的. 概率就是刻画事件发生的可能性大小的数量指标.

下面我们先介绍频率的概念.

在相同条件下,重复进行 $n$ 次试验,在这 $n$ 次试验中,事件 $A$ 发生的次数 $n_A$ 称为事件 $A$ 发生的频数,比值 $\dfrac{n_A}{n}$ 称为事件 $A$ 发生的频率,记为 $f_n(A)$,即

$$f_n(A) = \frac{n_A}{n} \tag{1.1}$$

频率具有下述三条基本性质:

(1) 对任意事件 $A$,有 $0 \leqslant f_n(A) \leqslant 1$;

(2) $f_n(\Omega) = 1$;

(3) 若事件 $A_1, A_2, \cdots, A_n$ 两两互不相容,则

$$f_n\left( \bigcup_{i=1}^{n} A_i \right) = \sum_{i=1}^{n} f_n(A_i)$$

事件发生的频率反映了事件在一定条件下发生的频繁程度. 不难理解,一个事件在每次试验中出现的可能性越大,那么它在 $n$ 次试验中发生的频率也越大. 反之,由频率的大小也能判断事件发生的可能性大小.

**例 1.9**  在历史上,曾有人做过大量抛硬币的试验,其试验结果如表 1-2 所示.

表  1-2

| 实验者 | 掷硬币次数 $n$ | 出现正面朝上($A$)的次数 $n_A$ | 频率 $f_n(A)$ |
|---|---|---|---|
| 德摩根 | 2048 | 1061 | 0.5181 |
| 蒲丰 | 4040 | 2048 | 0.5069 |
| 皮尔逊 | 12 000 | 6019 | 0.5016 |
| 皮尔逊 | 24 000 | 12 012 | 0.5005 |

由表 1-2 可知,"出现正面朝上"的频率 $f_n(A)$ 总是在 0.5 这个数值附近摆动,而且随着试验次数的增加逐渐稳定于 0.5.

**例 1.10**  为了得到某种子的发芽率,从一大批种子中抽取 9 批种子做发芽试验,试验结果如表 1-3 所示.

表 1-3

| 种子粒数 $n$ | 5 | 10 | 70 | 150 | 310 | 600 | 900 | 1800 | 3000 |
|---|---|---|---|---|---|---|---|---|---|
| 发芽粒数 $n_A$ | 5 | 7 | 60 | 131 | 282 | 548 | 820 | 1631 | 2715 |
| 发芽率 $f_n(A)$ | 1 | 0.7 | 0.857 | 0.873 | 0.910 | 0.913 | 0.911 | 0.906 | 0.905 |

由表 1-3 可知,随着每批抽取的种子粒数的增多,发芽率 $f_n(A)$ 总是在 0.9 附近摆动.

从上面两个试验记录可以看出,当试验次数 $n$ 较小时,频率 $f_n(A)$ 的波动性比较明显,但是当 $n$ 逐渐增大时,频率的这种波动性明显减小,频率 $f_n(A)$ 逐渐稳定于某个常数 $p$ 附近,称这种性质为频率的稳定性,它揭示了蕴含在随机现象中的统计规律性. 而常数值 $p$ 称为频率的稳定值. 下面给出概率的统计定义.

**定义 1.1** 在相同条件下,重复进行 $n$ 次试验,事件 $A$ 发生的频率 $f_n(A)$ 在某个常数值 $p$ 附近摆动,而且一般来说,$n$ 越大,摆动的幅度越小,则称频率的稳定值 $p$ 为事件 $A$ 发生的概率,记作 $P(A)$,即 $P(A) = p$.

虽然事件的频率与概率都是事件发生可能性大小的度量,但是频率是试验值,与试验次数有关,而且即使试验次数相同,频率也可能取不同的值. 概率是先于试验而客观存在的理论值,它是一个确定的数值,其大小取决于事件本身固有的规律性. 基于频率的稳定性,当试验次数 $n$ 充分大时,可以用频率作为概率的近似值.

### 1.2.2 古典概型

概率的统计定义,实际上提供了一种近似计算概率的方法. 但是在某些特殊条件下,我们并不需要做大量的重复试验,而是根据问题本身所具有的某种"均匀性"或"对称性",直接用理论分析的方法计算事件的概率.

例如,抛掷一颗均匀的骰子,观察它出现的点数,共有 6 种可能结果. 由骰子的"均匀性"可知,每种结果发生的可能性相等.

这种随机试验具有以下特征:

(1)试验的样本空间只有有限个样本点,不妨设为 $n$ 个,记为 $\omega_1, \omega_2, \cdots, \omega_n$.

(2)试验中每个基本事件出现的可能性相等,即

$$P(\omega_1) = P(\omega_2) = \cdots = P(\omega_n)$$

在概率论中,我们把具有上述两个特征的试验模型,称为古典概型(或等可能概型).

**定义 1.2** 概率的古典定义

在古典概型中,设试验 $E$ 的样本空间为 $\Omega = \{\omega_1, \omega_2, \cdots, \omega_n\}$,事件 $A$ 由其中 $k$ 个基本事件所组成,即

$$A = \{\omega_{i_1}, \omega_{i_2}, \cdots, \omega_{i_k}\}$$

则事件 $A$ 的概率为

$$P(A) = \frac{k}{n} = \frac{A \text{ 中包含的基本事件数}}{\text{基本事件总数}} \tag{1.2}$$

并称由(1.2)式所定义的概率为古典概率.

不难验证,古典概率具有下列三条基本性质:

1. 对任一事件 $A$,有 $0 \leqslant P(A) \leqslant 1$;

2. $P(\Omega) = 1$;

3. 若事件 $A_1, A_2, \cdots, A_n$ 两两互不相容,则

$$P\left(\bigcup_{i=1}^{n} A_i\right) = \sum_{i=1}^{n} P(A_i)$$

**例 1.11** 抛掷一颗均匀的骰子,求出现奇数点的概率.

**解** 设事件 $A = \{$出现奇数点$\}$,记 $\omega_i = \{$出现 $i$ 点$\}$ $(i = 1, 2, \cdots, 6)$,则 $\Omega = \{\omega_1, \omega_2, \cdots, \omega_6\}$,基本事件总数 $n = 6$. 事件 $A = \{\omega_1, \omega_3, \omega_5\}$,它由三个基本事件组成,即 $k = 3$. 由(1.2)式得

$$P(A) = \frac{k}{n} = \frac{3}{6} = \frac{1}{2}$$

这里计算事件 $A$ 的概率是通过列举法得到的,即把试验的所有可能结果一一列举出来.但这只能解决一些简单的问题.根据概率的古典定义,在计算事件的概率时,必须搞清楚样本空间是由哪些样本点组成的,并计算它的总数,以及事件 $A$ 是由哪些样本点组成的,共有多少个.而在计算样本点个数的运算中,常要用到排列组合的知识.

**例 1.12(抽样问题)** 在 100 件同类产品中,有 60 件正品,40 件次品.现分别按下列三种方式,从中抽取 3 件产品:

(1) 每次任取一件,测试后放回,然后再抽取下一件(这种抽取方法称为有放回抽样);

(2) 每次任取一件,测试后不放回,然后在剩下的产品中再抽取下一件(这种抽取方法称为无放回抽样);

(3) 一次从中任取 3 件.

求取出的 3 件产品中有两件是正品,一件是次品的概率.

**解** 设事件 $A = \{$取出的 3 件产品中有两件是正品,一件是次品$\}$.

(1) 有放回抽样.在这种情况下,每次都是从 100 件中抽取.从 100 件中任意抽取 3 件的所有可能取法共有 $100^3$ 种,因此,基本事件总数 $n = 100^3$. 取出的 3 件产品中有两件是正品,一件是次品,考虑正品出现的次序,$A$ 中包含的基本事件数为 $k = C_3^2 \times 60^2 \times 40$,于是

$$P(A) = \frac{C_3^2 \times 60^2 \times 40}{100^3} = 0.432$$

(2) 不放回抽样.在这种情况下,第一次是从 100 件中任取一件,第二次是从剩下的 99 件中任取一件,第三次是从 98 件中任取一件,故基本事件总数为 $n = 100 \times 99 \times 88$. 考虑取出的 3 件产品中,正品出现的次序,$A$ 中包含的基本事件数为 $k = C_3^2 \times 60 \times 59 \times 40$,于是

$$P(A) = \frac{C_3^2 \times 60 \times 59 \times 40}{100 \times 99 \times 98} \approx 0.438$$

（3）一次从中任取 3 件. 基本事件总数为 $n = C_{100}^3$. $A$ 中包含的基本事件数为 $k = C_{60}^2 \times C_{40}^1$，于是

$$P(A) = \frac{C_{60}^2 \times C_{40}^1}{C_{100}^3} \approx 0.438$$

比较（2）、（3）会发现，按不放回抽样与一次抽取 3 件产品所得到的概率相同. 前者在计算样本点个数时是考虑顺序的，而后者没有考虑顺序.

**例 1.13** 盒中装有 $m$ 个红球和 $l$ 个白球，现有 $m+l$ 个人依次从盒中任取一球，取后不放回，求第 $i(i=1,2,\cdots,m+l)$ 个人取到红球的概率.

**解** 设事件 $A_i = \{$第 $i$ 个人取到红球$\}$ $(i=1,2,\cdots,m+l)$.

将盒中的每个球进行编号，并把取出的球依次排成一列，则基本事件总数为 $n = (m+l)!$. 第 $i$ 个人取到红球，相当于首先在第 $i$ 个位置上排红球，共有 $m$ 种排法；其次在余下的 $m+l-1$ 个位置上排剩下的 $m+l-1$ 个球，共有 $(m+l-1)!$ 种排法，由乘法原理知，$A_i$ 中包含的基本事件数为 $m \times (m+l-1)!$，于是

$$P(A_i) = \frac{m \times (m+l-1)!}{(m+l)!} = \frac{m}{m+l}, \quad i = 1,2,\cdots,m+l$$

注意到，所求概率 $P(A_i)$ 与 $i$ 无关，它是一个常数，这表明每个人取到红球的概率是一样的，与取球的先后顺序无关. 也就是说，在实际生活中利用抽签或抓阄解决问题是公平的.

### 1.2.3 几何概型

在古典概型中，试验的每一个可能结果出现的可能性相等且试验的结果是有限的. 实际问题中还有一类随机试验：试验的每一个可能结果出现的可能性相等，但试验的所有可能结果却有无穷多个. 在这类试验中，一般可以借助于几何度量（长度、面积、体积等）来刻画事件的概率.

若随机试验 $E$ 具有下述特点：

（1）试验的所有可能结果有无穷多个，而且试验的全部结果可以用一个能度量的几何区域（该区域可以是有限线段、平面区域及空间区域等）来表示.

（2）试验的每个可能结果出现的可能性相等（等可能性）.

则把具有上述两个特点的试验模型，称为几何概型.

在几何概型中，设随机试验 $E$ 的样本空间可以表示成能度量的几何区域仍记为 $\Omega$，随机事件 $A$ 所对应的几何区域仍记为 $A(A \subset \Omega)$，则事件 $A$ 的概率为

$$P(A) = \frac{A \text{ 的度量}}{\Omega \text{ 的度量}} \tag{1.3}$$

称由（1.3）式所定义的概率为几何概率.

利用（1.3）式计算事件的概率时，关键在于将问题几何化，即把一个随机试验转化为向一个几何区域中投点的试验.

在几何概型中,"等可能性"应理解为:假定 $A$ 是平面区域 $\Omega$ 中的任意一个子区域(见图 1-2),向区域 $\Omega$ 中任意地投点,则点落入 $A$ 中的可能性大小只与 $A$ 的面积成正比,而与 $A$ 的位置和形状无关. 如果 $\Omega$ 是其他类型的几何区域,则关于"等可能性"的解释以此类推.

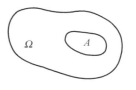

图　1-2

**例 1.14**(会面问题)　甲、乙两人相约在 8 时到 9 时之间在某地会面,并约定先到者应等候另一个人 15min,过时即可离去,求两人能会面的概率.

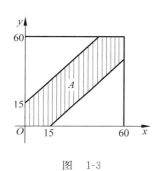

图　1-3

**解**　设事件 $A=\{$两人能会面$\}$,以 $x$ 和 $y$ 分别表示甲、乙两人到达约会地点的时刻,则两人能够会面的充要条件是

$$|x-y|\leqslant 15$$

这是一个几何概率问题,它等价于向边长为 60 的正方形区域 $\Omega$ 中投点,求点落入区域 $A$(见图 1-3 中阴影部分)中的概率.

由(1.3)式知

$$P(A)=\frac{A\ 的面积}{\Omega\ 的面积}=\frac{60^2-45^2}{60^2}=\frac{7}{16}$$

### 1.2.4　概率的公理化定义

概率的统计定义、古典定义及几何概率在解决实际问题中起到了一定的作用,但是它们都有其局限性. 在古典概率的计算中,要求试验的基本事件总数有限,而且每个基本事件发生的可能性相等. 几何概率虽然克服了试验结果的有限性,但它仍是在等可能性的基础上建立起来的. 而许多实际问题并不具备这些条件,它们的适用范围受到限制. 概率的统计定义虽然不受古典概型条件的约束,但是从数学角度来看,它不够严谨,而且在进行理论研究时,我们不可能对每一个事件都做大量的重复试验,以从中获取频率的稳定值. 因此,用它们中的任何一个来作为概率的数学定义都是不合适的. 为了理论研究的需要,有必要采取抽象化的方法建立公理化结构,给出概率的数学定义,使其具有一般性.

**定义 1.3**　设随机试验 $E$ 的样本空间为 $\Omega$,对于 $E$ 的任一事件 $A$ 赋予一个实数 $P(A)$,若 $P(A)$ 满足下列三条公理:

**公理 1(非负性)**　对任一事件 $A$,有 $P(A)\geqslant 0$;

**公理 2(规范性)**　$P(\Omega)=1$;

**公理 3(可列可加性)**　对于两两互不相容的事件 $A_1,A_2,\cdots,A_n,\cdots$,有

$$P\left(\bigcup_{i=1}^{\infty}A_i\right)=\sum_{i=1}^{\infty}P(A_i) \tag{1.4}$$

则称 $P(A)$ 为事件 $A$ 的概率.

概率的公理化定义中的三条公理是从客观实际中抽象出来的,它们既概况了概率的古

典定义及统计定义的基本特征,又避免了各自的局限性. 这三条公理是我们研究概率的基础及出发点,由它们可以推得概率的一些重要性质.

### 1.2.5　概率的基本性质

**性质 1**　不可能事件的概率等于零,即 $P(\varnothing)=0$.

**证**　因为

$$\Omega = \Omega \bigcup \varnothing \bigcup \varnothing \bigcup \cdots$$

由公理 3,有

$$P(\Omega) = P(\Omega \bigcup \varnothing \bigcup \varnothing \bigcup \cdots) = P(\Omega) + P(\varnothing) + P(\varnothing) + \cdots$$

由公理 1 及公理 2,得 $P(\varnothing)=0$.

**性质 2**　若 $A_1, A_2, \cdots, A_n$ 是两两互不相容的事件,则

$$P\left(\bigcup_{i=1}^{n} A_i\right) = \sum_{i=1}^{n} P(A_i) \tag{1.5}$$

称此性质为概率的有限可加性.

**证**　因为

$$A_1 \bigcup A_2 \bigcup \cdots \bigcup A_n = A_1 \bigcup A_2 \bigcup \cdots \bigcup A_n \bigcup \varnothing \bigcup \varnothing \bigcup \cdots$$

所以,由概率的可列可加性及 $P(\varnothing)=0$,可得

$$P\left(\bigcup_{i=1}^{n} A_i\right) = \sum_{i=1}^{n} P(A_i)$$

特别地,当事件 $A$ 与 $B$ 互不相容时,有

$$P(A \bigcup B) = P(A) + P(B) \tag{1.6}$$

**性质 3**　对任一事件 $A$,有

$$P(\overline{A}) = 1 - P(A) \tag{1.7}$$

**证**　因为 $A \bigcup \overline{A} = \Omega$, $A\overline{A} = \varnothing$,所以

$$1 = P(\Omega) = P(A \bigcup \overline{A}) = P(A) + P(\overline{A})$$

即得 $P(\overline{A}) = 1 - P(A)$.

**性质 4**　若 $A \subset B$,则

$$P(B-A) = P(B) - P(A) \tag{1.8}$$

**证**　因为当 $A \subset B$ 时,$B = A \bigcup (B-A)$,而且 $A$ 与 $B-A$ 互不相容,所以由(1.6)式有

$$P(B) = P(A) + P(B-A)$$

移项即得

$$P(B-A) = P(B) - P(A)$$

**推论**　若 $A \subset B$,则 $P(B) \geqslant P(A)$.

**性质 5**　对任意两个事件 $A, B$,有

$$P(A \bigcup B) = P(A) + P(B) - P(AB) \tag{1.9}$$

称(1.9)式为概率的加法公式.

　　**证**　因为 $A \cup B = A \cup (B - AB)$,而 $A$ 与 $(B - AB)$ 互不相容(见图 1-4),所以有

$$P(A \cup B) = P(A) + P(B - AB)$$

又 $AB \subset B$,由性质 4 得

$$P(B - AB) = P(B) - P(AB)$$

于是

$$P(A \cup B) = P(A) + P(B) - P(AB)$$

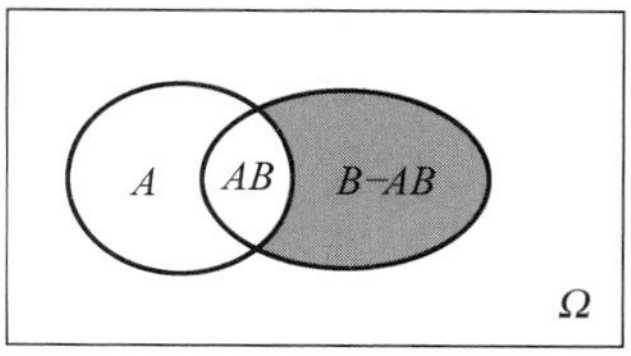

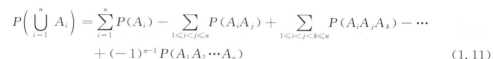

　　**推论**　　$P(A \cup B) \leqslant P(A) + P(B).$　　　　(1.10)

性质 5 可以用数学归纳法推广到任意有限个事件的情形.

图　1-4

　　对于任意 $n$ 个事件 $A_1, A_2, \cdots, A_n$ 有

$$P\left(\bigcup_{i=1}^{n} A_i\right) = \sum_{i=1}^{n} P(A_i) - \sum_{1 \leqslant i < j \leqslant n} P(A_i A_j) + \sum_{1 \leqslant i < j < k \leqslant n} P(A_i A_j A_k) - \cdots$$
$$+ (-1)^{n-1} P(A_1 A_2 \cdots A_n) \qquad (1.11)$$

称 (1.11) 式为概率的一般加法公式.

　　特别地,当 $n = 3$ 时,有

$$P(A_1 \cup A_2 \cup A_3) = P(A_1) + P(A_2) + P(A_3) - P(A_1 A_2) -$$
$$P(A_1 A_3) - P(A_2 A_3) + P(A_1 A_2 A_3) \qquad (1.12)$$

　　**例 1.15**　甲、乙两人向同一目标射击,已知甲击中目标的概率为 0.6,乙击中目标的概率为 0.5,两人都击中目标的概率为 0.3,求目标被击中的概率.

　　**解**　设事件 $A = \{$甲击中目标$\}$,$B = \{$乙击中目标$\}$.则所求事件的概率为

$$P(A \cup B) = P(A) + P(B) - P(AB)$$
$$= 0.6 + 0.5 - 0.3$$
$$= 0.8$$

　　**例 1.16**　将 $n$ 只球随机地放入 $N(N \geqslant n)$ 个盒子中,每个盒子所放球数不限,且每个球可分辨,求恰好有 $n$ 个盒子各有一球的概率.

　　**解**　设事件 $A = \{$恰好有 $n$ 个盒子各有一球$\}$.

　　因为每只球都可以放入 $N$ 个盒子的任何一个中,所以 $n$ 只球的放法共有 $N^n$ 种. 为了计算事件 $A$ 中包含的基本事件数,可以考虑先从 $N$ 个盒子中任取 $n$ 个盒子,有 $C_N^n$ 种取法;然后将 $n$ 只球放入选中的 $n$ 个盒子中,每个盒子各放 1 球,有 $n!$ 种放法. 根据乘法原理,共有 $C_N^n \times n! = A_N^n$ 种不同的放法,于是

$$P(A) = \frac{A_N^n}{N^n} = \frac{N!}{N^n (N - n)!}$$

　　这类问题相当广泛,有许多实际问题可归结为这种类型. 例如,生日问题:假设某班级

有 $n$ 个人($n \leqslant 365$),问 $n$ 个人中至少有两个人的生日在同一天的概率为多大?

设事件 $A = \{n$ 个人中至少有两个人的生日相同$\}$,则

$$\overline{A} = \{n \text{ 个人的生日全不相同}\}$$

先求 $P(\overline{A})$,对照例 1.16,此问题可以看作将 $n$ 只球随机地放入 365 个盒子中,求恰好有 $n$ 个盒子各有一球的概率,所以

$$P(\overline{A}) = \frac{365!}{365^n(365-n)!}$$

于是

$$P(A) = 1 - P(\overline{A}) = 1 - \frac{365!}{365^n(365-n)!}$$

经计算可得表 1-4 中结果.

表 1-4

| $n$ | 20 | 23 | 30 | 40 | 50 | 64 | 100 |
|---|---|---|---|---|---|---|---|
| $P(A)$ | 0.411 | 0.507 | 0.706 | 0.891 | 0.970 | 0.997 | 0.999 999 7 |

从表 1-4 可以看出,当班级人数为 64 人时,至少有两个人的生日在同一天的概率超过了 99%.

**例 1.17(配对问题)** 某人写了 $n$ 封信给不同的 $n$ 个人,并在 $n$ 个信封上分别写好了每个人的地址. 现往每个信封内任意地装入一封信,求至少有一封信装对的概率.

**解** 设事件 $A = \{$至少有一封信装对$\}$,$A_i = \{$第 $i$ 封信装对$\}$($i = 1, 2, \cdots, n$),则

$$P(A) = P\left(\bigcup_{i=1}^{n} A_i\right)$$

因为

$$P(A_i) = \frac{(n-1)!}{n!}, \quad i = 1, 2, \cdots, n$$

$$P(A_i A_j) = \frac{(n-2)!}{n!}, \quad i, j = 1, 2, \cdots, n; \ i \neq j$$

$$P(A_i A_j A_k) = \frac{(n-3)!}{n!}, \quad i, j, k = 1, 2, \cdots, n; \ i, j, k \text{ 互不相等}$$

$$\vdots$$

$$P(A_1 A_2 \cdots A_n) = \frac{1}{n!}$$

由公式 (1.11) 得

$$P(A) = P\left(\bigcup_{i=1}^{n} A_i\right)$$

$$= n\,\frac{(n-1)!}{n!} - C_n^2\,\frac{(n-2)!}{n!} + C_n^3\,\frac{(n-3)!}{n!} - \cdots + (-1)^{n-1}\,\frac{1}{n!}$$

$$= 1 - \frac{1}{2!} + \frac{1}{3!} - \cdots + (-1)^{n-1}\,\frac{1}{n!}$$

## 1.3　条件概率、事件的独立性

### 1.3.1　条件概率

在实际问题中,除了要考虑事件 $B$ 的概率 $P(B)$ 外,有时还需要知道在"事件 $A$ 已经发生"的条件下,事件 $B$ 发生的概率. 为了与前者相区别,称后者为条件概率,记为 $P(B|A)$,读作在 $A$ 发生的条件下事件 $B$ 发生的概率.

**例 1.18**　两台车床加工同一种零件的数量及质量情况如表 1-5 所示.

表　1-5

|  | 正品数 | 次品数 | 总计 |
| --- | --- | --- | --- |
| 第一台车床加工的零件数 | 35 | 5 | 40 |
| 第二台车床加工的零件数 | 50 | 10 | 60 |
| 总　　计 | 85 | 15 | 100 |

从这 100 个零件中任取一个进行检验,求:

(1) 取到的是正品的概率;

(2) 已知取到的零件是第一台车床加工的(这是附加条件),求它是正品的概率.

**解**　设事件 $A=\{$取到的零件是第一台车床加工的$\}$;$B=\{$取到的零件是正品$\}$,则 $AB$ 表示"取到的零件为正品且是第一台车床加工的".

(1) 由于 100 个零件中有 85 个是正品,所以

$$P(B) = \frac{85}{100}$$

(2) 因为第一台车床加工的 40 个零件中有 35 个是正品,所以

$$P(B \mid A) = \frac{35}{40}$$

另外,易知

$$P(A) = \frac{40}{100}, \quad P(AB) = \frac{35}{100}$$

这里的 $P(A)$,$P(B)$,$P(AB)$ 都是在包含 100 个样本点的样本空间 $\Omega$ 中考虑的;而 $P(B|A)$ 则是在已知事件 $A$ 发生的条件下,再考虑事件 $B$ 发生的概率,即是在事件 $A$ 所包含的全体样本点组成的集合上考虑的. 因为在只包含 40 个样本点的此集合中,属于 $B$ 的样本点个数

为 35,所以按古典概率计算得 $P(B|A) = \dfrac{35}{40}$.

由于

$$P(B \mid A) = \frac{35}{40} = \frac{35/100}{40/100} = \frac{P(AB)}{P(A)}$$

故得到关系式 $P(B|A) = \dfrac{P(AB)}{P(A)}$,这一结论并非偶然,它具有一般性.

**定义 1.4** 设 $A, B$ 是两个事件,且 $P(A) > 0$,则称

$$P(B \mid A) = \frac{P(AB)}{P(A)} \tag{1.13}$$

为在事件 $A$ 发生的条件下事件 $B$ 发生的条件概率.

可以验证,条件概率满足概率的三条公理,即

(1) 对任一事件 $B$,有 $P(B|A) \geqslant 0$;

(2) $P(\Omega|A) = 1$;

(3) 设 $B_1, B_2, \cdots, B_n, \cdots$ 是两两互不相容的事件,则有

$$P\left( \bigcup_{i=1}^{\infty} B_i \mid A \right) = \sum_{i=1}^{\infty} P(B_i \mid A)$$

**例 1.19** 将一枚硬币抛掷两次,若已知第一次出现正面,求第二次出现正面的概率.

**解** 方法 1 设 $A = \{$第一次出现正面$\}$,$B = \{$第二次出现正面$\}$,则所求概率为 $P(B|A)$.

试验的样本空间为

$$\Omega = \{(正,正),(正,反),(反,正),(反,反)\}$$

且

$$A = \{(正,正),(正,反)\}$$

在样本空间 $\Omega$ 中,按(1.13)式计算. 由于

$$P(A) = \frac{2}{4} = \frac{1}{2}, \quad P(AB) = \frac{1}{4}$$

所以,有

$$P(B \mid A) = \frac{P(AB)}{P(A)} = \frac{1/4}{1/2} = \frac{1}{2}$$

方法 2 由于已知所抛硬币第一次出现正面,即事件 $A$ 已经发生了,考虑到 $\{(正,正),(正,反)\}$ 中"第二次出现正面"的只有一个,故

$$P(B \mid A) = \frac{1}{2}$$

## 1.3.2 乘法公式

由条件概率的定义,可以直接得到下述公式.

**定理 1.1(乘法公式)** 对任意两个事件 $A, B$,若 $P(A) > 0$,则有

$$P(AB) = P(A)P(B \mid A) \tag{1.14}$$

若 $P(B) > 0$，则有

$$P(AB) = P(B)P(A \mid B) \tag{1.15}$$

概率的乘法公式可以推广到有限多个事件的情形.

对于三个事件 $A,B,C$，若 $P(AB) > 0$，则有

$$P(ABC) = P(A)P(B \mid A)P(C \mid AB) \tag{1.16}$$

一般地，对于 $n(n \geqslant 2)$ 个事件 $A_1, A_2, \cdots, A_n$，若 $P(A_1 A_2 \cdots A_{n-1}) > 0$，则有

$$P(A_1 A_2 \cdots A_n) = P(A_1)P(A_2 \mid A_1)P(A_3 \mid A_1 A_2) \cdots P(A_n \mid A_1 A_2 \cdots A_{n-1}) \tag{1.17}$$

**例 1.20**　在 100 件产品中有 5 件次品，95 件正品，按不放回抽样从中抽取两次，每次任取一件，求下列事件的概率：

（1）第一次取到次品，第二次取到正品；

（2）两次都取到正品.

**解**　设 $A = \{$第一次取到次品$\}$，$B = \{$第二次取到正品$\}$.

（1）所求概率为 $P(AB)$，因为

$$P(A) = \frac{5}{100}, \quad P(B \mid A) = \frac{95}{99}$$

由乘法公式得

$$P(AB) = P(A)P(B \mid A) = \frac{5}{100} \times \frac{95}{99} \approx 0.048$$

（2）所求概率为 $P(\overline{A}B)$，由于

$$P(\overline{A}) = \frac{95}{100}, \quad P(B \mid \overline{A}) = \frac{94}{99}$$

所以

$$P(\overline{A}B) = P(\overline{A})P(B \mid \overline{A}) = \frac{95}{100} \times \frac{94}{99} \approx 0.902$$

**例 1.21**　设袋中装有 $r$ 只白球，$s$ 只黑球. 每次从袋中任取一只，观察其颜色，并在下次取球之前把该球连同另外 $a$ 只与它同颜色的球一起放入袋中. 现从袋中连续取球三次，求第一、二次取到白球且第三次取到黑球的概率.

**解**　设 $A_i = \{$第 $i$ 次取到白球$\}$($i=1,2,3$)，则 $\overline{A}_3$ 表示"第三次取到黑球". 由于

$$P(A_1) = \frac{r}{r+s}, \quad P(A_2 \mid A_1) = \frac{r+a}{r+s+a}, \quad P(\overline{A}_3 \mid A_1 A_2) = \frac{s}{r+s+2a}$$

故所求概率为

$$P(A_1 A_2 \overline{A}_3) = P(A_1)P(A_2 \mid A_1)P(\overline{A}_3 \mid A_1 A_2)$$
$$= \frac{r}{r+s} \cdot \frac{r+a}{r+s+a} \cdot \frac{s}{r+s+2a}$$

### 1.3.3 事件的独立性

对于任意两个事件 $A,B$,若 $P(A)>0$,则 $P(B|A)$ 有定义,且可能有以下两种情形: $P(B|A)\neq P(B)$ 与 $P(B|A)=P(B)$,前者说明事件 $A$ 的发生对事件 $B$ 发生的概率有影响;后者表明事件 $B$ 发生的概率不受"事件 $A$ 发生"这个条件的影响. 当 $P(B|A)=P(B)$ 时,由(1.14)式可得

$$P(AB) = P(A)P(B)$$

为此,我们有如下定义.

**定义 1.5** 对两个事件 $A$ 与 $B$,若

$$P(AB) = P(A)P(B) \tag{1.18}$$

成立,则称事件 $A$ 与 $B$ 是相互独立的,简称为 $A$ 与 $B$ 独立.

**性质 1** 设 $A$ 与 $B$ 是两个事件,且 $P(A)>0$(或 $P(B)>0$),则 $A$ 与 $B$ 相互独立的充分必要条件是 $P(B|A)=P(B)$(或 $P(A|B)=P(A)$).

**证 必要性** 若事件 $A$ 与 $B$ 相互独立,则由条件概率定义及 (1.18) 式,有

$$P(B \mid A) = \frac{P(AB)}{P(A)} = \frac{P(A)P(B)}{P(A)} = P(B)$$

**充分性** 若 $P(B|A)=P(B)$,由乘法公式(1.14)式,有

$$P(AB) = P(A)P(B \mid A) = P(A)P(B)$$

根据定义 1.5 可知,$A$ 与 $B$ 相互独立.

$A$ 与 $B$ 相互独立的含义是:它们中任何一个事件的发生并不影响另一事件发生的概率. 在实际问题中,常常利用这一事实来判断两个事件是否独立.

**性质 2** 若事件 $A$ 与 $B$ 相互独立,则 $A$ 与 $\overline{B}$,$\overline{A}$ 与 $B$,$\overline{A}$ 与 $\overline{B}$ 也是相互独立的.

**证** 因为 $A=A\Omega=A(B\cup\overline{B})=AB\cup A\overline{B}$,且 $AB$ 与 $A\overline{B}$ 互不相容,所以有

$$P(A) = P(AB) + P(A\overline{B})$$

移项得

$$P(A\overline{B}) = P(A) - P(AB)$$

再由 $A$ 与 $B$ 相互独立,可得

$$P(A\overline{B}) = P(A) - P(A)P(B) = P(A)[1 - P(B)] = P(A)P(\overline{B})$$

即 $A$ 与 $\overline{B}$ 相互独立. 同理可证 $\overline{A}$ 与 $B$,$\overline{A}$ 与 $\overline{B}$ 相互独立.

对于三个事件 $A,B,C$ 的独立性,要求任何一个事件发生的概率不受其他事件发生与否的影响. 因此,除了要求 $A$ 与 $B$,$B$ 与 $C$,$C$ 与 $A$ 相互独立之外,还应要求 $A$ 与 $BC$,$B$ 与 $AC$,$C$ 与 $AB$ 也相互独立,即

$$P(ABC) = P(A)P(BC) = P(B)P(AC) = P(C)P(AB) = P(A)P(B)P(C)$$

所以有下述定义.

**定义 1.6** 对三个事件 $A,B,C$,若

$$\begin{cases} P(AB) = P(A)P(B) \\ P(BC) = P(B)P(C) \\ P(AC) = P(A)P(C) \\ P(ABC) = P(A)P(B)P(C) \end{cases} \tag{1.19}$$

四个等式同时成立,则称事件 $A,B,C$ 相互独立.

**定义 1.7** 设 $A_1,A_2,\cdots,A_n$ 是 $n$ 个事件,若对于任意正整数 $m(2\leqslant m\leqslant n)$ 和任意的 $1\leqslant i_1<i_2<\cdots<i_m\leqslant n$,有

$$P(A_{i_1}A_{i_2}\cdots A_{i_m}) = P(A_{i_1})P(A_{i_2})\cdots P(A_{i_m}) \tag{1.20}$$

成立,则称事件 $A_1,A_2,\cdots,A_n$ 相互独立.

注意,(1.20)式共代表 $2^n-n-1$ 个等式.

易见,若 $A_1,A_2,\cdots,A_n$ 相互独立,则它们中的任意 $m(2\leqslant m\leqslant n)$ 个事件也一定是相互独立的. 特别地,如果 $A_1,A_2,\cdots,A_n$ 相互独立,则它们之中任意两个事件都相互独立(即两两独立),反之未必成立.

**例 1.22** 盒中装有四个大小相同的球,其中三个球上分别标有数字 1,2,3,剩下的一个球上同时标有 1,2,3 三个数字. 从盒中任取一个球,令 $A_i = \{$取出的球上标有数字 $i\}$ $(i=1,2,3)$,则

$$P(A_1) = P(A_2) = P(A_3) = \frac{2}{4} = \frac{1}{2}$$

$$P(A_1A_2) = P(A_1A_3) = P(A_2A_3) = \frac{1}{4}$$

且

$$P(A_1A_2) = P(A_1)P(A_2), \quad P(A_1A_3) = P(A_1)P(A_3), \quad P(A_2A_3) = P(A_2)P(A_3)$$

因此,事件 $A_1,A_2,A_3$ 两两独立. 但是

$$P(A_1A_2A_3) = \frac{1}{4} \neq P(A_1)P(A_2)P(A_3) = \frac{1}{8}$$

故事件 $A_1,A_2,A_3$ 不相互独立.

**性质 3** 设 $n$ 个事件 $A_1,A_2,\cdots,A_n$ 相互独立,如果把它们中的任意 $m(1\leqslant m\leqslant n)$ 个事件换成各自事件的对立事件,则所得的 $n$ 个事件也相互独立.

证明略.

**例 1.23** 已知甲、乙两批种子的发芽率分别为 0.9 和 0.8,从这两批种子中分别任取一粒做发芽试验,求:

(1) 两粒种子都发芽的概率;

(2) 至少有一粒种子发芽的概率;

(3) 恰有一粒种子发芽的概率.

**解** 设 $A=\{$从甲批种子中任意选出的一粒种子发芽$\}$,$B=\{$从乙批种子中任意选出的一粒种子发芽$\}$.

据题意有 $P(A)=0.9, P(B)=0.8,$ 且 $A$ 与 $B$ 相互独立.

(1) $P(AB)=P(A)P(B)=0.9 \times 0.8=0.72.$

(2) $P(A \cup B)=P(A)+P(B)-P(AB)=0.9+0.8-0.72=0.98$

(3) $P(A\overline{B} \cup \overline{A}B)=P(A\overline{B})+P(\overline{A}B)=P(A)P(\overline{B})+P(\overline{A})P(B)$
$$=0.9 \times 0.2+0.1 \times 0.8=0.26$$

**例 1.24**　用某种型号的高射炮射击飞机,若每门炮击中飞机的概率为 0.6,若要以 99% 的把握击中飞机,问至少需要配置多少门高射炮?

**解**　设 $n$ 是需要配置的高射炮的门数. 记 $A=\{$击中飞机$\}, B_i=\{$第 $i$ 门炮击中飞机$\}$ $(i=1,2,\cdots,n),$ 则

$$A = \bigcup_{i=1}^{n} B_i,$$

且 $B_1, B_2, \cdots, B_n$ 相互独立. 依题意有

$$P(A) = P\left(\bigcup_{i=1}^{n} B_i\right) = 0.99$$

$$P(B_i) = 0.6, \quad P(\overline{B_i}) = 0.4, \quad i = 1, 2, \cdots, n$$

且 $\overline{B}_1, \overline{B}_2, \cdots, \overline{B}_n$ 相互独立,所以

$$P(A) = 1 - P(\overline{A}) = 1 - P\left(\overline{\bigcup_{i=1}^{n} B_i}\right)$$

$$= 1 - P\left(\bigcap_{i=1}^{n} \overline{B}_i\right)$$

$$= 1 - P(\overline{B}_1)P(\overline{B}_2) \cdots P(\overline{B}_n)$$

$$= 1 - 0.4^n$$

由此得
$$1 - 0.4^n = 0.99$$

即
$$0.4^n = 0.01$$

亦即
$$n = \frac{\lg 0.01}{\lg 0.4} = \frac{2}{0.3979} \approx 5.026$$

故至少需要配置 6 门高射炮,才能以 99% 的把握击中飞机.

# 1.4　全概率公式与贝叶斯公式

下面介绍两个计算概率的重要公式——全概率公式和贝叶斯公式.为此,先引入完备事件组的概念.

**定义 1.8（完备事件组）**　若事件 $A_1, A_2, \cdots, A_n$ 两两互不相容,并且 $\bigcup\limits_{i=1}^{n} A_i = \Omega$,则称这 $n$ 个事件 $A_1, A_2, \cdots, A_n$ 为一个完备事件组.

**例 1.25**　袋中装有 10 个球,其中有 3 个红球,2 个白球,5 个黑球,从中不放回地连续取两次,每次任取一个,求第二次取到红球的概率.

**解**　设 $A_1 = \{$第一次取到红球$\}$, $A_2 = \{$第一次取到白球$\}$, $A_3 = \{$第一次取到黑球$\}$; $B = \{$第二次取到红球$\}$.显然,$A_1, A_2, A_3$ 为一个完备事件组,且有

$$B = B\Omega = B(A_1 \bigcup A_2 \bigcup A_3) = BA_1 \bigcup BA_2 \bigcup BA_3$$

依题意知

$$P(A_1) = \frac{3}{10}, \quad P(A_2) = \frac{2}{10}, \quad P(A_3) = \frac{5}{10}$$

$$P(B \mid A_1) = \frac{2}{9}, \quad P(B \mid A_2) = \frac{3}{9}, \quad P(B \mid A_3) = \frac{3}{9}$$

由于 $BA_1, BA_2, BA_3$ 两两互不相容,根据概率的有限可加性和乘法公式,有

$$P(B) = \sum_{i=1}^{3} P(BA_i) = \sum_{i=1}^{3} P(A_i)P(B \mid A_i)$$

$$= \frac{3}{10} \times \frac{2}{9} + \frac{2}{10} \times \frac{3}{9} + \frac{5}{10} \times \frac{3}{9}$$

$$= 0.3$$

由此可以看出,在概率计算中为了求出复杂事件的概率,常常要把它分解为一些两两互不相容的较简单事件之和,然后通过分别计算这些较简单事件的概率,并利用概率的有限可加性和乘法公式得到最终结果.在这类计算中,全概率公式起着重要作用.

**定理 1.2（全概率公式）**　设事件 $A_1, A_2, \cdots, A_n$ 为一个完备事件组,且 $P(A_i) > 0$ $(i = 1, 2, \cdots, n)$,则对任一事件 $B$,有

$$P(B) = \sum_{i=1}^{n} P(A_i)P(B \mid A_i) \tag{1.21}$$

**证**　因为 $A_1, A_2, \cdots, A_n$ 为一个完备事件组,即 $\bigcup\limits_{i=1}^{n} A_i = \Omega$,且 $A_i A_j = \varnothing$ $(i \neq j;$ $i, j = 1, 2, \cdots, n)$.于是

$$B = B\Omega = B\left(\bigcup_{i=1}^{n} A_i\right) = \bigcup_{i=1}^{n} BA_i$$

又由于 $BA_1, BA_2, \cdots, BA_n$ 也两两互不相容,根据概率的有限可加性和乘法公式,有

$$P(B) = \sum_{i=1}^{n} P(BA_i) = \sum_{i=1}^{n} P(A_i)P(B \mid A_i)$$

**例 1.26**　库房内有三家工厂生产的同类产品,其中第一、二、三家工厂的产品各占库房总量的 50%,30%,20%.已知这三家工厂产品的次品率分别为 0.01, 0.02, 0.04.现从库房

中任取一件产品,问取出的是次品的概率有多大?

**解** 设 $B=\{$任意取出的一件产品是次品$\}$;$A_i=\{$取出的产品是第 $i$ 家工厂生产的$\}$ $(i=1,2,3)$. 显然,$A_1$,$A_2$,$A_3$ 为一个完备事件组. 依题意知

$$P(A_1)=0.5,\quad P(A_2)=0.3,\quad P(A_3)=0.2$$
$$P(B\mid A_1)=0.01,\quad P(B\mid A_2)=0.02,\quad P(B\mid A_3)=0.04$$

由全概率公式,有

$$P(B)=\sum_{i=1}^{3}P(A_i)P(B\mid A_i)=0.5\times0.01+0.3\times0.02+0.2\times0.04=0.019$$

**例 1.27** 甲箱中有 5 件正品和 3 件次品,乙箱中有 4 件正品和 3 件次品. 现从甲箱中任取 3 件产品放入乙箱,然后再从乙箱中任取 1 件,求这件产品是正品的概率.

**解** 设 $B=\{$从乙箱中任意取出的一件是正品$\}$;

$A_1=\{$从甲箱中取出的 3 件都是正品$\}$;

$A_2=\{$从甲箱中取出的有 2 件是正品,1 件是次品$\}$;

$A_3=\{$从甲箱中取出的有 1 件是正品,2 件是次品$\}$;

$A_4=\{$从甲箱中取出的 3 件都是次品$\}$.

显然,$A_1$,$A_2$,$A_3$,$A_4$ 为一个完备事件组. 依题意知

$$P(A_1)=\frac{C_5^3}{C_8^3}=\frac{10}{56},\quad P(A_2)=\frac{C_5^2C_3^1}{C_8^3}=\frac{30}{56}$$
$$P(A_3)=\frac{C_5^1C_3^2}{C_8^3}=\frac{15}{56},\quad P(A_4)=\frac{C_3^3}{C_8^3}=\frac{1}{56}$$

且

$$P(B\mid A_1)=\frac{7}{10},\quad P(B\mid A_2)=\frac{6}{10}$$
$$P(B\mid A_3)=\frac{5}{10},\quad P(B\mid A_4)=\frac{4}{10}$$

由全概率公式,有

$$P(B)=\sum_{i=1}^{4}P(A_i)P(B\mid A_i)=\frac{10}{56}\times\frac{7}{10}+\frac{30}{56}\times\frac{6}{10}+\frac{15}{56}\times\frac{5}{10}+\frac{1}{56}\times\frac{4}{10}=0.5875$$

**例 1.28** 在例 1.26 中,若已知取出的一件产品是次品,问这个产品是第一、二、三家工厂生产的概率各为多少?

**解** 所设事件同例 1.26,按题意需要计算的概率为 $P(A_i|B)(i=1,2,3)$. 由条件概率的定义,有

$$P(A_1\mid B)=\frac{P(A_1B)}{P(B)}$$

由于

$$P(A_1B)=P(A_1)P(B\mid A_1)$$

$$P(B) = \sum_{i=1}^{3} P(A_i)P(B \mid A_i) = 0.019$$

故

$$P(A_1 \mid B) = \frac{P(A_1)P(B \mid A_1)}{\sum\limits_{i=1}^{3} P(A_i)P(B \mid A_i)} = \frac{0.5 \times 0.01}{0.019} \approx 0.263$$

同理可得 $P(A_2|B) \approx 0.316, P(A_3|B) \approx 0.421$.

以上结果表明,这个次品来自第三家工厂的可能性最大.

事实上,在例 1.28 的计算中,我们已经得到了下面这个公式.

**定理 1.3(贝叶斯公式)**　设事件 $A_1, A_2, \cdots, A_n$ 为一个完备事件组,而且 $P(A_i) > 0$ $(i=1,2,\cdots,n)$,则对任一事件 $B$,满足 $P(B) > 0$,有

$$P(A_i \mid B) = \frac{P(A_i)P(B \mid A_i)}{\sum\limits_{i=1}^{n} P(A_i)P(B \mid A_i)}, \quad i = 1, 2, \cdots, n \tag{1.22}$$

证明略.

贝叶斯公式在概率统计中有着多方面的应用. 比如,假设事件 $A_1, A_2, \cdots, A_n$ 是引起事件 $B$ 发生的诸"原因". 若在试验中事件 $B$ 发生了,需要判断是由 $A_1, A_2, \cdots, A_n$ 中哪一个"原因"引起的可能性为最大? 这就要在 $B$ 已经发生的条件下,求出每一个"原因"$A_i$ 发生的概率 $P(A_i|B)(i=1,2,\cdots,n)$. 这类问题可用贝叶斯公式来解决.

例 1.28 中的 $P(A_i)(i=1,2,3)$ 是在试验以前就已经知道的概率,通常称为先验概率. 实际上它是过去已经掌握的生产情况的反映,一般可由历史资料或根据以往的经验得到. 条件概率 $P(A_i|B)(i=1,2,3)$ 称为后验概率,它反映了试验之后,对 $B$ 发生的"原因"(即次品的来源)的各种可能性的大小. 因此贝叶斯公式又称为后验概率公式或逆概率公式.

**例 1.29**　根据长期生产经验知,某工厂生产的金属产品中有 96% 是正品. 用无损探伤仪检查,能以 98% 的概率把本来是正品的产品判定为正品,而将次品误判为正品的概率为 5%. 试求经检查被判定为正品的一个产品确实是正品的概率.

**解**　设 $A = \{$任取的一个产品是正品$\}$,$B = \{$任取的一个产品经检查被判定为正品$\}$. 显然,$A$ 与 $\overline{A}$ 为一个完备事件组. 依题意有

$$P(A) = 0.96, \quad P(\overline{A}) = 0.04, \quad P(B \mid A) = 0.98, \quad P(B \mid \overline{A}) = 0.05$$

要求的概率为 $P(A|B)$,由贝叶斯公式有

$$\begin{aligned}
P(A \mid B) &= \frac{P(A)P(B \mid A)}{P(A)P(B \mid A) + P(\overline{A})P(B \mid \overline{A})} \\
&= \frac{0.96 \times 0.98}{0.96 \times 0.98 + 0.04 \times 0.05} \\
&= 0.998
\end{aligned}$$

此结果说明,经无损探伤仪检查,一个被判定为正品的产品确实是正品的概率为 0.998.

**例 1.30**  对以往数据分析结果表明,当机器调整良好时,产品的合格品率为 90%,而当机器发生某种故障时,其合格品率为 30%. 每天早上机器开动时机器调整为良好的概率为 75%. 问已知某日早上第一件产品是合格品时,机器调整为良好的概率是多少?

**解**  设 $A=\{$机器调整良好$\}$,$B=\{$产品是合格品$\}$,已知

$$P(A) = 0.75, \quad P(\overline{A}) = 0.25, \quad P(B \mid A) = 0.9, \quad P(B \mid \overline{A}) = 0.3$$

要求的概率为 $P(A \mid B)$,由贝叶斯公式得

$$\begin{aligned}
P(A \mid B) &= \frac{P(A)P(B \mid A)}{P(A)P(B \mid A) + P(\overline{A})P(B \mid \overline{A})} \\
&= \frac{0.75 \times 0.9}{0.75 \times 0.9 + 0.25 \times 0.3} \\
&= 0.9
\end{aligned}$$

## 1.5  $n$ 重伯努利概型

伯努利概型在概率论理论和应用方面起着重要的作用. 在这个模型中,基本事件的概率可以直接计算出来,但是它与古典概型不同,这些事件不一定是等概的.

在一些实际问题中,我们关心的是试验中某个事件是否会发生. 例如,掷一枚硬币,观察出现正面还是反面;从一批产品中任取一件观察它是否为正品;射击一次观察是否命中目标等,这种只考虑两种可能结果的试验称为伯努利(Bernoulli)试验.

有些试验虽然有多种可能结果,但在一定的划分标准下,也可以看成只有两种可能结果. 例如,测试一批电子元件的寿命,其结果很多,若规定元件寿命不低于 1000 小时的为合格品,1000 小时以下的为不合格品,则试验结果也只有"合格"与"不合格"两种可能的结果,所以这也是伯努利试验.

设试验 $E$ 只有两种可能结果:$A$ 及 $\overline{A}$,并且 $P(A)=p,P(\overline{A})=1-p=q$(其中 $0<p<1$). 将试验 $E$ 独立地重复进行 $n$ 次,作为一个试验,称它为 $n$ 重伯努利试验,它所对应的数学模型称为 $n$ 重伯努利概型,在没有必要强调重数时,简称为伯努利概型.

**例 1.31**  一批产品的次品率为 0.1,从中有放回地连续取三次,每次任取一件,求三次中恰有两次取到次品的概率.

**解**  因为是有放回抽样,每次试验的条件相同,故各次试验是相互独立的(即指各次试验的结果互不影响),且每次试验只有 $A=\{$取到次品$\}$ 与 $\overline{A}=\{$取到正品$\}$ 两种可能结果. 又知 $P(A)=0.1,P(\overline{A})=0.9$,因此,这是 3 重伯努利试验.

设 $B_2=\{$三次中恰有两次取到次品$\}$;$A_i=\{$第 $i$ 次取到次品$\}(i=1,2,3)$. 则有

$$B_2 = A_1 A_2 \overline{A}_3 \bigcup A_1 \overline{A}_2 A_3 \bigcup \overline{A}_1 A_2 A_3$$

上式右端的每一项都是 3 重伯努利试验的一种结果(即是一个基本事件),显然这三个基本事件是两两互不相容的.

由试验的独立性,有

$$P(A_1 A_2 \overline{A}_3) = P(A_1) P(A_2) P(\overline{A}_3) = [P(A)]^2 P(\overline{A}) = 0.1^2 \times 0.9$$

同理可得

$$P(A_1 \overline{A}_2 A_3) = 0.1^2 \times 0.9, \quad P(\overline{A}_1 A_2 A_3) = 0.1^2 \times 0.9$$

因此

$$\begin{aligned}
P(B_2) &= P(A_1 A_2 \overline{A}_3) + P(A_1 \overline{A}_2 A_3) + P(\overline{A}_1 A_2 A_3) \\
&= 3 \times 0.1^2 \times 0.9 \\
&= 0.027
\end{aligned}$$

**定理 1.4**　设事件 $A$ 在每次试验中发生的概率均为 $p(0<p<1)$,则在 $n$ 重伯努利试验中,事件 $A$ 恰好发生 $k$ 次的概率为

$$P_n(k) = C_n^k p^k q^{n-k}, \quad k = 0,1,2,\cdots,n \tag{1.23}$$

其中 $q=1-p$.

**证**　设 $A_i = \{$第 $i$ 次试验中 $A$ 发生$\}$ $(i=1,2,\cdots,n)$; $B_k = \{n$ 次试验中 $A$ 恰好发生 $k$ 次$\}$,则有

$$B_k = A_1 A_2 \cdots A_k \overline{A}_{k+1} \cdots \overline{A}_n + \cdots + \overline{A}_1 \overline{A}_2 \cdots \overline{A}_{n-k} A_{n-k+1} \cdots A_n$$

上式右边的每一项都是 $n$ 重伯努利试验的一种结果,表示在某 $k$ 次试验中 $A$ 发生,而在另外 $n-k$ 次试验中 $A$ 不发生,这种两两互不相容的事件共有 $C_n^k$ 个. 由试验的独立性,有

$$\begin{aligned}
P(A_1 A_2 \cdots A_k \overline{A}_{k+1} \cdots \overline{A}_n) &= P(A_1) P(A_2) \cdots P(A_k) P(\overline{A}_{k+1}) \cdots P(\overline{A}_n) \\
&= p^k (1-p)^{n-k} = p^k q^{n-k}
\end{aligned}$$

同理可知,其余各项所对应的事件的概率均为 $p^k q^{n-k}$,利用概率的有限可加性得

$$P(B_k) = C_n^k p^k q^{n-k}$$

即

$$P_n(k) = C_n^k p^k q^{n-k}, \quad k = 0,1,2,\cdots,n$$

**例 1.32**　按规定,某种型号电子元件的使用寿命超过 1500h 为一级品. 已知一批产品的一级品率为 0.2,现从中有放回地连续取 20 次,每次任取一只检查,问这 20 只元件中恰有 4 只为一级品的概率是多少?

**解**　由于是有放回抽样,每次试验的条件相同,因此这是 20 重伯努利试验. 由题意知

$$p = 0.2, \quad q = 0.8$$

由(1.23)式,所求概率为

$$P_{20}(4) = C_{20}^4 p^4 q^{20-4} = C_{20}^4 \times 0.2^4 \times 0.8^{16} \approx 0.218$$

**例 1.33**　某人投篮的命中率为 0.6,若连续投篮 4 次,求最多投中 2 次的概率.

**解**　设 $B = \{$最多投中 2 次$\}$. 依题意知,这是 4 重伯努利试验. 由(1.23)式,4 次投篮中恰好投中 $k$ 次的概率为

$$P_4(k) = C_4^k p^k q^{4-k}, \quad k = 0,1,2,3,4$$

其中 $p=0.6, q=0.4$. 故所求概率为

$$P(B) = P_4(0) + P_4(1) + P_4(2)$$
$$= C_4^0 \times 0.6^0 \times 0.4^4 + C_4^1 \times 0.6^1 \times 0.4^3 + C_4^2 \times 0.6^2 \times 0.4^2$$
$$= 0.5248$$

# 习题一

## （A）

1. 写出下列随机事件的样本空间：

（1）10 只产品中有 3 只是次品，每次从中任取一只，取后不放回，直到 3 只次品都取出为止，记录可能抽取的次数；

（2）同时掷三颗骰子，记录三颗骰子的点数之和；

（3）生产某种产品，直至得到 10 件正品为止，记录生产的产品总件数；

（4）某公共汽车站，每隔 5 分钟有一辆汽车通过，设某乘客对于汽车通过该站的时间完全不知，观察乘客候车的时间 $t$；

（5）盒中有 4 只白球，2 只红球，从中任取两只，观察取出的两球的颜色.

2. 设 $A, B$ 是样本空间 $\Omega$ 中的事件，其中 $\Omega = \{\omega_1, \omega_2, \cdots, \omega_{12}\}$，$A = \{\omega_1, \omega_2, \cdots, \omega_6\}$，$B = \{\omega_4, \omega_5, \cdots, \omega_9\}$，试将下列事件用样本点的集合来表示：

（1）$A\bar{B}$；　　（2）$\overline{A}\overline{B}$；　　（3）$\overline{A \cup B}$；　　（4）$\overline{AB}$.

3. 设 $A, B, C$ 是三个事件，用 $A, B, C$ 的运算关系式表示下列事件：

（1）$A$ 与 $B$ 都发生，而 $C$ 不发生；

（2）$A, B, C$ 中至少有一个发生；

（3）$A, B, C$ 都发生；

（4）$A, B, C$ 都不发生；

（5）$A, B, C$ 中恰有一个发生；

（6）$A, B, C$ 中至多有一个发生；

（7）$A, B, C$ 至少有两个发生；

（8）$A, B, C$ 中不多于两个发生.

4. 抛掷一颗骰子，观察其出现的点数，设 $A = \{$出现偶数点$\}$，$B = \{$出现奇数点$\}$，$C = \{$出现的点数小于 5$\}$，$D = \{$出现的点数为 2$\}$，指出 $A, B, C, D$ 中哪些有包含关系；哪些有互不相容关系；哪些是对立事件.

5. 某人对同一目标射击 5 次，设 $A_i = \{$第 $i$ 次击中目标$\}$，$B_i = \{5$ 次射击中击中目标 $i$ 次$\}$（$i = 0, 1, 2, 3, 4, 5$），用文字叙述下列事件，并指出各对事件之间的关系.

（1）$\bigcup_{i=1}^{5} A_i$ 与 $\bigcup_{i=1}^{5} B_i$；　　　　　　（2）$\bigcup_{i=2}^{5} A_i$ 与 $\bigcup_{i=2}^{5} B_i$；

(3) $\bigcup\limits_{i=1}^{2} A_i$ 与 $\bigcup\limits_{i=3}^{5} A_i$；　　　　　　(4) $\bigcup\limits_{i=1}^{2} B_i$ 与 $\bigcup\limits_{i=3}^{5} B_i$.

6. 设事件 $A, B, C$ 的积是不可能事件,即 $ABC = \varnothing$,问这三个事件是否一定两两互不相容?

7. 从 $0, 1, 2, \cdots, 9$ 共十个数字中任取三个不同的数字,求下列事件的概率:

$A = \{$三个数字中不含 0 和 5$\}$；

$B = \{$三个数字中含 0 但不含 5$\}$.

8. 设 100 只晶体管中有 5 只次品,现从中任取 15 只,求其中恰有两只次品的概率.

9. 袋中有 10 个球,其中 4 个是红的,6 个是白的. 从中抽取三次,每次任取一个. 分别在有放回与无放回两种抽样方式下,求"取出的 3 个球中有 2 个红球,1 个白球"的概率.

10. 从一副扑克牌(52 张)中任取 4 张,求 4 张牌的花色各不相同的概率.

11. 甲、乙两艘轮船都要在某个泊位停靠 6h,假定它们在一昼夜的任意时刻到达. 求有一艘船在停靠泊位时必须等待的概率.

12. 将长度为 1 的木棒任意地折成三段,求它们可以构成一个三角形的概率.

13. 一批产品共 100 件,其中 5 件是次品,从这批产品中随机地取出 50 件进行质量检查,如果在 50 件中查出次品数不多于 1 件,则可以认为这批产品是合格的. 求这批产品被认为是合格的概率.

14. 盒中有 5 个白球,11 个黑球,8 个红球. 从中任取 3 个观察其颜色,求至少有 2 个颜色相同的概率.

15. 在 1~100 的整数中任取一数,求它能被 2 或能被 5 整除的概率.

16. 据以往资料表明,某三口之家患某种传染病的概率有以下规律:

$P\{$孩子得病$\} = 0.6$,$P\{$母亲得病$\mid$孩子得病$\} = 0.5$

$P\{$父亲得病$\mid$母亲及孩子得病$\} = 0.4$

求母亲及孩子得病但父亲未得病的概率.

17. 有一个数学问题,甲先答,答对的概率为 0.4. 如果甲答错,则由乙答,答对的概率为 0.5,求问题由乙解答出的概率.

18. 在空战中,甲机先向乙机开火,击落乙机的概率是 0.2. 若乙机未被击落,就进行还击,击落甲机的概率是 0.3. 若甲机未被击落,则再进攻乙机,击落乙机的概率是 0.4. 求在这几个回合中,(1)甲机被击落的概率;(2)乙机被击落的概率.

19. 已知在 10 个螺钉中有 2 个次品,现从中抽取两次,每次任取一个,作不放回抽样. 求下列事件的概率:

(1) 取出的两个都是正品;

(2) 取出的两个都是次品;

(3) 取出的一个是正品,一个是次品.

20. 某建筑物按设计要求,使用寿命超过 50 年的概率为 0.8,超过 60 年的概率为 0.6.

问该建筑物经历了 50 年之后,它将在 10 年内倒塌的概率有多大?

21. 某商店出售晶体管,每盒装 100 只,且已知每盒中混有 4 只不合格品. 商店采用如下销售方式:顾客买一盒晶体管,若随机地取 1 只发现是不合格品,则商店立刻收回这只不合格品,并把 10 只合格的晶体管放入盒子中. 一顾客从一个盒子中随机地先后取出了 3 只进行测试,求他发现全是不合格品的概率.

22. 若事件 $A,B$ 相互独立,且已知 $P(A)=0.2,P(B)=0.45$,求:

(1) $P(B|A)$;　　　(2) $P(A\cup B)$;　　　(3) $P(\overline{AB})$;　　　(4) $P(\overline{A}|\overline{B})$.

23. 证明下列各题:

(1) 若三个事件 $A,B,C$ 相互独立,则 $A\cup B$ 与 $C$ 独立.

(2) 设 $P(B|A)=P(B|\overline{A})$ 且 $0<P(A)<1$,求证 $A$ 与 $B$ 独立.

24. 一位工人看管三台车床,在一小时内,甲、乙、丙三台车床不需要工人照管的概率分别是 0.9、0.8 和 0.85. 若机床是独立工作的,求在一小时内,(1)三台车床都不需要照管的概率;(2)至少有一台需要照管的概率.

25. 制造某种零件可以用两种工艺加工. 若采用第一种工艺需要通过三道工序,其中每道工序出废品的概率分别为 0.1,0.2 及 0.3. 而采用第二种工艺需要两道工序,每道工序出废品的概率都是 0.3. 采用第一种工艺,则在合格的零件中得到一级品的概率为 0.9,而采用第二种工艺时为 0.8,试比较哪一种工艺获得一级品的概率较大?

26. 当危险情况发生时,自动报警器的电路即自动闭合而发出警报,我们可以用两个或多个报警器并联,以增加其可靠性. 当危险情况发生时,这些并联中的任何一个报警器电路闭合,就能发出警报. 已知当危险情况发生时,每一报警器能闭合电路的概率为 0.96,问:

(1) 若用两个报警器并联,则报警器的可靠性是多少?

(2) 若想使报警器的可靠性达到 0.9999,则需要用多少个报警器并联?

27. 两台车床加工同样的零件,第一台出现废品的概率是 0.03,第二台出现废品的概率是 0.02. 加工出来的零件放在一起,并且已知第一台加工的零件比第二台加工的零件多一倍.

(1) 求任意取出的一个零件是合格品的概率;

(2) 若任意取出的一个零件是废品,求它是由第二台车床加工的概率.

28. 设有甲、乙两袋,甲袋中装有 6 只白球,3 只黑球;乙袋中装有 3 只白球、4 只黑球. 现从甲袋中任取一只球放入乙袋,然后再从乙袋中任取一只球,求这只球是白球的概率.

29. 玻璃杯成箱出售,每箱 20 只. 假设各箱中有 0,1,2 只次品的概率依次为 0.8、0.1 和 0.1. 一顾客欲买一箱玻璃杯,在购买时售货员随意取一箱,而顾客开箱后随机地察看 4 只,若未发现次品,则买下该箱玻璃杯,否则退回. 求:

(1) 顾客买下该箱玻璃杯的概率;

(2) 顾客买下的一箱中确实没有次品的概率.

30. 某地区居民的肝癌发病率为 0.0004,现用甲胎球蛋白进行普查. 已知肝癌患者其化验结果 99% 呈阳性,而没患肝癌的人其化验结果 99.9% 呈阴性. 现抽查了一个人,检验结果呈阳性,问他真正患有肝癌的概率有多大?

31. 设有来自三个地区的各 10 名、15 名和 25 名考生的报名表,其中女生的报名表分别为 3 份、7 份和 5 份,随机地取一个地区的报名表,从中先后抽取两份,求:

(1) 先抽到的一份是女生表的概率 $p$;

(2) 已知后抽到的一份是男生表,求先抽到的一份是女生表的概率 $q$.

32. 甲、乙、丙三门高炮同时独立地向敌机各发射一枚炮弹,它们命中敌机的概率都是 0.2. 飞机被击中一弹而坠毁的概率为 0.1,被击中两弹而坠毁的概率为 0.5,被击中三弹必定坠毁. 求飞机坠毁的概率.

33. 某型号灯泡使用寿命在 1000h 以上的概率为 0.2,求三只灯泡在使用了 1000h 以后,最多有一只坏了的概率.

34. 某气象站天气预报的准确率为 80%,求:

(1) 5 次预报中恰有 4 次准确的概率;

(2) 5 次预报中至少有 4 次准确的概率.

（B）

1. 判断题.

(1) $\overline{AB} = \overline{A}\,\overline{B}$;

(2) $A - B = A\overline{B}$;

(3) $(AB)(A\overline{B}) = \varnothing$;

(4) 若 $A$, $B$ 为任意两事件,则 $(A \cup B) - A = B$;

(5) 事件"$A$, $B$ 中至少有一个发生",可以表示为 $A \cup B$ 或 $\overline{A}B \cup A\overline{B} \cup AB$;

(6) 设事件 $A$, $B$ 的概率均不为零,且 $A$, $B$ 互不相容,则 $A$ 与 $B$ 相互独立;

(7) 设 $A$ 与 $B$ 相互独立,则 $P(A \cup B) = P(A) + P(B)$;

(8) 若事件 $A$, $B$, $C$ 满足 $P(ABC) = P(A)P(B)P(C)$,则 $A$, $B$, $C$ 相互独立;

(9) 对任意事件 $A$, $B$,都有 $P(AB) \leqslant P(A) \leqslant P(A \cup B) \leqslant P(A) + P(B)$.

2. 填空题.

(1) 若事件 $A$, $B$ 相互独立,且 $P(A) = 0.5$, $P(B) = 0.25$,则 $P(A \cup B) = $ _____.

(2) 设 $P(A) = 0.4$, $P(A \cup B) = 0.7$.

① 若 $A$, $B$ 互不相容,则 $P(B) = $ _____;

② 若 $A$, $B$ 相互独立,则 $P(B) = $ _____.

(3) 设 $P(A) = 0.4$, $P(B) = 0.3$, $P(A \cup B) = 0.6$,则

① $P(AB) = $ _____;

② $P(A\overline{B}) = $ _____;

③ $P(\overline{A}B) = $ _____.

（4）设 $P(A)=0.5,P(B)=0.6,P(B|A)=0.8$，则 $P(A\cup B)=$ _____．

（5）一射手对同一目标独立地进行四次射击，若至少命中一次的概率为 $\dfrac{80}{81}$，则该射手的命中率为 _____．

（6）设 $P(A)=0.7,P(A-B)=0.3$，则 $P(\overline{AB})=$ _____．

3．单项选择题．

（1）设 $A,B$ 为任意两个事件，则（　　）成立．

(A) $(A-B)\cup B=A$；　　　　　　　(B) $(A\cup B)-B=A$；

(C) $(A\cup B)-B=A\cup B$；　　　　(D) $(A-B)\cup B=A\cup B$．

（2）设 $A,B$ 为两个事件，且 $B\subset A$，则（　　）成立．

(A) $P(A\cup B)=P(A)$；　　　　　　(B) $P(B|A)=P(B)$；

(C) $P(AB)=P(A)$；　　　　　　　　(D) $P(B-A)=P(B)-P(A)$．

（3）若 $P(AB)=P(A)P(B)$，则（　　）成立．

(A) $P(A|B)=P(B)$；　　　　　　　　(B) $P(A\overline{B})=P(A)P(\overline{B})$；

(C) $P(A\cup B)=P(A)+P(B)$；　　　(D) $P(\overline{AB})=P(\overline{A})P(B)$．

（4）设 $A,B$ 为任意两个概率不为零的互不相容的事件，则（　　）成立．

(A) $\overline{A}$ 与 $\overline{B}$ 互不相容；　　　　(B) $\overline{A}$ 与 $\overline{B}$ 相容；

(C) $P(AB)=P(A)P(B)$；　　　　　　(D) $P(A-B)=P(A)$．

（5）设 $P(A)=P(B)=P(C)=\dfrac{1}{4},P(AB)=P(BC)=0,P(AC)=\dfrac{1}{8}$，则 $P(A\cup B\cup C)=$（　　）．

(A) $\dfrac{1}{4}$；　　　　　　　　　　　(B) $\dfrac{5}{8}$；

(C) $\dfrac{3}{8}$；　　　　　　　　　　　(D) $\dfrac{1}{8}$．

（6）若事件 $A$ 与 $B$ 同时发生时，事件 $C$ 必发生，则（　　）成立．

(A) $P(C)=P(A\cup B)$；　　　　　　(B) $P(C)=P(AB)$；

(C) $P(C)\leqslant P(A)+P(B)-1$；　　(D) $P(C)\geqslant P(A)+P(B)-1$．

# 第 **2** 章

# 随机变量及其概率分布

第 1 章讨论的随机事件的概率主要利用初等数学的知识来研究随机试验中某些结果发生的可能性大小,但这只能了解随机现象的局部性质. 本章引进随机变量的概念,用随机变量来描述随机试验的结果,从而使概率论建立在微积分学的基础之上,并借助于微积分等数学工具全面系统地研究随机现象的统计规律. 这也是从古典概率走向现代概率的重要转折点.

本章引进随机变量的概念并介绍若干常见的分布,以及随机变量函数概率分布的确定方法.

## 2.1 随机变量

在实际问题中,随机试验的结果可以用数量来表示,由此就产生了随机变量的概念. 有些试验结果本身与数值有关(本身就是一个数),例如掷一颗骰子观察朝上一面出现的点数,某电话交换台在某一段时间内接到的呼叫次数等.

这些随机试验的样本空间都是数集,对于数量性质的随机现象,我们可以建立样本点与数之间的直接的对应关系.

在有些试验中,试验结果与数值无关,但我们可以引进一个变量来表示它的各种结果,也就是说,把试验结果数值化. 例如抛掷一枚硬币,试验的可能结果有

$$\omega_1 = \{出现正面\}, \quad \omega_2 = \{出现反面\}$$

引入变量 $X$,$X$ 随着试验的不同结果而取不同值,即 $X$ 可以看成是定义在样本空间上的函数

$$X = X(\omega) = \begin{cases} 1, & \omega = \omega_1 \\ 0, & \omega = \omega_2 \end{cases}$$

称变量 $X$ 为随机变量.

由于随机试验的每个结果都是随机事件,它的出现具有一定的概率,而随机变量的取值表示随机事件,因此具有一定的概率. 这一特征也正是随机变量与普通函数之间的本质区别.

在上例中,$\{X=1\}$,$\{X=0\}$ 都是随机事件,并且

$$P\{X=1\} = P\{出现正面\} = \frac{1}{2}, \quad P\{X=0\} = P\{出现反面\} = \frac{1}{2}$$

下面给出随机变量的定义.

**定义 2.1**  设随机试验 $E$ 的样本空间为 $\Omega = \{\omega\}$，若对任意的 $\omega \in \Omega$，有唯一的实数 $X(\omega)$ 与之对应，且对任意实数 $x$，$\{X(\omega) \leqslant x\}$ 是随机事件，则称 $X(\omega)$ 为随机变量.简记为 $X$.一般用 $X, Y$ 或 $\xi, \eta$ 等表示.为书写方便，有时用"随机变量"的英文字头"R. V."表示随机变量.

**例 2.1**  掷一颗骰子，用 $X$ 表示出现的点数，则 $X$ 就是一个随机变量，它的取值为 $1, 2, 3, 4, 5, 6$.

$\{X \leqslant 4\}$ 表示"掷出的点数不超过 4"这一随机事件.

$\{X = 2k\}$ $(k=1,2,3)$ 表示"掷出的点数为偶数"这一随机事件.

**例 2.2**  上午 $8{:}00 \sim 9{:}00$ 在某路口观察通过该路口的汽车数，令 $Y$ 表示该时间间隔内通过该路口的汽车数，则 $Y$ 就是一个随机变量，它的取值为 $0, 1, 2, \cdots$.

$\{Y > 100\}$ 表示"该时间间隔内通过该路口的汽车数超过了 100 辆"这一随机事件.

**例 2.3**  观察某生物的寿命(单位：h)，令 $Z$ 表示该生物的寿命，则 $Z$ 就是一个随机变量，它的取值为所有非负实数.

引入随机变量后，对随机事件的研究即可转化为对随机变量的研究，对于一个随机变量，不仅要知道它的取值范围，而且还需要知道随机变量取值的概率规律.

**例 2.4**  一个盒子中有 3 个黑球 2 个白球，从中任取 3 个球，取到的白球数 $X$ 是一个随机变量，$X$ 可能取值是 $0, 1, 2$.

取每个值的概率为

$$P\{X=0\} = \frac{C_3^3}{C_5^3} = \frac{1}{10}, \quad P\{X=1\} = \frac{C_2^1 C_3^2}{C_5^3} = \frac{6}{10}, \quad P\{X=2\} = \frac{C_2^2 C_3^1}{C_5^3} = \frac{3}{10}$$

且

$$\sum_{k=0}^{2} P\{X=k\} = \frac{1}{10} + \frac{6}{10} + \frac{3}{10} = 1$$

这样，我们就掌握了随机变量 $X$ 取值的概率规律.

根据随机变量取值的不同特点，可将随机变量分为离散型随机变量和非离散型随机变量两类.在非离散型随机变量中，最主要的是连续型随机变量.本书只讨论离散型随机变量和连续型随机变量.

## 2.2  离散型随机变量

### 2.2.1  一维离散型随机变量的概念

如果随机变量 $X$ 的可能取值是有限个或可列无穷多个，则称 $X$ 为离散型随机变量.对于一个离散型随机变量 $X$,不仅要知道它取哪些可能值,而且还要知道它取各个可能值的概率有多大.

**定义 2.2**　设离散型随机变量 $X$ 的所有可能值为 $x_k(k=1,2,\cdots)$,并且 $X$ 取 $x_k$ 的概率为 $p_k$,即

$$P\{X=x_k\}=p_k,\quad k=1,2,\cdots \tag{2.1}$$

则称(2.1)式为随机变量 $X$ 的概率分布(也称为分布律、分布列).

分布律通常用表格形式表示如下:

**表　2-1**

| $X$ | $x_1$ | $x_2$ | $\cdots$ | $x_k$ | $\cdots$ |
|---|---|---|---|---|---|
| $P$ | $p_1$ | $p_2$ | $\cdots$ | $p_k$ | $\cdots$ |

这样,$X$ 取什么值和以多大的概率取这些值就一目了然. 因而分布律全面地描述了离散型随机变量的统计规律.

由概率的性质可知,任一离散型随机变量的分布律都具有下述两个性质:

(1) 非负性　$p_k\geqslant0$ $(k=1,2,\cdots)$;

(2) 正则性　$\displaystyle\sum_{k=1}^{\infty}p_k=1.$

反之,任意一个具有以上两个性质的数列 $\{p_k\}$ 都可以作为某个离散型随机变量的分布律.

**例 2.5**　掷一颗均匀的骰子,用随机变量 $X$ 表示掷出的点数,写出 $X$ 的分布律.

**解**　$X$ 的所有可能取值为 $1,2,\cdots,6$,且取各可能值的概率均为 $\dfrac{1}{6}$. 故 $X$ 的分布律为

$$P\{X=i\}=\frac{1}{6},\quad i=1,2,\cdots,6$$

一般地,若 $X$ 的分布律为

$$P\{X=x_i\}=\frac{1}{n},\quad i=1,2,\cdots,n$$

则称 $X$ 服从离散型均匀分布.

**例 2.6**　自动生产线在调整以后出现废品的概率为 $p$,生产过程中出现废品时立即重新进行调整,求在两次调整之间生产的合格品的分布律.

**解**　设 $X$ 为两次调整之间生产的合格品数量. $X$ 的可能取值为 $0,1,2,\cdots$.

由于自动生产线在调整以后出现废品的概率为 $p$,则

$P\{X=0\}=p$,即调整后的第一个产品是废品;

$P\{X=1\}=(1-p)p$,即调整后的第一个产品是合格品,第二个是废品;

$P\{X=2\}=(1-p)^2p$,即调整后的第一、二个产品是合格品,第三个是废品;

　$\cdots\cdots$

故 $X$ 的分布律为

$$P\{X = k\} = (1-p)^k p, \quad k = 0,1,2,\cdots$$

## 2.2.2　常见的离散型随机变量及其分布

### 1. 两点分布

设随机变量 $X$ 的分布律为

$$P\{X = k\} = p^k q^{1-k}, \quad k = 0,1 \tag{2.2}$$

其中 $0 < p < 1, q = 1-p$,则称 $X$ 服从参数为 $p$ 的两点分布,亦称 $X$ 服从(0-1)分布,简记为 $X \sim$ (0-1)分布.

显然,两点分布具有离散型随机变量分布律的两个性质.

两点分布可用来描述一切只有两种可能结果的随机试验. 例如,掷一枚均匀硬币是出现正面还是反面;产品质量是否合格;卫星的一次发射是否成功等试验.

### 2. 二项分布

1) 二项分布的定义

若随机变量 $X$ 的分布律为

$$P\{X = k\} = C_n^k p^k q^{n-k}, \quad k = 0,1,2,\cdots,n \tag{2.3}$$

其中 $0 < p < 1, q = 1-p$,则称 $X$ 服从参数为 $n, p$ 的二项分布,简称 $X$ 服从二项分布,记为 $X \sim B(n,p)$.

容易验证

(1) $P\{X=k\} \geqslant 0 (k=0,1,2,\cdots,n)$;

(2) $\displaystyle\sum_{k=0}^{n} C_n^k p^k q^{n-k} = (p+q)^n = 1$.

显然,当 $n=1$ 时,二项分布即为两点分布,可见两点分布是二项分布的特例.

二项分布是离散型随机变量概率分布中重要的分布之一,它以 $n$ 重伯努利试验为背景,具有广泛的应用. 若在伯努利试验中,事件 $A$ 发生的概率为 $p$,则在 $n$ 重伯努利试验中事件 $A$ 发生的次数是一个随机变量,它服从参数为 $n, p$ 的二项分布.

**例 2.7**　某导弹发射塔发射导弹的成功率为 $0.9$,求在 10 次发射中,(1)恰有 4 次发射成功的概率;(2)至少成功 2 次的概率.

**解**　设 10 次发射中成功的次数为随机变量 $X$,则 $X \sim B(10,0.9)$.

(1)恰有 4 次发射成功的概率为

$$P\{X = 4\} = C_{10}^4 \times 0.9^4 \times 0.1^6 = 0.001\,38$$

(2)至少成功 2 次的概率为

$$P\{X \geqslant 2\} = 1 - P\{X < 2\} = 1 - P\{X = 0\} - P\{X = 1\}$$
$$= 1 - 0.1^{10} - C_{10}^1 \times 0.9^1 \times 0.1^9 \approx 1$$

2) 二项分布的最可能值

设 $X \sim B(n,p)$，对固定的 $n,p$，由于

$$\frac{P\{X=k\}}{P\{X=k-1\}} = \frac{C_n^k p^k q^{n-k}}{C_n^{k-1} p^{k-1} q^{n-k+1}} = \frac{(n-k+1)p}{kq} = 1 + \frac{(n+1)p-k}{kq}$$

故当 $k < (n+1)p$ 时，$\dfrac{P\{X=k\}}{P\{X=k-1\}} > 1$，$P\{X=k\}$ 单调增加；当 $k > (n+1)p$ 时，$\dfrac{P\{X=k\}}{P\{X=k-1\}} < 1$，$P\{X=k\}$ 单调减少；当 $(n+1)p$ 是整数且 $k=(n+1)p$ 时，$P\{X=k\}=P\{X=k-1\}$ 达最大值，我们称 $(n+1)p$ 或 $(n+1)p-1$ 为最可能值；当 $(n+1)p$ 不是整数时，其整数部分 $[(n+1)p]$ 为最可能值.

在例 2.7 中，由于 $(n+1)p=11\times0.9=9.9$，所以 10 次发射中最可能成功 9 次.

**3. 泊松（Poisson）分布**

1) 泊松分布的定义

若随机变量 $X$ 的分布律为

$$P\{X=k\} = \frac{\lambda^k}{k!}\mathrm{e}^{-\lambda}, \quad k=0,1,2,\cdots \tag{2.4}$$

其中 $\lambda>0$ 为常数，则称 $X$ 服从参数为 $\lambda$ 的泊松分布，记为 $X \sim P(\lambda)$.

容易验证泊松分布满足离散型随机变量分布律的两条性质：

(1) $P\{X=k\}>0 \ (k=0,1,2,\cdots)$；

(2) $\displaystyle\sum_{k=0}^{\infty} P\{X=k\} = \sum_{k=0}^{\infty} \frac{\lambda^k}{k!}\mathrm{e}^{-\lambda} = 1$.

根据函数 $\mathrm{e}^x$ 的幂级数展开式

$$\mathrm{e}^x = \sum_{k=0}^{\infty} \frac{x^k}{k!}, \quad -\infty < x < +\infty$$

即得

$$\sum_{k=0}^{\infty} P\{X=k\} = \sum_{k=0}^{\infty} \frac{\lambda^k}{k!}\mathrm{e}^{-\lambda} = \mathrm{e}^{-\lambda} \sum_{k=0}^{\infty} \frac{\lambda^k}{k!} = \mathrm{e}^{-\lambda} \cdot \mathrm{e}^{\lambda} = 1$$

泊松分布是重要的离散型随机变量的概率分布之一，在实际问题中有广泛的应用，许多随机变量服从或近似服从泊松分布. 例如，随机服务系统中单位时间内需要服务的人数（如单位时间内来到某售票口买票的人数；单位时间内放射性物质放射出的质点数等）；稀有事件（如各种事故、自然灾害等）在一定时间内发生次数均可用服从泊松分布的随机变量来描述.

**例 2.8** 设随机变量 $X$ 服从参数为 $\lambda$ 的泊松分布，且已知 $P\{X=1\}=P\{X=2\}$，求：(1) $P\{X\leqslant4\}$；(2) $P\{X=3\}$.

**解**　由 $P\{X=1\}=P\{X=2\}$ 得

$$\frac{\lambda^1}{1!}e^{-\lambda} = \frac{\lambda^2}{2!}e^{-\lambda}$$

即得方程 $\lambda^2 - 2\lambda = 0$，解得 $\lambda = 2$，另一解 $\lambda = 0$ 不合题意舍去.

(1) $P\{X \leqslant 4\} = \sum_{k=0}^{4} \frac{2^k}{k!}e^{-2}$，查表 A1，其中 $\lambda = 2, c = 4$，得

$$P\{X \leqslant 4\} = 0.9471$$

(2) $P\{X = 3\} = P\{X \leqslant 3\} - P\{X \leqslant 2\}$，查表 A1 得

$$P\{X \leqslant 3\} = 0.8571, \quad P\{X \leqslant 2\} = 0.6767$$

所以

$$P\{X = 3\} = 0.8571 - 0.6767 = 0.1804$$

**例 2.9**　某商店出售某种商品，据历史记录分析，每月销售量服从参数为 5 的泊松分布. 问该商店月初应库存多少件此种商品，才能以 0.999 的概率满足顾客的需要？

**解**　设月销售量为随机变量 $X$，则 $X \sim P(5)$. 再设商店月初应库存 $n$ 件此种商品，才能保证以 0.999 的概率满足顾客的需要，则 $n$ 应满足

$$P\{X \leqslant n\} = 0.999$$

即

$$\sum_{k=0}^{n} \frac{5^k}{k!}e^{-5} = 0.999$$

反查表 A1，得 $n = 13$，即月初库存至少应为 13 件.

2）泊松分布与二项分布的关系

**定理 2.1（泊松定理）**　设在 $n$ 重伯努利试验中，事件 $A$ 在一次试验中出现的概率为 $p_n$（与试验次数 $n$ 有关），如果当 $n \to \infty$ 时，$np_n \to \lambda$（$\lambda > 0$ 为常数），则有

$$\lim_{n \to \infty} C_n^k p_n^k (1 - p_n)^{n-k} = \frac{\lambda^k}{k!}e^{-\lambda}, \quad k = 0, 1, 2, \cdots \tag{2.5}$$

证明略.

该定理表明泊松分布是二项分布的极限分布，因此当 $n$ 较大，$p$ 较小时，二项分布可用泊松分布近似计算. 在实际应用中，当 $n \geqslant 10, p \leqslant 0.1$ 时，有下面的近似计算公式：

$$C_n^k p^k (1 - p)^{n-k} \approx \frac{\lambda^k}{k!}e^{-\lambda}, \quad k = 0, 1, 2, \cdots, n \tag{2.6}$$

其中 $\lambda = np$.

**例 2.10**　在参加人寿保险的某一年龄组中，每人每年死亡的概率为 0.005. 现有属于这一年龄组的 2000 人参加了人寿保险. 试求在未来一年里，投保者中

(1) 恰有 15 人死亡的概率；

(2) 死亡人数不低于 1 人的概率.

**解**　设在未来一年里，2000 名投保者中死亡的人数为 $X$，则 $X \sim B(2000, 0.005)$.

(1) 恰有 15 人死亡的概率为

$$P\{X = 15\} = C_{2000}^{15} \times 0.005^{15} \times 0.995^{2000-15}$$

这时如果直接计算 $P\{X=15\}$，计算量很大．由于 $n$ 很大，$p$ 很小，而

$$np = 2000 \times 0.005 = 10$$

不是很大，可利用上述泊松定理，取 $\lambda = np = 10$，有

$$P\{X = 15\} \approx \sum_{k=0}^{15} \frac{10^k}{k!} e^{-10} - \sum_{k=0}^{14} \frac{10^k}{k!} e^{-10}$$

查泊松分布表可得

$$\sum_{k=0}^{15} \frac{10^k}{k!} e^{-10} = 0.9513, \quad \sum_{k=0}^{14} \frac{10^k}{k!} e^{-10} = 0.9165$$

于是

$$P\{X = 15\} \approx 0.9513 - 0.9165 = 0.0348$$

（2）同理可得，死亡人数不低于 1 人的概率为

$$P\{X \geqslant 1\} = 1 - P\{X = 0\} = 1 - C_{2000}^0 \times 0.005^0 \times 0.995^{2000}$$
$$\approx 1 - e^{-10} \approx 1$$

### 4. 几何分布

若随机变量 $X$ 的分布律为

$$P\{X = k\} = (1-p)^{k-1} p = q^{k-1} p, \quad k = 1, 2, \cdots \tag{2.7}$$

其中 $0 < p < 1, q = 1 - p$，则称 $X$ 服从参数为 $p$ 的几何分布．记为 $X \sim G(p)$．

易证明

（1）$P\{X=k\} = pq^{k-1} > 0 \ (k=1,2,\cdots)$；

（2）$\displaystyle\sum_{k=1}^{\infty} pq^{k-1} = 1$．

考虑伯努利试验序列，每次试验中成功（即事件 $A$ 发生）的概率为 $p$，失败（即事件 $A$ 不发生）的概率为 $q=1-p$（$0<p<1$），则事件 $A$ 首次发生时所需的试验次数是一个随机变量且服从参数为 $p$ 的几何分布．

**例 2.11**　设有某求职人员，在求职过程中每次求职成功率为 0.4．试问该人员最多求职 5 次，就能获得一个就业机会的概率？

**解**　设 $X$ 表示该人员在求职过程中，首次成功时的求职次数，则 $X$ 服从几何分布，其中 $p=0.4, q=1-p=0.6$，

$$P\{X = k\} = 0.6^{k-1} \times 0.4, \quad k = 1, 2, \cdots$$

$$P\{X \leqslant 5\} = \sum_{k=1}^{5} P\{X = k\} = \sum_{k=1}^{5} 0.6^{k-1} \times 0.4 = 0.922\,24$$

### 5. 超几何分布

设 $N$ 个元素分为两类，第一类有 $M$ 个元素，第二类有 $N-M$ 个元素，从 $N$ 个元素中不放回地任取 $n$ 个，设 $X$ 为取出的 $n$ 个元素中含第一类元素的个数，则 $X$ 的分布律服从超几

何分布.

　　1）超几何分布的定义

　　若随机变量 $X$ 的分布律为

$$P\{X=k\} = \frac{C_M^k C_{N-M}^{n-k}}{C_N^n}, \quad k = 0,1,2,\cdots,\min\{M,n\} \tag{2.8}$$

其中 $N,M,n$ 均为正整数，$M \leqslant N$，$n \leqslant N$，则称随机变量 $X$ 服从参数为 $n,M,N$ 的超几何分布. 记作 $X \sim H(n,M,N)$.

　　在产品质量的不放回抽检中，若 $N$ 件产品中有 $M$ 件次品，则抽检 $n$ 件时所得次品数就服从超几何分布.

　　2）超几何分布与二项分布的关系

　　**定理 2.2**　在超几何分布中，若 $n$ 是一个固定的整数，当 $N \to +\infty$，$\dfrac{M}{N} \to p$，则

$$\lim_{N \to +\infty} \frac{C_M^k C_{N-M}^{n-k}}{C_N^n} = C_n^k p^k q^{n-k}, \quad k = 0,1,2,\cdots,\min\{M,n\} \tag{2.9}$$

其中 $q = 1 - p$.

　　证明略.

　　定理 2.2 表明，当 $N$ 很大时，超几何分布可以用二项分布来近似计算.

## 2.3　随机变量的分布函数

　　离散型随机变量的分布律全面描述了随机变量的统计规律，而非离散型随机变量（主要是连续型随机变量）由于其取值不能一一地列举出来，无法写出其分布律. 为了从数学上对各类随机变量进行统一研究，这里引入分布函数的概念.

### 2.3.1　分布函数的定义及性质

　　**定义 2.3**　设 $X$ 是任一随机变量，对一切实数 $x$，称

$$F(x) = P\{X \leqslant x\} \tag{2.10}$$

为随机变量 $X$ 的概率分布函数，简称为分布函数，也称累积分布函数.

　　分布函数是一个以全体实数为定义域，以事件 $\{X \leqslant x\}$ 的概率为函数值的实值函数，具有以下性质.

　　（1）单调性　$F(x)$ 是单调不减函数，即当 $x_1 < x_2$ 时，则 $F(x_1) \leqslant F(x_2)$.

　　**证**　对任意实数 $x_1 < x_2$，有随机事件 $\{x \leqslant x_1\} \subset \{x \leqslant x_2\}$，所以 $P\{x \leqslant x_1\} \leqslant P\{x \leqslant x_2\}$，即 $F(x_1) \leqslant F(x_2)$.

　　（2）有界性　$0 \leqslant F(x) \leqslant 1$，特别地，有

$$F(-\infty) = \lim_{x \to -\infty} F(x) = 0, \quad F(+\infty) = \lim_{x \to +\infty} F(x) = 1$$

根据分布函数的定义容易理解性质(2)中的两个等式是成立的.

（3）右连续性　$F(x)$ 至多有可列个间断点,且在间断点处右连续.

反之,任一满足这三条性质的函数,一定可以作为某个随机变量的分布函数. 这是因为由分布函数的定义可知,对任意实数 $x_1,x_2(x_1<x_2)$,有

$$P\{X>x_1\}=1-P\{X\leqslant x_1\}=1-F(x_1)$$

$$P\{X<x_1\}=\lim_{x\to x_1^-}P\{X\leqslant x\}=\lim_{x\to x_1^-}F(x)=F(x_1-0)$$

$$P\{X=x_1\}=P\{X\leqslant x_1\}-P\{X<x_1\}=F(x_1)-F(x_1-0)$$

$$P\{x_1<X\leqslant x_2\}=P\{X\leqslant x_2\}-P\{X\leqslant x_1\}=F(x_2)-F(x_1)$$

因此,若已知 $X$ 的分布函数,便可以计算 $X$ 落在任一区间上的概率. 所以分布函数 $F(x)$ 全面地描述了随机变量 $X$ 的统计规律性.

**例 2.12**　设随机变量 $X$ 的分布函数为 $F(x)=A+B\arctan x(-\infty<x<+\infty)$,确定 $A,B$ 的值,并计算 $P\{-1<X\leqslant 1\}$.

**解**　由分布函数的性质,有

$$0=\lim_{x\to-\infty}F(x)=\lim_{x\to-\infty}(A+B\arctan x)=A-\frac{\pi}{2}B$$

$$1=\lim_{x\to+\infty}F(x)=\lim_{x\to+\infty}(A+B\arctan x)=A+\frac{\pi}{2}B$$

解方程组

$$\begin{cases} A-\dfrac{\pi}{2}B=0 \\ A+\dfrac{\pi}{2}B=1 \end{cases}$$

得 $\begin{cases} A=\dfrac{1}{2} \\ B=\dfrac{1}{\pi} \end{cases}$,于是

$$P\{-1<X\leqslant 1\}=F(1)-F(-1)=\frac{1}{2}+\frac{1}{\pi}\cdot\frac{\pi}{4}-\left(\frac{1}{2}-\frac{1}{\pi}\cdot\frac{\pi}{4}\right)=\frac{1}{2}$$

## 2.3.2　离散型随机变量的分布函数

设 $X$ 为离散型随机变量,其分布律为

$$P\{X=x_k\}=p_k,\quad k=1,2,\cdots$$

由分布函数的定义和概率的性质,$X$ 的分布函数为

$$F(x)=P\{X\leqslant x\}=\sum_{x_k\leqslant x}P\{X=x_k\}=\sum_{x_k\leqslant x}p_k$$

其中和式是对满足 $x_k\leqslant x$ 的一切 $k$ 求和. 离散型随机变量的分布函数是分段函数,可表

示为

$$F(x) = \begin{cases} 0, & x < x_1 \\ p_1, & x_1 \leqslant x < x_2 \\ \vdots & \vdots \\ \sum_{i=1}^{k} p_i, & x_k \leqslant x < x_{k+1} \\ \vdots & \vdots \end{cases} \tag{2.11}$$

显然 $F(x)$ 的间断点就是离散型随机变量 $X$ 的各可能取值点,并且在其间断点处右连续.

**例 2.13** 设离散型随机变量 $X$ 的分布律如表 2-2 所示.

表 2-2

| $X$ | 0 | 1 | 2 |
| --- | --- | --- | --- |
| $P$ | 0.1 | 0.6 | 0.3 |

求:(1)$X$ 的分布函数;(2)$P\{X \leqslant 1.5\}$,$P\{1 < X \leqslant 1.5\}$,$P\{1 \leqslant X \leqslant 1.5\}$.

**解** (1) 当 $x < 0$ 时,由于 $(-\infty, x]$ 内不含 $X$ 的任何可能值,故 $F(x) = 0$;

当 $0 \leqslant x < 1$ 时,$(-\infty, x]$ 内仅有含点 $x_1 = 0$,从而 $F(x) = 0.1$;

当 $1 \leqslant x < 2$ 时,$(-\infty, x]$ 内仅含有点 $x_1 = 0, x_2 = 1$,从而

$$F(x) = P\{X \leqslant x\} = P\{X = 0\} + P\{X = 1\} = 0.1 + 0.6 = 0.7$$

当 $x \geqslant 2$ 时,$(-\infty, x]$ 内含有点 $x_1 = 0, x_2 = 1, x_3 = 2$,从而

$$F(x) = P\{X \leqslant x\} = P\{X = 0\} + P\{X = 1\} + P\{X = 2\} = 1$$

综上所述,$X$ 的分布函数为

$$F(x) = \begin{cases} 0, & x < 0 \\ 0.1, & 0 \leqslant x < 1 \\ 0.7, & 1 \leqslant x < 2 \\ 1, & x \geqslant 2 \end{cases}$$

图 2-1 是 $F(x)$ 的图形.

(2) $P\{X \leqslant 1.5\} = F(1.5) = 0.7$

$\quad P\{1 < X \leqslant 1.5\} = F(1.5) - F(1) = 0.7 - 0.7 = 0$

$\quad P\{1 \leqslant X \leqslant 1.5\} = F(1.5) - F(1) + P\{X = 1\}$

$\quad\quad\quad = 0.7 - 0.7 + 0.6 = 0.6$

由此可见,离散型随机变量的分布函数 $F(x)$ 是阶梯函数,当 $x$ 经过 $X$ 的每一可能取值点 $x_k$ 时,$F(x)$ 就跳跃地变化一次,其跳跃度为 $p_k$,且 $F(x)$ 在 $x_k$ 处右连续.

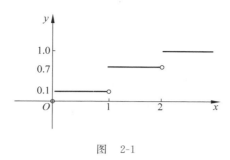

图 2-1

## 2.4 连续型随机变量

在 2.2 节里,我们介绍了离散型随机变量及其分布律. 在实际问题中,还有很多随机变量的取值不是离散的. 如"测量某地气温"、"某种电子元件的寿命"等,它们的取值可以充满某个区间,像这样的随机变量——列举它的取值及相应的概率是不可能的,实际也是没有意义的. 对于这样的随机变量,通常直接考虑它在任一区间内取值的概率.

### 2.4.1 连续型随机变量及其概率密度

**定义 2.4** 对于随机变量 $X$,其分布函数为 $F(x)$,若存在一个非负可积函数 $f(x)$,使得对于任意实数 $x$,都有

$$F(x) = P\{X \leqslant x\} = \int_{-\infty}^{x} f(t)\mathrm{d}t \tag{2.12}$$

则称 $X$ 为连续型随机变量,称 $f(x)$ 为 $X$ 的概率密度函数,简称为概率密度或密度函数.

由定积分的几何意义及(2.12)式可知,连续型随机变量在某一区间上取值的概率等于该区间上概率密度曲线 $y=f(x)$ 下方的曲边梯形的面积,如图 2-2 中阴影部分.

根据概率密度的定义,易证 $f(x)$ 满足下列两条性质:

(1) 非负性 $f(x) \geqslant 0 (-\infty < x < +\infty)$;

(2) 正则性 $\int_{-\infty}^{+\infty} f(x)\mathrm{d}x = 1$.

反之,满足以上两个性质的函数 $f(x)$,一定可以作为某个连续型随机变量的概率密度.

由概率密度的定义易知,概率密度还具有下列性质:

(3) $P\{a < X \leqslant b\} = \int_{a}^{b} f(x)\mathrm{d}x$.

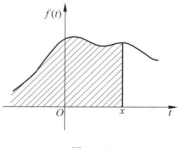

图 2-2

连续型随机变量概率密度的性质与离散型随机变量分布律的性质非常相似,但是,概率密度不是概率. 概率密度 $f(x)$ 在点 $x_0$ 处的值 $f(x_0)$ 表示连续型随机变量 $X$ 在点 $x_0$ 处概

率分布的密集程度,并不是事件$\{X=x_0\}$的概率. 事实上,当 $f(x)$ 在 $(x_0,x_0+\Delta x]$ 上连续且 $\Delta x$ 较小时,有

$$P\{x_0 < x \leqslant x_0 + \Delta x\} = \int_{x_0}^{x_0+\Delta x} f(x)\mathrm{d}x \approx f(x_0)\Delta x$$

即 $f(x)$ 在点 $x_0$ 处的值越大,则 $X$ 在点 $x_0$ 附近取值的概率就越大.

连续型随机变量 $X$ 取单点值的概率为零,也就是说对任意实数 $x$,$P\{X=x\}=0$,这是因为

$$0 \leqslant P\{X=x\} \leqslant P\{x-\Delta x < X \leqslant x\} = \int_{x-\Delta x}^{x} f(x)\mathrm{d}x$$

上式当 $\Delta x \to 0$ 时,有

$$0 \leqslant P\{X=x\} \leqslant \lim_{\Delta x \to 0} \int_{x-\Delta x}^{x} f(x)\mathrm{d}x = 0$$

所以 $P\{X=x\}=0$. 这也说明了概率为 0 的事件未必是不可能事件;同样,概率为 1 的事件也未必是必然事件.

因此,对连续型随机变量 $X$,若已知其概率密度 $f(x)$,则它在任一区间 $(a,b)$ 上取值的概率均等于概率密度在该区间上的积分,而不必考虑该区间是否包含区间的端点,即有

$$P\{a \leqslant X \leqslant b\} = P\{a \leqslant X < b\} = P\{a < X < b\}$$
$$= P\{a < X \leqslant b\} = \int_a^b f(x)\mathrm{d}x$$

**例 2.14**　设 $X$ 是连续型随机变量,其概率密度为

$$f(x) = \begin{cases} c(4x-2x^2), & 0 < x < 2 \\ 0, & \text{其他} \end{cases}$$

求：(1)常数 $c$；(2)$P\{X>1\}$.

**解**　(1)根据概率密度的性质,得

$$\int_{-\infty}^{+\infty} f(x)\mathrm{d}x = \int_{-\infty}^{0} 0\mathrm{d}x + \int_{0}^{2} c(4x-2x^2)\mathrm{d}x + \int_{2}^{+\infty} 0\mathrm{d}x = \frac{8}{3}c = 1$$

解得 $c = \frac{3}{8}$.

(2) $P\{X>1\} = \int_{1}^{+\infty} f(x)\mathrm{d}x = \int_{1}^{2} \frac{3}{8}(4x-2x^2)\mathrm{d}x + \int_{2}^{+\infty} 0\mathrm{d}x = \frac{1}{2}$.

## 2.4.2　连续型随机变量的分布函数

设连续型随机变量 $X$ 的概率密度为 $f(x)$,则由(2.12)式可确定其分布函数.

连续型随机变量的分布函数 $F(x)$ 满足分布函数的三条性质,第三条性质更加特殊,$F(x)$ 在 $(-\infty,+\infty)$ 上都是连续函数.

概率密度 $f(x)$ 和分布函数 $F(x)$ 都是用来描述连续型随机变量的概率分布的,公式(2.12)给出了概率密度 $f(x)$ 与分布函数 $F(x)$ 的关系. 显然,在 $f(x)$ 的连续点 $x$ 处,有

$$F'(x) = f(x) \tag{2.13}$$

因此,对连续型随机变量,已知其概率密度 $f(x)$ 或分布函数 $F(x)$ 这两者之一,通过(2.12) 式或(2.13)式可求得另一个.

**例 2.15** 设连续型随机变量 $X$ 的分布函数为

$$F(x) = \begin{cases} 0, & x < 0 \\ Ax^2, & 0 \leqslant x < 1 \\ 1, & x \geqslant 1 \end{cases}$$

求常数 $A$ 及 $X$ 的概率密度 $f(x)$.

**解** 由 $F(x)$ 的连续性,有

$$F(1-0) = \lim_{x \to 1^-} Ax^2 = F(1) = 1$$

所以 $A=1$.

由(2.13)式得 $X$ 的概率密度为

$$f(x) = \begin{cases} 2x, & 0 \leqslant x < 1 \\ 0, & \text{其他} \end{cases}$$

例 2.15 中,$F(x)$ 在 $x=1$ 处不可导,题中取 $f(1)=0$. 实际上 $f(x)$ 在 $x=1$ 处可以任意取值,因为改变概率密度个别点的值并不影响随机变量 $X$ 在任一区间上取值的概率. 通常为简便起见,在 $F(x)$ 的不可导点 $x_0$ 处,取 $f(x_0)=0$.

## 2.4.3 常见的连续型随机变量及其分布

**1. 均匀分布**

若随机变量 $X$ 的概率密度为

$$f(x) = \begin{cases} \dfrac{1}{b-a}, & a \leqslant x \leqslant b \\ 0, & \text{其他} \end{cases} \tag{2.14}$$

则称随机变量 $X$ 在 $[a,b]$ 上服从均匀分布,记为 $X \sim U[a,b]$.

显然 $f(x)$ 满足概率密度的两条性质.

设随机变量 $X$ 在 $[a,b]$ 上服从均匀分布,$[c,d] \subset [a,b]$,则有

$$P\{c < X < d\} = \int_c^d f(x)\mathrm{d}x = \int_c^d \frac{1}{b-a}\mathrm{d}x = \frac{d-c}{b-a}$$

上式表明,$X$ 在 $[a,b]$ 的任一子区间取值的概率与该子区间的长度成正比,而与子区间的位置无关,这就是均匀分布的概率意义.

例如,某公共汽车站每隔 $10\text{min}$ 有一辆公交车通过,乘客随机到达该站候车,其候车时间为随机变量 $X$,则 $X$ 服从 $[0,10]$ 上的均匀分布,其概率密度为

$$f(x) = \begin{cases} \dfrac{1}{10}, & 0 \leqslant x \leqslant 10 \\ 0, & \text{其他} \end{cases}$$

**例 2.16** 设连续型随机变量 $X$ 在 $[a,b]$ 上服从均匀分布,求 $X$ 的分布函数 $F(x)$.

**解** 已知 $X$ 的概率密度为

$$f(x) = \begin{cases} \dfrac{1}{b-a}, & a \leqslant x \leqslant b \\ 0, & \text{其他} \end{cases}$$

根据(2.12)式,由于在不同的积分区间内,被积函数 $f(x)$ 有不同的表达式,故必须对积分上限 $x$ 加以讨论.

当 $x < a$ 时,在 $(-\infty, x)$ 上 $f(t) = 0$,故 $F(x) = \displaystyle\int_{-\infty}^{x} 0 \mathrm{d}t = 0$;

当 $a \leqslant x < b$ 时,在区间 $(-\infty, a)$ 上 $f(t) = 0$,在区间 $[a, x)$ 上 $f(t) = \dfrac{1}{b-a}$,所以

$$F(x) = \int_{-\infty}^{x} f(t) \mathrm{d}t = \int_{-\infty}^{a} 0 \mathrm{d}t + \int_{a}^{x} \frac{1}{b-a} \mathrm{d}t = \frac{x-a}{b-a}$$

同理,当 $x \geqslant b$ 时,有

$$F(x) = \int_{-\infty}^{x} f(t) \mathrm{d}t = \int_{-\infty}^{a} 0 \mathrm{d}t + \int_{a}^{b} \frac{1}{b-a} \mathrm{d}t + \int_{b}^{x} 0 \mathrm{d}t = 1$$

综上所述,$X$ 的分布函数为

$$F(x) = \begin{cases} 0, & x < a \\ \dfrac{x-a}{b-a}, & a \leqslant x < b \\ 1, & x \geqslant b \end{cases}$$

**例 2.17** 设随机变量 $X$ 在 $[-3,3]$ 上服从均匀分布,求关于 $t$ 的方程 $4t^2 + 4Xt + X + 2 = 0$ 有实根的概率.

**解** $X$ 的概率密度为

$$f(x) = \begin{cases} \dfrac{1}{6}, & -3 \leqslant x \leqslant 3 \\ 0, & \text{其他} \end{cases}$$

$$\begin{aligned} P\{\text{关于 } t \text{ 的方程有实根}\} &= P\{(4X)^2 - 4 \times 4(X+2) \geqslant 0\} \\ &= P\{16X^2 - 16X - 32 \geqslant 0\} \\ &= P\{X \geqslant 2\} + P\{X \leqslant -1\} \\ &= \int_{2}^{3} \frac{1}{6} \mathrm{d}x + \int_{-3}^{-1} \frac{1}{6} \mathrm{d}x = \frac{1}{2} \end{aligned}$$

**2. 指数分布**

若随机变量 $X$ 的概率密度为

$$f(x) = \begin{cases} \lambda e^{-\lambda x}, & x > 0 \\ 0, & x \leqslant 0 \end{cases} \tag{2.15}$$

其中 $\lambda > 0$ 为常数,则称随机变量 $X$ 服从参数为 $\lambda$ 的指数分布,记为 $X \sim \mathrm{Exp}(\lambda)$.

显然 $f(x)$ 满足以下性质:

(1) $f(x) \geqslant 0$;

(2) $\displaystyle\int_{-\infty}^{\infty} f(x) \mathrm{d}x = \int_{0}^{+\infty} \lambda e^{-\lambda x} \mathrm{d}x = -e^{-\lambda x} \Big|_{0}^{+\infty} = 1.$

指数分布具有广泛的实际应用. 随机服务系统中的"等待时间",一些没有明显"衰老"机理的元器件的使用寿命等都可以用服从或近似服从指数分布的随机变量来描述. 所以指数分布在排队论和可靠性理论等领域中有着广泛的应用.

**例 2.18**　已知某种机器无故障工作时间 $X(\mathrm{h})$ 服从参数为 $\dfrac{1}{2000}$ 的指数分布.

(1) 求机器无故障工作时间在 1000h 以上的概率;

(2) 如果某机器已经无故障工作了 500h,求它能继续无故障工作 1000h 的概率.

**解**　(1) 机器无故障工作时间在 1000h 以上的概率为

$$P\{X > 1000\} = \int_{1000}^{+\infty} \frac{1}{2000} e^{-\frac{x}{2000}} \mathrm{d}x = e^{-\frac{1}{2}}.$$

(2) "某机器已经无故障工作了 500h,它能继续无故障工作 1000h 的概率"是事件 $\{X > 500\}$ 发生的条件下,事件 $\{X > 1500\}$ 发生的条件概率,因此所求概率为

$$P\{X > 1500 \mid X > 500\} = \frac{P\{X > 1500, X > 500\}}{P\{X > 500\}} = \frac{P\{X > 1500\}}{P\{X > 500\}}$$

而

$$P\{X > 1500\} = \int_{1500}^{+\infty} \frac{1}{2000} e^{-\frac{x}{2000}} \mathrm{d}x = e^{-\frac{3}{4}}$$

$$P\{X > 500\} = \int_{500}^{+\infty} \frac{1}{2000} e^{-\frac{x}{2000}} \mathrm{d}x = e^{-\frac{1}{4}}$$

所以

$$P\{X > 1500 \mid X > 500\} = \frac{e^{-\frac{3}{4}}}{e^{-\frac{1}{4}}} = e^{-\frac{1}{2}}.$$

比较(1)(2)的结果可以得到

$$P\{X > 1500 \mid X > 500\} = P\{X > 1000\}$$

一般地,若随机变量 $X$ 服从指数分布,则对任意 $t > 0, s > 0$,有

$$P\{X > s + t \mid X > s\} = P\{X > t\}$$

即 $P\{X > s+t \mid X > s\}$ 与 $s$ 无关. 称这个性质为指数分布的"无记忆性"或"无后续性".

**例 2.19**　某机器装有 3 只独立工作的同型号电子元件,其寿命(单位:h)都服从参数为 $\dfrac{1}{600}$ 的指数分布,求仪器在使用的最初 200h 内,至少有一只电子元件损坏的概率.

**解** 设第 $i$ 只元件使用寿命为 $X_i(i=1,2,3)$，则 $X_i$ 的概率密度为

$$f(x) = \begin{cases} \dfrac{1}{600}e^{-\frac{x}{600}}, & x > 0 \\ 0, & x \leqslant 0 \end{cases}$$

$$P\{X < 200\} = \int_0^{200} \frac{1}{600}e^{-\frac{1}{600}x}\,dx = 1 - e^{-\frac{1}{3}}$$

设 $Y$ 表示 3 只电子元件中损坏的个数，$Y \sim B(3, 1-e^{-\frac{1}{3}})$，则

$$\begin{aligned} &P\{3\text{ 只电子元件中至少有一只损坏}\} \\ &= P\{Y \geqslant 1\} = 1 - P\{Y = 0\} \\ &= 1 - C_3^0(1-e^{-\frac{1}{3}})^0(e^{-\frac{1}{3}})^3 \\ &= 1 - e^{-1} \end{aligned}$$

### 3. 正态分布

若随机变量 $X$ 的概率密度为

$$f(x) = \frac{1}{\sqrt{2\pi}\,\sigma}e^{-\frac{(x-\mu)^2}{2\sigma^2}}, \quad -\infty < x < +\infty \tag{2.16}$$

其中 $\mu, \sigma\ (\sigma > 0)$ 是两个常数，则称随机变量 $X$ 服从参数为 $\mu, \sigma^2$ 的正态分布，记为 $X \sim N(\mu, \sigma^2)$.

可以验证 $f(x)$ 满足概率密度的两条性质：

(1) $f(x) \geqslant 0$；

(2) $\displaystyle\int_{-\infty}^{+\infty} f(x)\,dx = 1$.

利用泊松积分 $\displaystyle\int_{-\infty}^{+\infty} e^{-\frac{x^2}{2}}\,dx = \sqrt{2\pi}$，并令 $\dfrac{x-\mu}{\sigma} = y$，得

$$\int_{-\infty}^{+\infty} f(x)\,dx = \frac{1}{\sqrt{2\pi}\,\sigma}\int_{-\infty}^{+\infty} e^{-\frac{(x-\mu)^2}{2\sigma^2}}\,dx = \frac{1}{\sqrt{2\pi}}\int_{-\infty}^{+\infty} e^{-\frac{y^2}{2}}\,dy = 1$$

正态分布的概率密度 $f(x)$ 的曲线如图 2-3 所示，它具有以下特征：

(1) 曲线 $f(x)$ 关于 $x = \mu$ 对称；

(2) 在 $x = \mu$ 处概率密度函数 $f(x)$ 取得最大值 $f(\mu) = \dfrac{1}{\sqrt{2\pi}\sigma}$，在 $x = \mu \pm \sigma$ 处曲线有拐点，并且曲线以 $x$ 轴为渐近线；

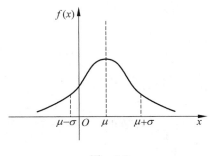

图 2-3

(3) 若固定 $\sigma$，改变 $\mu$，则曲线沿着 $x$ 轴平行移动，但其形状不变，即曲线的位置完全由参数 $\mu$ 确定.

若固定 $\mu$，改变 $\sigma$，则曲线 $f(x)$ 的对称轴不变，但其形状将随 $\sigma$ 的改变而改变. $\sigma$ 值越小，$f(x)$ 的图像就越陡峭；$\sigma$ 值越大，$f(x)$ 的图像就越扁平，如图 2-4 所示.

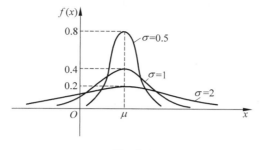

图　2-4

特别地,称 $\mu=0,\sigma=1$ 时的正态分布为标准正态分布,其概率密度用 $\varphi(x)$ 表示,即

$$\varphi(x) = \frac{1}{\sqrt{2\pi}}\mathrm{e}^{-\frac{x^2}{2}}, \quad -\infty < x < +\infty \tag{2.17}$$

其图形关于 $y$ 轴对称.

正态分布是概率论中最重要的分布之一,在实际问题中大量随机变量都服从或近似服从正态分布,这一点在概率论中已经得到证明(见第 5 章).

设随机变量 $X$ 服从标准正态分布,概率密度为

$$\varphi(x) = \frac{1}{\sqrt{2\pi}}\mathrm{e}^{-\frac{x^2}{2}}$$

其分布函数用 $\Phi(x)$ 表示,根据(2.12)式得

$$\Phi(x) = \frac{1}{\sqrt{2\pi}}\int_{-\infty}^{x}\mathrm{e}^{-\frac{t^2}{2}}\mathrm{d}t$$

由标准正态概率密度 $\varphi(x)$ 的图形的对称性,得

$$\Phi(-x) = 1 - \Phi(x) \tag{2.18}$$

如图 2-5 所示.

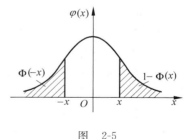

图　2-5

为了计算方便,人们已编制了函数 $\Phi(x)$ 的数值表,见表 A2.

当 $x \geqslant 0$ 时,$\Phi(x)$ 的值可由表 A2 直接查出;当 $x < 0$ 时,可先由表 A2 查得 $\Phi(-x)$,再由(2.18)式算得 $\Phi(x)$ 的值.

**例 2.20**　设连续型随机变量 $X \sim N(0,1)$,求:(1)$P\{1 \leqslant X < 2\}$;(2)$P\{-1 \leqslant X < 2\}$.

**解**　(1) $P\{1 \leqslant X < 2\} = \Phi(2) - \Phi(1)$　(查表 A2)

$$= 0.977\,25 - 0.8413 = 0.135\,95$$

(2) $P\{-1 \leqslant X < 2\} = \Phi(2) - \Phi(-1)$

$$= \Phi(2) - [1 - \Phi(1)]　(查表 A2)$$

$$= 0.977\,25 - 1 + 0.8413 = 0.818\,55$$

若随机变量 $X \sim N(\mu, \sigma^2)$，则其分布函数为

$$F(x) = \frac{1}{\sqrt{2\pi}\,\sigma} \int_{-\infty}^{x} e^{-\frac{(t-\mu)^2}{2\sigma^2}} \, dt$$

令 $\dfrac{t-\mu}{\sigma} = y$，得

$$F(x) = \frac{1}{\sqrt{2\pi}} \int_{-\infty}^{\frac{x-\mu}{\sigma}} e^{-\frac{y^2}{2}} \, dy = \Phi\left(\frac{x-\mu}{\sigma}\right)$$

即

$$F(x) = \Phi\left(\frac{x-\mu}{\sigma}\right) \tag{2.19}$$

(2.19)式给出了一般正态分布函数与标准正态分布函数之间的关系.

**例 2.21** 设 $X \sim N(\mu, \sigma^2)$，求：(1) $P\{|X-\mu| < \sigma\}$；(2) $P\{|X-\mu| < 2\sigma\}$；(3) $P\{|X-\mu| < 3\sigma\}$.

**解** (1)根据(2.19)式，有

$$
\begin{aligned}
P\{|X-\mu| < \sigma\} &= P\{\mu - \sigma < X < \mu + \sigma\} \\
&= F(\mu + \sigma) - F(\mu - \sigma) \\
&= \Phi\left(\frac{\mu + \sigma - \mu}{\sigma}\right) - \Phi\left(\frac{\mu - \sigma - \mu}{\sigma}\right) \\
&= \Phi(1) - \Phi(-1) = 2\Phi(1) - 1 \\
&= 2 \times 0.8413 - 1 = 0.6826
\end{aligned}
$$

(2) 同理可得 $P\{|X-\mu| < 2\sigma\} = 2\Phi(2) - 1 = 0.9545$.

(3) 同理可得 $P\{|X-\mu| < 3\sigma\} = 2\Phi(3) - 1 = 0.9973$.

由例 2.21 结果可知，虽然随机变量 $X$ 取值遍及整个数轴，但 $X$ 落在区间 $(\mu - 3\sigma, \mu + 3\sigma)$ 内的概率几乎为 1.

**例 2.22** 某地区抽样调查结果表明，考生外语成绩(百分制)近似服从正态分布，平均成绩 $\mu = 72$，96 分以上占考生总数 $2.3\%$，求：

(1) 考生外语成绩在 80 分以上的概率；

(2) 考生外语成绩在 $60 \sim 84$ 分的概率；

(3) 考生不及格的概率.

**解** 设 $X$ 表示考生外语成绩，则 $X \sim N(\mu, \sigma^2)$.

因为 $P\{X \geqslant 96\} = 0.023$，故 $P\{X < 96\} = 0.977$，即

$$\Phi\left(\frac{96 - \mu}{\sigma}\right) = 0.977$$

将 $\mu = 72$ 代入上式，得

$$\Phi\left(\frac{24}{\sigma}\right) = 0.977$$

反查表 A2，得 $\dfrac{24}{\sigma} = 2, \sigma = 12$.

(1) $P\{X>80\}=1-F(80)=1-\Phi\left(\dfrac{80-72}{12}\right)=1-0.7486=0.2514$

(2) $P\{60\leqslant X\leqslant 84\}=\Phi\left(\dfrac{84-72}{12}\right)-\Phi\left(\dfrac{60-72}{12}\right)=\Phi(1)-\Phi(-1)=2\Phi(1)-1$

$\qquad\qquad\qquad\quad =2\times 0.8413-1=0.6826$

(3) $P\{X<60\}=F(60)=\Phi\left(\dfrac{60-72}{12}\right)=\Phi(-1)=1-\Phi(1)=1-0.8413=0.1587$

## 2.5　随机变量函数的分布

若 $X$ 是一个随机变量,$g(x)$ 是一个函数且 $X$ 的全部可能取值落入 $g(x)$ 的定义域中,则 $Y=g(X)$ 为随机变量 $X$ 的函数,$Y$ 也是一个随机变量. 当 $X$ 取值 $x$ 时,随机变量 $Y$ 取值 $g(x)$. 例如 $X^2$,$\mathrm{e}^X$ 等都是随机变量 $X$ 的函数,从而是随机变量.

下面要讨论的问题是如何由 $X$ 的分布去求 $Y=g(X)$ 的分布. 现分别就离散型和连续型两种情况加以讨论.

### 2.5.1　离散型随机变量函数的分布

若 $X$ 是一个离散型随机变量,则 $Y=g(X)$ 也是一个离散型随机变量,其分布律可直接根据 $X$ 的分布律得到.

**例 2.23**　设 $X$ 的分布律如表 2-3 所示,求 $Y=X^2$ 的分布律.

表　2-3

| $X$ | $-1$ | $0$ | $1$ | $2$ |
|---|---|---|---|---|
| $P$ | 0.2 | 0.3 | 0.1 | 0.4 |

**解**　$Y$ 的取值为 $0,1,4$. 由于事件 $\{Y=0\}=\{X=0\}$,$\{Y=1\}=\{X=-1\}+\{X=1\}$,$\{Y=4\}=\{X=2\}$,故 $Y$ 的分布律如表 2-4 所示.

表　2-4

| $Y$ | $0$ | $1$ | $4$ |
|---|---|---|---|
| $P$ | 0.3 | 0.3 | 0.4 |

一般地,设 $X$ 的分布律如表 2-5 所示.

表　2-5

| $X$ | $x_1$ | $x_2$ | $\cdots$ | $x_k$ | $\cdots$ |
|---|---|---|---|---|---|
| $P$ | $p_1$ | $p_2$ | $\cdots$ | $p_k$ | $\cdots$ |

当 $X$ 取值 $x_i$ 时，$Y=g(X)$ 取值为 $y_i=g(x_i)$ $(i=1,2,\cdots)$. 若 $y_1,y_2,\cdots$ 均不相同，则有 $P\{Y=y_i\}=P\{X=x_i\}$ $(i=1,2,\cdots)$，因而 $Y$ 的分布律如表 2-6 所示.

表 2-6

| $Y=g(X)$ | $y_1=g(x_1)$ | $y_2=g(x_2)$ | $\cdots$ | $y_k=g(x_k)$ | $\cdots$ |
|---|---|---|---|---|---|
| $P$ | $p_1$ | $p_2$ | $\cdots$ | $p_k$ | $\cdots$ |

若 $y_1,y_2,\cdots$ 中有相同的值，则把那些相同的值合并，根据概率的可加性把对应的概率相加.

**例 2.24** 设 $X$ 的分布律如表 2-7 所示.

表 2-7

| $X$ | 1 | 2 | $\cdots$ | $n$ | $\cdots$ |
|---|---|---|---|---|---|
| $P$ | $\dfrac{1}{2}$ | $\dfrac{1}{2^2}$ | $\cdots$ | $\dfrac{1}{2^n}$ | $\cdots$ |

求 $Y=\cos(\pi X)$ 的分布律.

**解** 当 $X$ 取 $1,2,\cdots,n,\cdots$ 时，$Y=\cos(\pi X)$ 只有两个可能的取值 $-1$ 和 $1$.

$$P\{Y=-1\}=\sum_{k=0}^{\infty}P\{X=2k+1\}=\sum_{k=0}^{\infty}\frac{1}{2^{2k+1}}=\frac{2}{3}$$

$$P\{Y=1\}=\sum_{k=1}^{\infty}P\{X=2k\}=\sum_{k=1}^{\infty}\frac{1}{2^{2k}}=\frac{1}{3}$$

所以 $Y$ 的分布律如表 2-8 所示.

表 2-8

| $Y$ | $-1$ | 1 |
|---|---|---|
| $P$ | $\dfrac{2}{3}$ | $\dfrac{1}{3}$ |

### 2.5.2 连续型随机变量函数的分布

设 $X$ 是连续型随机变量，已知 $X$ 的概率密度为 $f_X(x)$，求 $Y=g(X)$ 的概率密度通常是比较复杂的. 因此我们只对 $g(X)$ 是比较简单的函数且仍为连续型随机变量的情形加以讨论. 为了求 $Y=g(X)$ 的概率密度 $f_Y(y)$，首先从 $Y$ 的分布函数 $F_Y(y)$ 入手，再由分布函数与概率密度之间的关系，即对 $Y$ 的分布函数 $F_Y(y)$ 求导，便得到了 $Y$ 的概率密度 $f_Y(y)$，这种方法称为分布函数法.

**例 2.25** 设连续型随机变量 $X$ 的概率密度为

$$f(x) = \begin{cases} \dfrac{x}{8}, & 0 < x < 4 \\ 0, & \text{其他} \end{cases}$$

求 $Y = 2X + 8$ 的概率密度.

**解**　先求 $Y = 2X + 8$ 的分布函数 $F_Y(y)$，得

$$F_Y(y) = P\{Y \leqslant y\} = P\{2X + 8 \leqslant y\} = P\left\{X \leqslant \dfrac{y-8}{2}\right\}$$

当 $y \leqslant 8$ 时，$F_Y(y) = P\{Y \leqslant y\} = 0$；当 $y \geqslant 16$ 时，$F_Y(y) = 1$；当 $8 < y < 16$ 时，有

$$F_Y(y) = \int_{-\infty}^{\frac{y-8}{2}} f_X(x)\,\mathrm{d}x$$

再利用 $F_Y'(y) = f_Y(y)$ 可以求得

$$f_Y(y) = f_X\left(\dfrac{y-8}{2}\right) \cdot \left(\dfrac{y-8}{2}\right)' = \begin{cases} \dfrac{1}{8}\left(\dfrac{y-8}{2}\right) \times \dfrac{1}{2}, & 0 < \dfrac{y-8}{2} < 4 \\ 0, & \text{其他} \end{cases}$$

整理得 $Y = 2X + 8$ 的概率密度

$$f_Y(y) = \begin{cases} \dfrac{y-8}{32}, & 8 < y < 16 \\ 0, & \text{其他} \end{cases}$$

**例 2.26**　设随机变量 $X$ 的概率密度是 $f(x)$ $(-\infty < x < +\infty)$，求 $Y = X^2$ 的概率密度.

**解**　由于 $Y = X^2$ 的取值非负，所以当 $y \leqslant 0$ 时，有

$$F_Y(y) = P\{Y \leqslant y\} = 0$$

当 $y > 0$ 时，有

$$F_Y(y) = P\{Y \leqslant y\} = P\{X^2 \leqslant y\} = P\{-\sqrt{y} \leqslant X \leqslant \sqrt{y}\}$$
$$= F_X(\sqrt{y}) - F_X(-\sqrt{y})$$

因此 $Y$ 的概率密度为

$$f_Y(y) = F_Y'(y) = \begin{cases} \dfrac{1}{2\sqrt{y}}\left[f_X(\sqrt{y}) + f_X(-\sqrt{y})\right], & y > 0 \\ 0, & y \leqslant 0 \end{cases}$$

**例 2.27**　设 $X \sim N(0,1)$，求 $Y = X^2$ 的概率密度.

**解**　由于 $X \sim N(0,1)$，其概率密度为

$$f_X(x) = \varphi(x) = \dfrac{1}{\sqrt{2\pi}}\mathrm{e}^{-\frac{x^2}{2}}, \quad -\infty < x < +\infty$$

故由例 2.26 的结论可得 $Y$ 的概率密度为

$$f_Y(y) = F_Y'(y) = \begin{cases} \dfrac{1}{\sqrt{2\pi y}}\mathrm{e}^{-\frac{y}{2}}, & y > 0 \\ 0, & y \leqslant 0 \end{cases}$$

**定理 2.3**　设 $X$ 是一个连续型随机变量,其概率密度为 $f_X(x)$ $(-\infty < x < +\infty)$,又 $y=g(x)$ 严格单调,其反函数 $h(y)$ 有连续导数,则 $Y=g(X)$ 也是一个连续型随机变量,且其概率密度为

$$f_Y(y) = \begin{cases} f_X[h(y)] \cdot |h'(y)|, & \alpha < y < \beta \\ 0, & \text{其他} \end{cases} \tag{2.20}$$

其中 $\alpha = \min\{g(-\infty), g(+\infty)\}$,$\beta = \max\{g(-\infty), g(+\infty)\}$,$h(y)$ 是 $g(x)$ 的反函数.

用分布函数法即可证明,证明过程略.

由例 2.26 可以看到,定理 2.3 在使用时条件可减弱为"函数 $g(x)$ 逐段严格单调,反函数连续可微."例如,函数 $y=g(x)=x^2$ 可分成两段,在 $(-\infty, 0)$ 区间上严格单调下降,反函数连续可微,而在 $[0, +\infty)$ 区间上严格单调上升,反函数连续可微.

**例 2.28**　设连续型随机变量 $X$ 的概率密度为

$$f(x) = \begin{cases} 2x, & 0 \leqslant x \leqslant 1 \\ 0, & \text{其他} \end{cases}$$

求 $Y = \mathrm{e}^{-X}$ 的概率密度.

**解**　方法 1　先求 $Y = \mathrm{e}^{-X}$ 的分布函数 $F_Y(y)$,由于 $Y = \mathrm{e}^{-X}$ 的取值总是正数,所以当 $y \leqslant 0$ 时,$F_Y(y) = P\{Y \leqslant y\} = 0$;当 $y > 0$ 时,有

$$\begin{aligned} F_Y(y) = P\{Y \leqslant y\} &= P\{\mathrm{e}^{-X} \leqslant y\} = P\{X \geqslant -\ln y\} \\ &= 1 - F_X(-\ln y) \end{aligned}$$

再利用 $F_Y'(y) = f_Y(y)$ 可以求得

$$f_Y(y) = -f_X(-\ln y) \cdot (-\ln y)' = \begin{cases} -2(-\ln y) \cdot \left(-\dfrac{1}{y}\right), & 0 \leqslant -\ln y \leqslant 1 \\ 0, & \text{其他} \end{cases}$$

整理得 $Y = \mathrm{e}^{-X}$ 的概率密度

$$f_Y(y) = \begin{cases} -\dfrac{2}{y}\ln y, & \dfrac{1}{\mathrm{e}} \leqslant y \leqslant 1 \\ 0, & \text{其他} \end{cases}$$

方法 2　当 $0 \leqslant x \leqslant 1$ 时,$y = \mathrm{e}^{-x}$ 是单调函数,其值域为 $\dfrac{1}{\mathrm{e}} \leqslant y \leqslant 1$,其反函数为

$$x = -\ln y$$

因为

$$(-\ln y)' = -\dfrac{1}{y} < 0$$

由定理 2.3 知 $Y = \mathrm{e}^{-X}$ 的概率密度为

$$f_Y(y) = \begin{cases} 2(-\ln y) \cdot \left|-\dfrac{1}{y}\right|, & \dfrac{1}{\mathrm{e}} \leqslant y \leqslant 1 \\ 0, & \text{其他} \end{cases}$$

即

$$f_Y(y) = \begin{cases} -\dfrac{2}{y}\ln y, & \dfrac{1}{e} \leqslant y \leqslant 1 \\ 0, & \text{其他} \end{cases}$$

**例 2.29**　设连续型随机变量 $X \sim N(\mu, \sigma^2)$，求 $Y = aX + b$ $(a \neq 0)$ 的概率密度.

**解**　由题设知，$Y = aX + b$ $(a \neq 0)$ 取值于 $(-\infty, +\infty)$. 函数 $y = ax + b$ $(a \neq 0)$ 严格单调且其反函数 $x = \dfrac{1}{a}(y - b)$ 有连续导数 $x' = \dfrac{1}{a}$. 由定理 2.3 知 $Y = aX + b$ $(a \neq 0)$ 的概率密度为

$$f_Y(y) = \frac{1}{|a|} f_X\left(\frac{y - b}{a}\right) = \frac{1}{\sqrt{2\pi}\,|a|\,\sigma} e^{-\frac{[y-(a\mu+b)]^2}{2(a\sigma)^2}}$$

这表明，$Y \sim N(a\mu + b, a^2\sigma^2)$，即正态变量的线性函数仍为正态变量.

利用此结果，可得如下定理.

**定理 2.4**　若连续型随机变量 $X \sim N(\mu, \sigma^2)$，且 $Y = \dfrac{X - \mu}{\sigma}$，则 $Y \sim N(0, 1)$.

一般称 $Y = \dfrac{X - \mu}{\sigma}$ 为 $X$ 的标准化随机变量.

# 习题二

## （A）

1. 某类产品有一、二、三等品及废品四种，其中一、二、三等品及废品率分别为 $60\%$，$10\%, 20\%, 10\%$，从这批产品中任取一个进行检验，用随机变量 $X$ 描述检验结果，并写出其分布律.

2. 一批零件中有 4 个合格品，2 个废品. 安装机器时从这批零件中取两个合格品，若规定每次任取一个，取后不放回，求：(1)所需抽取次数的分布律；(2)在第一次取到合格品之前已取出的废品数的分布律.

3. 甲、乙二人轮流向同一目标射击，甲先射击，直至有一人击中目标为止. 如果甲、乙两名射手命中率分别为 $p_1, p_2$，求：(1)甲、乙两名射手射击次数 $X_1, X_2$ 的分布律；(2)两人射击总次数 $X$ 的分布律.

4. 设事件 $A$ 在每次试验中发生的概率为 $0.3$，当 $A$ 发生不少于 3 次时，指示灯发出信号. (1)进行 5 次独立试验，求指示灯发出信号的概率；(2)进行 7 次独立试验，求指示灯发出信号的概率.

5. 若每次射击中靶的概率为 $0.7$，求在 10 次射击中，(1)恰好命中 3 次的概率；(2)至少命中 3 次的概率；(3)最可能命中几次？

6. 已知每天到达某港口的油轮数 $X$ 服从 $\lambda=2.5$ 的泊松分布,港口每天只能为 3 艘油轮装油. 如果一天中到达的油轮超过 3 艘,则超过 3 艘的油轮必须转向其他港口. 求:(1)在一天中有油轮转向其他港口的概率;(2)设备增加到多少(即每天能为多少艘油轮装油)时,才能使每天有 $90\%$ 的油轮能在此港口装油?

7. 设在时间 $t(\min)$ 内,通过某交叉路口的汽车数服从参数为 $\lambda t\ (\lambda>0)$ 的泊松分布,已知在 $1\min$ 内没有汽车通过的概率为 $0.2$,求在 $2\min$ 内至少有一辆汽车通过的概率.

8. 某车间有同类设备 20 台,由一人负责维修工作. 若每台设备发生故障的概率都是 $0.01$,并且各台设备工作是相互独立的,求有设备发生故障而不能及时维修的概率;又如果由 3 个人共同负责维修 80 台设备,那么有设备发生故障而不能及时维修的概率是多少?

9. 一批产品中有 10 件正品,3 件次品,有放回地抽取,每次取一件,直到取得正品为止,假定每件产品被取到的机会相同,求抽取次数 $X$ 的分布律.

10. 设有 10 件产品,其中 3 件次品,7 件正品,有三种取法:(1)从中任取 2 件;(2)从中任取 4 件;(3)从中任取 8 件. 分别就上述三种情况求出取得次品件数的分布律,并就第三种情况计算取到的次品不超过 1 件的概率.

11. 某靶子是一个半径为 2m 的圆盘. 设击中靶上任一同心圆盘的概率与该圆盘的面积成正比,并设射击都能中靶. 以 $X$ 表示弹着点与圆心的距离,求随机变量 $X$ 的分布函数.

12. 设离散型随机变量 $X$ 的分布律如下表所示.

| $X$ | 0 | 1 | 2 |
|---|---|---|---|
| $P$ | 0.2 | 0.4 | 0.4 |

求:(1)$X$ 的分布函数并作出其图形;(2)$P\{X\leqslant0.5\}$,$P\{X\geqslant1\}$,$P\{1\leqslant X\leqslant1.5\}$.

13. 设随机变量 $X$ 的分布函数为

$$F(x)=\begin{cases}0, & x<-1\\0.3, & -1\leqslant x<1\\0.8, & 1\leqslant x<1.5\\1, & x\geqslant1.5\end{cases}$$

求 $X$ 的分布律.

14. 设随机变量 $X$ 的概率密度为

$$f(x)=\begin{cases}ax+b, & 1<x<3\\0, & 其他\end{cases}$$

又已知 $P\{2<X<3\}=2P\{1<X<2\}$,求:(1)常数 $a,b$;(2)$P\{-0.5<X<2.5\}$.

15. 设随机变量 $X$ 的概率密度为 $f(x)=\begin{cases}2x, & 0<x<1\\0, & 其他\end{cases}$,求:(1)$P\{X\leqslant0.5\}$;(2)$P\{X=0.5\}$;(3)$X$ 的分布函数 $F(x)$,并作出 $f(x)$ 和 $F(x)$ 的图形.

16. 设随机变量 $X$ 的概率密度为 $f(x)=A\mathrm{e}^{-|x|}$，求：(1)常数 $A$；(2) $P\{0<X<1\}$；(3) $X$ 的分布函数 $F(x)$.

17. 设连续型随机变量 $X$ 服从瑞利分布，其分布函数为

$$F(x)=\begin{cases}A+B\mathrm{e}^{-\frac{x^2}{2}}, & x>0\\ 0, & x\leqslant 0\end{cases}$$

求：(1)系数 $A,B$；(2) $P\{1<X<2\}$；(3) $X$ 的概率密度 $f(x)$.

18. 假定一大型设备在任何长为 $t$ 的时间内发生故障的次数 $N(t)$ 服从参数为 $\lambda t(\lambda>0)$ 的泊松分布，求相继两次故障之间间隔 $T$ 的概率分布.

19. 计算机在进行加法运算时，每个加数按四舍五入取整，假定每个加数的取整误差服从 $[-0.5,0.5]$ 上的均匀分布. (1)计算每个数取整误差的绝对值不超过 0.3 的概率；(2)现有 5 个加数相加，问至少有 3 个加数的取整误差的绝对值不超过 0.3 的概率是多少？

20. 某型号电子管的使用寿命 $X(\mathrm{h})$ 服从参数为 $\lambda=\dfrac{1}{2000}$ 的指数分布. 某一无线电器材内装有 3 个这样的电子管，求在最初 1000h 内最多有一个电子管损坏的概率.

21. 设 $X$ 服从参数为 1 的指数分布，求一元二次方程 $4t^2+4Xt+X+2=0$ 无实根的概率.

22. 设随机变量 $X\sim N(0,1)$，(1)计算 $P\{X\geqslant -0.05\}$；(2)计算 $P\{2.5\leqslant X\leqslant 5\}$；(3)求 $x$，使 $P\{|X|\leqslant x\}=0.9896$.

23. 设 $X\sim N(-2,4^2)$，求：(1) $P\{X<2.44\}$；(2) $P\{X>-0.4\}$；(3) $P\{|X|\leqslant 3\}$.

24. 若某门课程考试成绩 $X\sim N(70,10^2)$，考生由高分到低分排名，第 100 名的成绩是 60 分，问第 20 名的成绩约为多少分？

25. 从北郊某地乘车前往南区火车站有两条路线可走，第一条路线穿过市区，路程较短，但交通拥挤，所需时间（单位：min）服从正态分布 $N(50,10^2)$；第二条路线沿环城公路走，路程较长，但意外阻塞较少，所需时间服从正态分布 $N(65,4^2)$. 假如有 70min 可用，问选择哪一条路线较好？又若只有 65min 可用，选择哪一条路线较好？

26. 设 $X$ 的分布律如下表所示.

| $X$ | $-1$ | 0 | 1 | 2 | 3 |
|---|---|---|---|---|---|
| $P$ | 0.12 | 0.3 | 0.28 | 0.2 | 0.1 |

求：(1) $Y=X^2-2X$ 的分布律；(2) $Y=|X|+2$ 的分布律.

27. 设连续型随机变量 $X$ 服从柯西分布，其概率密度为 $f(x)=\begin{cases}\dfrac{2}{\pi(1+x^2)}, & x>0\\ 0, & 其他\end{cases}$，$Y=\ln X$，求 $Y$ 的概率密度.

28. 设随机变量 $X$ 的概率密度为

$$f(x) = \begin{cases} \dfrac{1}{3}x - \dfrac{1}{6}, & 1 < x < 3 \\ 0, & \text{其他} \end{cases}$$

求 $Y = (X-2)^2$ 的概率密度.

29. 若随机变量 $X$ 服从参数为 $\lambda(\lambda > 0)$ 的指数分布,证明 $Y = 1 - e^{-\lambda X}$ 在 $(0,1)$ 上服从均匀分布.

## （B）

1. 判断题.

(1) 离散型随机变量取任何给定实数值的概率都不等于零.

(2) 连续型随机变量的概率密度一定连续.

(3) 离散型随机变量 $X$ 与 $Y$ 的分布律相同,则 $X = Y$.

(4) 设 $X \sim N(3, 2^2)$,$F(x)$ 是 $x$ 的分布函数,则 $F(x) + F(-x) = 1$.

2. 填空题.

(1) 设离散型随机变量 $X$ 的分布律为 $p\{X=k\} = 6p^k (k=1,2,\cdots)$,则 $p = $_____.

(2) 一射手向同一目标独立进行 3 次射击,若至少命中一次的概率为 $\dfrac{26}{27}$,则该射手的命中率为_____.

(3) 设随机变量 $X$ 的分布函数为 $F(x) = \begin{cases} 0, & x < 0 \\ \dfrac{1}{2}, & 0 \leqslant x < 1 \\ 1 - e^{-x}, & x \geqslant 1 \end{cases}$,则 $P\{X=1\} = $_____.

(4) 设连续型随机变量 $X$ 的分布函数为

$$F(x) = \begin{cases} \dfrac{1}{1+x^2}, & x \in S \\ 1, & \text{其他} \end{cases}$$

则开区间 $S$ 必定是_____.

(5) 设随机变量 $X$ 的概率密度为

$$f(x) = ce^{-x^2+x}, \quad -\infty < x < +\infty$$

则常数 $c$ 等于_____.

(6) 设 $X \sim N(5, 2^2)$,当 $c = $_____时,$P\{X < c\} = P\{X > c\}$.

(7) 设 $X \sim N(10, 4^2)$,则当 $a = $_____时,$P\{|X-a| > a\} = 0.01$.

3. 单项选择题.

(1) 设 $X \sim B(2, p)$,$Y \sim B(4, p)$,若已知 $P\{X \geqslant 1\} = \dfrac{5}{9}$,则 $P\{Y \geqslant 1\} = ($    $)$.

(A) $\dfrac{80}{81}$;　　　　(B) $\dfrac{65}{81}$;　　　　(C) $\dfrac{33}{81}$;　　　　(D) $\dfrac{56}{81}$.

(2) 设 $X$ 服从参数为 2 的指数分布,若 $P\{|X|>a\}=0.5$,则 $a=($ 　　 ).

(A) $\ln 2$;　　　　(B) $\dfrac{1}{2}\ln 2$;　　　　(C) 2;　　　　(D) $2\ln 2$.

(3) 设随机变量 $X \sim N(\mu,\sigma^2)$,则当 $\sigma$ 增大时,概率 $P\{|X-\mu|<\sigma\}($ 　　 ).

(A) 单调增加;　　　(B) 单调减少;　　　(C) 保持不变;　　　(D) 增减不定.

(4) 设随机变量 $\ln X \sim N(1,2^2)$,则 $P\left\{\dfrac{1}{\mathrm{e}}<X<\mathrm{e}\right\}=($ 　　 ).

(A) 0.3413;　　　　(B) 0.6826;　　　　(C) 0.8413;　　　　(D) 0.6587.

(5) 设随机变量 $X$ 服从正态分布 $N(\mu_1,\sigma_1^2)$,$Y$ 服从正态分布 $N(\mu_2,\sigma_2^2)$,且 $P\{|X-\mu_1|<1\}>P\{|Y-\mu_2|<1\}$,则必有( 　　 ).

(A) $\sigma_1<\sigma_2$;　　　(B) $\sigma_1>\sigma_2$;　　　(C) $\mu_1<\mu_2$;　　　(D) $\mu_1>\mu_2$.

(6) 某人向同一目标独立重复射击,每次射击命中目标的概率为 $p(0<p<1)$,则此人第 4 次射击恰好第 2 次击中目标的概率为( 　　 ).

(A) $3p(1-p)^2$;　　　　　　　　　(B) $6p(1-p)^2$;

(C) $3p^2(1-p)^2$;　　　　　　　　(D) $6p^2(1-p)^2$.

(7) 设 $f_1(x)$ 为标准正态分布的概率密度,$f_2(x)$ 是 $[-1,3]$ 上均匀分布的概率密度,且
$$f(x)=\begin{cases} af_1(x), & x\leqslant 0 \\ bf_2(x), & x>0 \end{cases} \quad (a>0,b<0)\text{为概率密度,则 }a,b\text{ 应满足}($ 　　 ).$$

(A) $2a+3b=4$;　　(B) $3a+2b=4$;　　(C) $a+b=1$;　　(D) $a+b=2$.

(8) 设 $F_1(x)$,$F_2(x)$ 为两个分布函数,其相应的概率密度 $f_1(x)$,$f_2(x)$ 是连续函数,则必为概率密度的是( 　　 ).

(A) $f_1(x)f_2(x)$;　　　　　　　　(B) $2f_2(x)F_1(x)$;

(C) $f_1(x)F_2(x)$;　　　　　　　　(D) $f_1(x)F_2(x)+f_2(x)F_1(x)$.

# 第 3 章

# 多维随机向量及其分布

有些随机现象,只用一个随机变量去描述是不够的,比如要研究儿童的生长发育情况,仅研究儿童的身高 $X$ 或体重 $Y$ 都是片面的,有必要把 $X$ 和 $Y$ 作为一个整体来考虑,讨论它们总体变化的统计规律性,进一步可以讨论 $X$ 与 $Y$ 之间的联系. 在有些实际问题中,甚至要同时考虑两个以上的随机变量,比如,在研究每个家庭的支出情况时,我们感兴趣于每个家庭的衣食住行四个方面,若用 $X_1, X_2, X_3, X_4$ 分别表示衣食住行的花费占其家庭收入的百分比,则 $(X_1, X_2, X_3, X_4)$ 就是一个四维随机向量.

## 3.1 多维随机向量及其联合分布

如何来研究多维随机向量的统计规律性呢? 我们先研究多维随机向量的联合分布函数,然后研究离散型随机向量的联合分布律,连续型随机向量的联合概率密度.

### 3.1.1 多维随机向量及联合分布函数

下面我们先给出 $n$ 维随机向量的定义.

**定义 3.1** 如果 $X_1, X_2, \cdots, X_n$ 是定义在同一个样本空间上的 $n$ 个随机变量,则称

$$\boldsymbol{X} = (X_1, X_2, \cdots, X_n)$$

为 $n$ 维随机向量, $X_i$ 称为 $\boldsymbol{X}$ 的第 $i$ $(i=1, 2, \cdots, n)$ 个分量.

特别地, $n=1$ 时的一维随机向量就是第 2 章中的随机变量.

与随机变量类似,我们也用分布函数来研究随机向量的统计规律,下面给出随机向量联合分布函数的定义.

**定义 3.2** 设 $(X_1, X_2, \cdots, X_n)$ 是 $n$ 维随机向量,对任意的 $n$ 个实数 $x_1, x_2, \cdots, x_n$,定义 $n$ 元函数

$$F(x_1, x_2, \cdots, x_n) = P\{X_1 \leqslant x_1, X_2 \leqslant x_2, \cdots, X_n \leqslant x_n\} \tag{3.1}$$

则称函数 $F(x_1, x_2, \cdots, x_n)$ 为 $n$ 维随机向量 $(X_1, X_2, \cdots, X_n)$ 的联合分布函数或简称为随机向量 $(X_1, X_2, \cdots, X_n)$ 的分布函数.

本章主要研究二维随机向量,二维以上的情况研究方法类似.

对于二维随机向量$(X,Y)$,联合分布函数 $F(x,y)=P\{X\leqslant x,Y\leqslant y\}$是事件$\{X\leqslant x\}$与$\{Y\leqslant y\}$同时发生的概率. 如果将二维随机向量$(X,Y)$看成是平面上随机点的坐标,那么联合分布函数 $F(x,y)$在点$(x,y)$处的函数值就是随机点$(X,Y)$落在以点$(x,y)$为右上顶点,位于该点左下方的无穷矩形 $D$ 内的概率,见图 3-1.

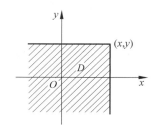

图 3-1　联合分布函数示意图

二维随机向量$(X,Y)$的两个分量 $X$ 与 $Y$ 各自的分布函数分别称为二维随机向量$(X,Y)$关于 $X$ 与 $Y$ 的边缘分布函数,记为 $F_X(x)$ 与 $F_Y(y)$.

边缘分布函数可由联合分布函数来确定. 事实上,一元函数 $F_X(x)$ 和 $F_Y(y)$可由联合分布函数 $F(x,y)$表示为

$$F_X(x)=P\{X\leqslant x\}=P\{X\leqslant x,Y<+\infty\}$$
$$=F(x,+\infty)=\lim_{y\to+\infty}F(x,y)$$
$$F_Y(y)=P\{Y\leqslant y\}=P\{X<+\infty,Y\leqslant y\}$$
$$=F(+\infty,y)=\lim_{x\to+\infty}F(x,y)$$

二维随机向量$(X,Y)$的联合分布函数 $F(x,y)$具有如下四条基本性质:

(1) 单调性　$F(x,y)$分别是变量 $x$(或 $y$)的单调不减函数,即对任意固定的 $y$,当 $x_1<x_2$ 时,有 $F(x_1,y)\leqslant F(x_2,y)$;对任意固定的 $x$,当 $y_1<y_2$ 时,有 $F(x,y_1)\leqslant F(x,y_2)$.

(2) 有界性　对任意的 $x$ 和 $y$,都有 $0\leqslant F(x,y)\leqslant 1$,且对任意固定的 $y$,有

$$F(-\infty,y)=\lim_{x\to-\infty}F(x,y)=0$$

对任意固定的 $x$,有

$$F(x,-\infty)=\lim_{y\to-\infty}F(x,y)=0$$
$$F(-\infty,-\infty)=\lim_{\substack{x\to-\infty\\y\to-\infty}}F(x,y)=0,$$
$$F(+\infty,+\infty)=\lim_{\substack{x\to+\infty\\y\to+\infty}}F(x,y)=1$$

(3) 右连续性　$F(x,y)$关于变量 $x$(或 $y$)是右连续的,即

$$F(x+0,y)=F(x,y),\quad F(x,y+0)=F(x,y)$$

(4) 非负性　对任意的 $x_1<x_2,y_1<y_2$,有

$$P\{x_1<X\leqslant x_2,y_1<Y\leqslant y_2\}=F(x_2,y_2)-F(x_2,y_1)-F(x_1,y_2)+F(x_1,y_1)\geqslant 0$$

反之,任一满足上述四条性质的二元函数 $F(x,y)$都可以作为某个二维随机向量的联合分布函数.

**例 3.1**　设 $F(x,y)=\begin{cases}1,&x+y\geqslant 0\\0,&x+y<0\end{cases}$,容易验证 $F(x,y)$具有上述性质(1)～性质(3),但却不具有性质(4). 事实上,有

$$F(1,1) - F(1,-1) - F(-1,1) + F(-1,-1) = -1 < 0$$

由此可见,具有性质(1)～性质(3)的函数不一定具有性质(4),性质(4)不能由性质(1)～性质(3)推出. 因此例 3.1 中的 $F(x,y)$ 不是分布函数.

### 3.1.2 二维离散型随机向量

**1. 二维离散型随机向量的联合分布律**

**定义 3.3**  如果二维随机向量 $(X,Y)$ 只取有限对或可列无穷多对数值 $(x_i,y_j)$,则称 $(X,Y)$ 为二维离散型随机向量,称

$$p_{ij} = P\{X=x_i, Y=y_j\}, \quad i,j=1,2,\cdots \tag{3.2}$$

为 $(X,Y)$ 的联合概率分布或 $(X,Y)$ 的联合分布律,也可用表 3-1 的形式记联合分布律.

表  3-1

| $X$ ＼ $Y$ | $y_1$ | $y_2$ | $\cdots$ | $y_j$ | $\cdots$ |
|---|---|---|---|---|---|
| $x_1$ | $p_{11}$ | $p_{12}$ | $\cdots$ | $p_{1j}$ | $\cdots$ |
| $x_2$ | $p_{21}$ | $p_{22}$ | $\cdots$ | $p_{2j}$ | $\cdots$ |
| $\vdots$ | $\vdots$ | $\vdots$ | | $\vdots$ | |
| $x_i$ | $p_{i1}$ | $p_{i2}$ | $\cdots$ | $p_{ij}$ | $\cdots$ |
| $\vdots$ | $\vdots$ | $\vdots$ | | $\vdots$ | |

联合分布律具有下面两条基本性质:

(1) 非负性  $p_{ij} \geqslant 0 (i,j=1,2,\cdots)$;

(2) 正则性  $\sum\limits_{i=1}^{+\infty} \sum\limits_{j=1}^{+\infty} p_{ij} = 1.$

反之,若数集 $\{p_{ij} \mid i,j=1,2,\cdots\}$ 具有以上两条性质,则它必可作为某二维离散型随机向量的联合分布律.

由 $(X,Y)$ 的联合分布律可求得它的联合分布函数 $F(x,y)$,实际上

$$F(x,y) = P\{X \leqslant x, Y \leqslant y\} = \sum_{x_i \leqslant x} \sum_{y_j \leqslant y} p_{ij}$$

求二维随机向量的联合分布律,关键是写出随机向量的可能取值及其发生的概率.

**例 3.2**  从 $1,2,3,4$ 中任取一数记为 $X$,再从 $1,2,\cdots,X$ 中任取一数记为 $Y$,求 $(X,Y)$ 的联合分布律及 $P\{X=Y\}$.

**解**  $(X,Y)$ 为二维离散型随机向量,其中 $X$ 的分布律为

$$P\{X=i\} = \frac{1}{4}, \quad i=1,2,3,4$$

$Y$ 的可能取值也是 $1,2,3,4$,若记 $j$ 为 $Y$ 的取值,则当 $j>i$ 时,有 $P\{X=i,Y=j\}=P(\varnothing)=0$;当 $1 \leqslant j \leqslant i \leqslant 4$ 时,由乘法公式得

$$P\{X=i,Y=j\}=P\{X=i\} \cdot P\{y=j \mid X=i\}=\frac{1}{4} \cdot \frac{1}{i}$$

所以$(X,Y)$的联合分布律可以写成表 3-2 的形式.

表　3-2

| X \ Y | 1 | 2 | 3 | 4 |
|---|---|---|---|---|
| 1 | $\frac{1}{4}$ | 0 | 0 | 0 |
| 2 | $\frac{1}{8}$ | $\frac{1}{8}$ | 0 | 0 |
| 3 | $\frac{1}{12}$ | $\frac{1}{12}$ | $\frac{1}{12}$ | 0 |
| 4 | $\frac{1}{16}$ | $\frac{1}{16}$ | $\frac{1}{16}$ | $\frac{1}{16}$ |

由此可计算出事件$\{X=Y\}$的概率为

$$P\{X=Y\}=p_{11}+p_{22}+p_{33}+p_{44}=\frac{1}{4}+\frac{1}{8}+\frac{1}{12}+\frac{1}{16}=0.5208$$

**2. 二维离散型随机向量的边缘分布律**

对于二维离散型随机向量$(X,Y)$,分量 $X$(或 $Y$)的分布律称为$(X,Y)$关于 $X$(或 $Y$)的边缘分布律,记为 $p_{i.}$(或 $p_{.j}$)$(i,j=1,2,\cdots)$,它可由$(X,Y)$的联合分布律求出. 事实上,有

$p_{i.}=P\{X=x_i\}$

$\qquad =P\{X=x_i,Y=y_1\}+P\{X=x_i,Y=y_2\}+\cdots+P\{X=x_i,Y=y_j\}+\cdots$

$\qquad =\sum_j P\{X=x_i,Y=y_j\}$

$\qquad =\sum_j p_{ij}$

即$(X,Y)$关于 $X$ 的边缘分布律为

$$p_{i.}=P\{X=x_i\}=\sum_j p_{ij}, \quad i=1,2,\cdots \tag{3.3}$$

它恰为表 3-1 中第 $i$ 行各概率之和.

同理可得到$(X,Y)$关于 $Y$ 的边缘分布律

$$p_{.j}=P\{Y=y_j\}=\sum_i p_{ij}, \quad j=1,2,\cdots \tag{3.4}$$

它恰为表 3-1 中第 $j$ 列各概率之和.

$(X,Y)$的边缘分布律具有如下性质:

(1) 非负性　$p_{i.}\geqslant 0,p_{.j}\geqslant 0$ $(i,j=1,2,\cdots)$;

(2) 正则性　$\sum_i p_{i.}=1,\sum_j p_{.j}=1$.

**例 3.3**　求例 3.2 中$(X,Y)$关于 $X$ 和 $Y$ 的边缘分布律.

**解**　$X$ 与 $Y$ 的可能取值均为 1,2,3,4.$(X,Y)$关于 $X$ 的边缘分布律为

$$P\{X=1\} = p_1. = p_{11} + p_{12} + p_{13} + p_{14} = \frac{1}{4} + 0 + 0 + 0 = \frac{1}{4}$$

$$P\{X=2\} = p_2. = p_{21} + p_{22} + p_{23} + p_{24} = \frac{1}{8} + \frac{1}{8} + 0 + 0 = \frac{1}{4}$$

$$P\{X=3\} = p_3. = p_{31} + p_{32} + p_{33} + p_{34} = \frac{1}{12} + \frac{1}{12} + \frac{1}{12} + 0 = \frac{1}{4}$$

$$P\{X=4\} = p_4. = p_{41} + p_{42} + p_{43} + p_{44} = \frac{1}{16} + \frac{1}{16} + \frac{1}{16} + \frac{1}{16} = \frac{1}{4}$$

类似地,可求出$(X,Y)$关于$Y$的边缘分布律为

$$P\{Y=1\} = p_{.1} = p_{11} + p_{21} + p_{31} + p_{41} = \frac{1}{4} + \frac{1}{8} + \frac{1}{12} + \frac{1}{16} = \frac{25}{48}$$

$$P\{Y=2\} = p_{.2} = p_{12} + p_{22} + p_{32} + p_{42} = 0 + \frac{1}{8} + \frac{1}{12} + \frac{1}{16} = \frac{13}{48}$$

$$P\{Y=3\} = p_{.3} = p_{13} + p_{23} + p_{33} + p_{43} = 0 + 0 + \frac{1}{12} + \frac{1}{16} = \frac{7}{48}$$

$$P\{Y=4\} = p_{.4} = p_{14} + p_{24} + p_{34} + p_{44} = 0 + 0 + 0 + \frac{1}{16} = \frac{1}{16}$$

如果将$(X,Y)$的联合分布律与边缘分布律写在同一表中,则只需在表 3-2 的最右边增加一列,写入关于 $X$ 的边缘分布律,在表 3-2 的最下方增加一行,写入关于 $Y$ 的边缘分布律,即为表 3-3.

表 3-3

| $X$ \ $Y$ | 1 | 2 | 3 | 4 | $p_i.$ |
|---|---|---|---|---|---|
| 1 | $\frac{1}{4}$ | 0 | 0 | 0 | $\frac{1}{4}$ |
| 2 | $\frac{1}{8}$ | $\frac{1}{8}$ | 0 | 0 | $\frac{1}{4}$ |
| 3 | $\frac{1}{12}$ | $\frac{1}{12}$ | $\frac{1}{12}$ | 0 | $\frac{1}{4}$ |
| 4 | $\frac{1}{16}$ | $\frac{1}{16}$ | $\frac{1}{16}$ | $\frac{1}{16}$ | $\frac{1}{4}$ |
| $p_{.j}$ | $\frac{25}{48}$ | $\frac{13}{48}$ | $\frac{7}{48}$ | $\frac{1}{16}$ | |

对于二维离散型随机向量$(X,Y)$,由它的联合分布律可以确定它的两个边缘分布律,但在一般条件下,由$(X,Y)$的两个边缘分布律不能确定$(X,Y)$的联合分布律.

**例 3.4** 袋中装有 2 只白球与 3 只黑球,现进行有放回地摸球,定义下列随机变量:

$$X = \begin{cases} 1, & \text{第一次摸出白球} \\ 0, & \text{第一次摸出黑球} \end{cases}, \quad Y = \begin{cases} 1, & \text{第二次摸出白球} \\ 0, & \text{第二次摸出黑球} \end{cases}$$

则 $(X,Y)$ 的联合分布律与边缘分布律由表 3-4 给出.

表　3-4

| X \ Y | 0 | 1 | $p_i.$ |
|---|---|---|---|
| 0 | $\frac{3}{5} \times \frac{3}{5}$ | $\frac{3}{5} \times \frac{2}{5}$ | $\frac{3}{5}$ |
| 1 | $\frac{2}{5} \times \frac{3}{5}$ | $\frac{2}{5} \times \frac{2}{5}$ | $\frac{2}{5}$ |
| $p._j$ | $\frac{3}{5}$ | $\frac{2}{5}$ | |

**例 3.5**　例 3.4 中若采用不放回摸球,则 $(X,Y)$ 的联合分布律与边缘分布律由表 3-5 给出.

表　3-5

| X \ Y | 0 | 1 | $p_i.$ |
|---|---|---|---|
| 0 | $\frac{3}{5} \times \frac{2}{4}$ | $\frac{3}{5} \times \frac{2}{4}$ | $\frac{3}{5}$ |
| 1 | $\frac{2}{5} \times \frac{3}{4}$ | $\frac{2}{5} \times \frac{1}{4}$ | $\frac{2}{5}$ |
| $p._j$ | $\frac{3}{5}$ | $\frac{2}{5}$ | |

比较表 3-4、表 3-5 可以看到一个重要事实:两例中 $X$ 及 $Y$ 的(边缘)分布律是相同的,但它们的联合分布律却完全不同. 由此可以看出,边缘分布由联合分布唯一确定,反之不然. 也就是说,二维随机向量的性质并不能由它的两个分量的个别性质来确定,还必须考虑 $X$ 与 $Y$ 之间的联系,所以联合分布对随机向量提供了比边缘分布更多的信息,这说明了研究多维随机向量的必要性.

### 3.1.3　二维连续型随机向量

**1. 二维连续型随机向量的联合概率密度**

**定义 3.4**　设二维随机向量的联合分布函数为 $F(x,y)$,若存在二元非负可积函数 $f(x,y)$,使得二维随机向量 $(X,Y)$ 的联合分布函数 $F(x,y)$ 可表示为

$$F(x,y) = \int_{-\infty}^{x} \int_{-\infty}^{y} f(u,v) \mathrm{d}v \mathrm{d}u \tag{3.5}$$

则称 $(X,Y)$ 为二维连续型随机向量,称 $f(x,y)$ 为 $(X,Y)$ 的联合概率密度或联合密度.

由微积分学可知:若 $f(x,y)$ 在 $(x,y)$ 处连续,则有

$$f(x,y) = \frac{\partial^2 F(x,y)}{\partial x \partial y}$$

因而在 $f(x,y)$ 连续点处,可由联合分布函数 $F(x,y)$ 求出联合概率密度 $f(x,y)$.

按定义,联合概率密度有下列基本性质:

(1) 非负性    $f(x,y) \geqslant 0$;

(2) 正则性    $\displaystyle\int_{-\infty}^{+\infty}\int_{-\infty}^{+\infty} f(x,y)\mathrm{d}x\mathrm{d}y = 1$.

反之,任一定义在整个实平面上的二元函数,如果具有以上两条性质,则它必可作为某二维连续型随机向量的联合概率密度.

已知 $(X,Y)$ 的联合概率密度 $f(x,y)$,就可以求出有关事件的概率了. 若 $D$ 为平面上的一个区域,则事件 $\{(X,Y)\in D\}$ 的概率可表示为 $f(x,y)$ 在 $D$ 上的二重积分,即

$$P\{(X,Y) \in D\} = \iint\limits_{D} f(x,y)\mathrm{d}x\mathrm{d}y \tag{3.6}$$

由二重积分的几何意义,(3.6)式表明:随机点 $(X,Y)$ 落在平面区域 $D$ 上的概率在数值上等于以平面区域 $D$ 为底,以曲面 $z=f(x,y)$ 为顶的曲顶柱体的体积.

**例 3.6**   设 $(X,Y)$ 的联合概率密度为

$$f(x,y) = \begin{cases} 6\mathrm{e}^{-2x-3y}, & x>0, y>0 \\ 0, & \text{其他} \end{cases}$$

求:(1) $P\{X<1, Y>1\}$;(2) $P\{X>Y\}$.

**解**   (1) 积分区域见图 3-2(a)中的阴影部分,于是有

$$P\{X<1,Y>1\} = \int_0^1 \int_1^{+\infty} 6\mathrm{e}^{-2x-3y}\mathrm{d}y\mathrm{d}x = 6\int_0^1 \mathrm{e}^{-2x}\mathrm{d}x \int_1^{+\infty} \mathrm{e}^{-3y}\mathrm{d}y$$

$$= (1-\mathrm{e}^{-2})\mathrm{e}^{-3} = 0.043$$

(2) 积分区域见图 3-2(b)中的阴影部分,于是有

$$P\{X>Y\} = \int_0^{+\infty} \int_0^{x} 6\mathrm{e}^{-2x-3y}\mathrm{d}y\mathrm{d}x = \int_0^{+\infty} 2\mathrm{e}^{-2x}(1-\mathrm{e}^{-3x})\mathrm{d}x$$

$$= \left(-\mathrm{e}^{-2x} + \frac{2}{5}\mathrm{e}^{-5x}\right)\Big|_0^{+\infty} = 1 - \frac{2}{5} = \frac{3}{5}$$

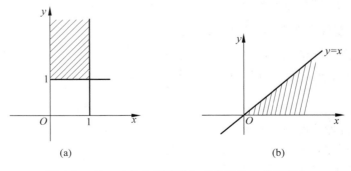

(a)                              (b)

图 3-2   $f(x,y)$ 的非零区域与有关事件的交集部分

**例 3.7** 设 $(X,Y)$ 的联合概率密度为

$$f(x,y) = \begin{cases} Ae^{-(x+y)}, & x \geqslant 0, y \geqslant 0 \\ 0, & \text{其他} \end{cases}$$

求：(1)常数 $A$；(2) $(X,Y)$ 的联合分布函数 $F(x,y)$；(3) $P\{(X,Y) \in D\}$，其中 $D = \{(x,y) \mid 0 \leqslant x \leqslant 1, 0 \leqslant y \leqslant 1\}$.

**解** （1）由联合概率密度的正则性，有

$$1 = \int_{-\infty}^{+\infty} \int_{-\infty}^{+\infty} f(x,y) \mathrm{d}x \mathrm{d}y = \int_0^{+\infty} \int_0^{+\infty} Ae^{-(x+y)} \mathrm{d}x \mathrm{d}y$$

$$= A \int_0^{+\infty} e^{-x} \mathrm{d}x \int_0^{+\infty} e^{-y} \mathrm{d}y = A$$

所以 $A = 1$.

（2）注意到 $f(x,y)$ 在不同区域有不同的表达式，当 $x \geqslant 0$ 且 $y \geqslant 0$ 时，有

$$F(x,y) = \int_{-\infty}^{x} \int_{-\infty}^{y} f(u,v) \mathrm{d}v \mathrm{d}u = \int_0^x \int_0^y e^{-(u+v)} \mathrm{d}v \mathrm{d}u = (1 - e^{-x})(1 - e^{-y})$$

当 $x < 0$ 或 $y < 0$ 时，由 $f(x,y) = 0$，知 $F(x,y) = 0$. 所以 $(X,Y)$ 的联合分布函数为

$$F(x,y) = \begin{cases} (1 - e^{-x})(1 - e^{-y}), & x \geqslant 0, y \geqslant 0 \\ 0, & \text{其他} \end{cases}$$

（3）$P\{(X,Y) \in D\} = \iint_D f(x,y) \mathrm{d}x \mathrm{d}y = \int_0^1 \mathrm{d}x \int_0^1 e^{-(x+y)} \mathrm{d}y = \left(1 - \dfrac{1}{e}\right)^2$

**2. 二维均匀分布**

**定义 3.5** 设 $D$ 为平面中的一个有界区域，其面积为 $S > 0$，如果二维随机向量 $(X,Y)$ 的联合概率密度为

$$f(x,y) = \begin{cases} \dfrac{1}{S}, & (x,y) \in D \\ 0, & \text{其他} \end{cases} \tag{3.7}$$

则称 $(X,Y)$ 服从 $D$ 上的二维均匀分布，记为 $(X,Y) \sim U(D)$.

显然联合概率密度 $f(x,y)$ 具有非负性和正则性.

如 $(X,Y)$ 在以原点为圆心，$R$ 为半径的圆域上服从二维均匀分布，则 $(X,Y)$ 的联合概率密度为

$$f(x,y) = \begin{cases} \dfrac{1}{\pi R^2}, & x^2 + y^2 \leqslant R^2 \\ 0, & x^2 + y^2 > R^2 \end{cases}$$

**3. 二维连续型随机向量的边缘概率密度**

**定义 3.6** 对于二维连续型随机向量 $(X,Y)$，分量 $X$（或 $Y$）的概率密度称为 $(X,Y)$ 关于

$X$(或 $Y$)的边缘概率密度,记为 $f_X(x)$(或 $f_Y(y)$).边缘概率密度可由$(X,Y)$的联合概率密度 $f(x,y)$ 求出,即

$$f_X(x) = \int_{-\infty}^{+\infty} f(x,y)\mathrm{d}y \tag{3.8}$$

$$f_Y(y) = \int_{-\infty}^{+\infty} f(x,y)\mathrm{d}x \tag{3.9}$$

**证**  首先由 $f(x,y)$ 的非负性可知,对一切 $x$,$f_X(x) \geqslant 0$.关于 $X$ 的边缘分布函数为

$$F_X(x) = P\{X \leqslant x\} = P\{X \leqslant x, Y < +\infty\} = F(x, +\infty)$$

$$= \int_{-\infty}^{x} \left[\int_{-\infty}^{+\infty} f(u,v)\mathrm{d}v\right]\mathrm{d}u$$

由随机变量概率密度定义可知,$\int_{-\infty}^{+\infty} f(x,y)\mathrm{d}y$ 就是 $X$ 的概率密度,即

$$f_X(x) = \int_{-\infty}^{+\infty} f(x,y)\mathrm{d}y$$

同理可得

$$f_Y(y) = \int_{-\infty}^{+\infty} f(x,y)\mathrm{d}x$$

**例 3.8**  设二维连续型随机向量$(X,Y)$在矩形域 $D = \{(x,y) \mid a \leqslant x \leqslant b, c \leqslant y \leqslant d\}$ 上服从均匀分布,求$(X,Y)$的两个边缘概率密度 $f_X(x)$ 与 $f_Y(y)$.

**解**  $(X,Y)$的联合概率密度为

$$f(x,y) = \begin{cases} \dfrac{1}{(b-a)(d-c)}, & (x,y) \in D \\ 0, & \text{其他} \end{cases}$$

当 $a \leqslant x \leqslant b$ 时,有

$$f_X(x) = \int_{-\infty}^{+\infty} f(x,y)\mathrm{d}y = \int_{c}^{d} \frac{1}{(b-a)(d-c)}\mathrm{d}y = \frac{1}{b-a}$$

当 $x < a$ 或 $x > b$ 时,有

$$f_X(x) = \int_{-\infty}^{+\infty} 0\mathrm{d}y = 0$$

所以

$$f_X(x) = \begin{cases} \dfrac{1}{b-a}, & a \leqslant x \leqslant b \\ 0, & \text{其他} \end{cases}$$

同理

$$f_Y(y) = \int_{-\infty}^{+\infty} f(x,y)\mathrm{d}x = \begin{cases} \dfrac{1}{d-c}, & c \leqslant y \leqslant d \\ 0, & \text{其他} \end{cases}$$

由此例可以看出,当二维连续型随机向量$(X,Y)$在矩形域 $D$ 上服从二维均匀分布时,

分量 $X$(或 $Y$)在相应的区间上服从一维均匀分布.

**例 3.9**　设二维随机向量$(X,Y)$的联合概率密度为

$$f(x,y) = \begin{cases} 1, & 0 < x < 1, |y| < x \\ 0, & \text{其他} \end{cases}$$

求：(1)边缘概率密度 $f_X(x)$ 及 $f_Y(y)$；(2) $P\left\{X < \dfrac{1}{2}\right\}$ 及 $P\left\{Y > \dfrac{1}{2}\right\}$.

**解**　(1) 因为 $f_X(x) = \displaystyle\int_{-\infty}^{+\infty} f(x,y)\mathrm{d}y$,所以当 $x \leqslant 0$ 或 $x \geqslant 1$ 时,有 $f_X(x) = 0$；而当 $0 < x < 1$ 时,有

$$f_X(x) = \int_{-\infty}^{+\infty} f(x,y)\mathrm{d}y = \int_{-x}^{x} 1\mathrm{d}y = 2x$$

所以 $X$ 的边缘概率密度为

$$f_X(x) = \begin{cases} 2x, & 0 < x < 1 \\ 0, & \text{其他} \end{cases}$$

再求 $f_Y(y)$,因为 $f_Y(y) = \displaystyle\int_{-\infty}^{+\infty} f(x,y)\mathrm{d}x$,所以当 $y \leqslant -1$ 或 $y \geqslant 1$ 时,有 $f_Y(y) = 0$；当 $-1 < y < 0$ 时,有 $f_Y(y) = \displaystyle\int_{-y}^{1} 1\mathrm{d}x = 1+y$；而当 $0 \leqslant y < 1$ 时,有 $f_Y(y) = \displaystyle\int_{y}^{1} 1\mathrm{d}x = 1-y$. 故

$$f_Y(y) = \begin{cases} 1+y, & -1 < y < 0 \\ 1-y, & 0 \leqslant y < 1 \\ 0, & \text{其他} \end{cases}, \quad \text{即} \quad f_Y(y) = \begin{cases} 1-|y|, & |y| < 1 \\ 0, & \text{其他} \end{cases}$$

(2) 所求的概率分别为

$$P\left\{X < \frac{1}{2}\right\} = \int_{-\infty}^{\frac{1}{2}} f_X(x)\mathrm{d}x = \int_{0}^{\frac{1}{2}} 2x\mathrm{d}x = \frac{1}{4}$$

$$P\left\{Y > \frac{1}{2}\right\} = \int_{\frac{1}{2}}^{+\infty} f_Y(y)\mathrm{d}y = \int_{\frac{1}{2}}^{1} (1-y)\mathrm{d}y = \frac{1}{8}$$

## 3.2　随机变量的独立性

同事件的独立性一样,随机变量的独立性也是概率统计中一个重要的概念.

### 3.2.1　两个随机变量的独立性

**定义 3.7**　设二维随机向量$(X,Y)$的联合分布函数和边缘分布函数分别为 $F(x,y)$, $F_X(x)$ 和 $F_Y(y)$,若对任意实数 $x,y$,有

$$F(x,y) = F_X(x)F_Y(y) \tag{3.10}$$

则称 $X$ 与 $Y$ 相互独立.

(3.10)式等价于对任意实数 $x,y$,有

$$P\{X \leqslant x, Y \leqslant y\} = P\{X \leqslant x\} \cdot P\{Y \leqslant y\}$$

由此可知,随机变量 $X$ 与 $Y$ 相互独立,即对任意实数 $x,y$,事件$\{X \leqslant x\}$与事件$\{Y \leqslant y\}$相互独立.

对离散型随机向量,$X$ 与 $Y$ 相互独立的充要条件为:对$(X,Y)$的一切可能值$(x_i,y_j)$有

$$P\{X = x_i, Y = y_j\} = P\{X = x_i\} \cdot P\{Y = y_j\}, \quad i,j = 1,2,\cdots \quad (3.11)$$

对连续型随机向量,$X$ 与 $Y$ 相互独立的充要条件为:在联合概率密度 $f(x,y)$ 的一切连续点处有

$$f(x,y) = f_X(x)f_Y(y) \quad (3.12)$$

**例 3.10**　在 3.1 节例 3.4 和例 3.5 的有放回摸球和无放回摸球中,它们的联合分布律和边缘分布律如表 3-4 和表 3-5 所示.

在有放回摸球中,显然有

$$P\{X = i, Y = j\} = P\{X = i\} \cdot P\{Y = j\}, \quad i,j = 0,1$$

由定义知,$X$ 与 $Y$ 相互独立.

在无放回摸球中,因为

$$P\{X = i, Y = j\} \neq P\{X = i\} \cdot P\{Y = j\}, \quad i,j = 0,1$$

由定义知,$X$ 与 $Y$ 不相互独立.

在有放回摸球中,第一次取球的结果不影响第二次取球的结果,即 $X$ 的取值不影响 $Y$ 取值的规律性;但在无放回摸球中,第一次取球的结果显然影响第二次取球的结果,即 $X$ 的取值影响了 $Y$ 的取值的规律性. 故定义与实际相符.

**例 3.11**　若$(X,Y)$的联合概率密度为

$$f(x,y) = \begin{cases} 8xy, & 0 \leqslant x \leqslant y \leqslant 1 \\ 0, & \text{其他} \end{cases}$$

问 $X$ 与 $Y$ 是否相互独立?

**解**　为判断 $X$ 与 $Y$ 是否独立,只需看边缘概率密度的乘积是否等于联合概率密度. 为此先求边缘概率密度.

当 $x<0$ 或 $x>1$ 时,$f_X(x)=0$;当 $0 \leqslant x \leqslant 1$ 时,有

$$f_X(x) = \int_x^1 8xy\,\mathrm{d}y = 8x\left(\frac{1}{2} - \frac{x^2}{2}\right) = 4x(1-x^2)$$

因此 $X$ 的边缘概率密度为

$$f_X(x) = \begin{cases} 4x(1-x^2), & 0 \leqslant x \leqslant 1 \\ 0, & \text{其他} \end{cases}$$

同样,当 $y<0$ 或 $y>1$ 时,有 $f_Y(y)=0$;当 $0 \leqslant y \leqslant 1$ 时,有

$$f_Y(y) = \int_0^y 8xy\,\mathrm{d}x = 4y^3$$

因此 $Y$ 的边缘概率密度为

$$f_Y(y) = \begin{cases} 4y^3, & 0 \leqslant y \leqslant 1 \\ 0, & \text{其他} \end{cases}$$

由此得 $f(x,y) \neq f_X(x) f_Y(y)$，所以 $X$ 与 $Y$ 不独立.

在前面曾讨论了联合分布与边缘分布的关系：联合分布可以确定边缘分布，但在一般情形下，边缘分布是不能确定联合分布的. 然而由随机变量相互独立的定义及充要条件可知，当 $X$ 与 $Y$ 相互独立时，$(X,Y)$ 的联合分布可由它的两个边缘分布确定.

**例 3.12**　设 $X$ 与 $Y$ 是相互独立的随机变量，$X$ 在 $[1,3]$ 上服从均匀分布，$Y$ 服从参数 $\lambda = 1$ 的指数分布，求 $(X,Y)$ 的联合概率密度.

**解**　由已知条件得

$$f_X(x) = \begin{cases} \dfrac{1}{2}, & 1 \leqslant x \leqslant 3 \\ 0, & \text{其他} \end{cases}, \quad f_Y(y) = \begin{cases} \mathrm{e}^{-y}, & y > 0 \\ 0, & y \leqslant 0 \end{cases}$$

因为 $X$ 与 $Y$ 相互独立，所以 $(X,Y)$ 的联合概率密度为

$$f(x,y) = f_X(x) f_Y(y) = \begin{cases} \dfrac{1}{2} \mathrm{e}^{-y}, & 1 \leqslant x \leqslant 3, y > 0 \\ 0, & \text{其他} \end{cases}$$

可以证明：如果随机变量 $X$ 与 $Y$ 相互独立，那么，它们各自的函数 $\varphi(X)$ 与 $\psi(Y)$ 也相互独立. 比如，$X$ 与 $Y$ 相互独立，则 $aX+b$ 与 $cY+d(ac \neq 0)$ 也相互独立，$X^2$ 与 $Y^2$ 也相互独立等.

在实际问题中，判断两个随机变量是否相互独立，往往不是用数学定义去验证，而常常是由随机变量的实际意义去考证它们是否相互独立. 如掷两颗骰子的试验中，两颗骰子出现的点数；两个彼此没有联系的工厂一天产品中各自出现的废品件数都可以认为是相互独立的随机变量.

### 3.2.2　$n$ 个随机变量的独立性

**定义 3.8**　设 $n$ 维随机向量 $(X_1, X_2, \cdots, X_n)$ 的联合分布函数为 $F(x_1, x_2, \cdots, x_n)$，$F_i(x_i)$ 为 $X_i(i=1,2,\cdots,n)$ 的边缘分布函数. 如果对任意 $n$ 个实数 $x_1, x_2, \cdots, x_n$，有

$$F(x_1, x_2, \cdots, x_n) = \prod_{i=1}^{n} F_i(x_i) \tag{3.13}$$

则称 $X_1, X_2, \cdots, X_n$ 相互独立.

当 $(X_1, X_2, \cdots, X_n)$ 为离散型随机向量时，如果对任意 $n$ 个取值 $x_1, x_2, \cdots, x_n$，有

$$P\{X_1 = x_1, X_2 = x_2, \cdots, X_n = x_n\} = \prod_{i=1}^{n} P\{X_i = x_i\} \tag{3.14}$$

则称 $X_1, X_2, \cdots, X_n$ 相互独立.

当$(X_1, X_2, \cdots, X_n)$为连续型随机向量时,如果对任意 $n$ 个实数 $x_1, x_2, \cdots, x_n$,有

$$f(x_1, x_2, \cdots, x_n) = \prod_{i=1}^{n} f_i(x_i) \tag{3.15}$$

则称 $X_1, X_2, \cdots, X_n$ 相互独立,其中 $f_i(x_i)$ 为 $X_i$ 的边缘概率密度.

可以证明:若 $X_1, X_2, \cdots, X_n$ 相互独立,则其中任意 $k(2 \leqslant k \leqslant n)$ 个随机变量也相互独立.

若 $X_1, X_2, \cdots, X_n$ 相互独立,则它们各自的函数 $g_1(X_1), g_2(X_2), \cdots, g_n(X_n)$ 也相互独立. 如 $X_1, X_2, \cdots, X_n$ 相互独立,则 $X_1^2, X_2^2, \cdots, X_n^2$ 也相互独立.

# 3.3  条件分布

二维随机向量$(X, Y)$的两个分量 $X, Y$ 之间主要表现为独立与相依两类关系. 由于在许多问题中有关的随机变量的取值往往彼此是有影响的,这就使得条件分布成为研究变量之间相依关系的一个有力工具.

对二维随机向量$(X, Y)$而言,所谓随机变量 $X$ 的条件分布,就是在给定 $Y$ 取某个值的条件下 $X$ 的分布. 比如,若记 $X$ 为人的体重,$Y$ 为人的身高,则 $X$ 与 $Y$ 之间一般有相依关系. 现在如果限定 $Y = 1.7\text{m}$,在这个条件下体重 $X$ 的分布显然与 $X$ 的无条件分布(无此限制下体重的分布)会有很大的不同. 本节将给出条件分布的定义.

## 3.3.1  离散型随机变量的条件分布

设二维离散型随机向量$(X, Y)$的联合分布律为

$$p_{ij} = P\{X = x_i, Y = y_j\}, \quad i, j = 1, 2, \cdots$$

仿照条件概率的定义,我们很容易给出如下离散型随机变量的条件分布律.

**定义 3.9**  设$(X, Y)$是二维离散型随机向量,对于任意固定的 $j$,若 $P\{Y = y_j\} > 0$,则称

$$P\{X = x_i \mid Y = y_j\} = \frac{P\{X = x_i, Y = y_j\}}{P\{Y = y_j\}} = \frac{p_{ij}}{p_{\cdot j}}, \quad i = 1, 2, \cdots \tag{3.16}$$

为在 $Y = y_j$ 的条件下 $X$ 的条件分布律(或条件概率分布).

同样,对于任意固定的 $i$,若 $P\{X = x_i\} > 0$,则称

$$P\{Y = y_j \mid X = x_i\} = \frac{P\{X = x_i, Y = y_j\}}{P\{X = x_i\}} = \frac{p_{ij}}{p_{i\cdot}}, \quad j = 1, 2, \cdots \tag{3.17}$$

为在 $X = x_i$ 的条件下 $Y$ 的条件分布律(或条件概率分布).

显然,条件分布律也具有一般分布律(亦称无条件分布律)的基本性质.

(1) 非负性    对于任意固定的 $j$,$P\{X = x_i \mid Y = y_j\} \geqslant 0 (i = 1, 2, \cdots)$;

(2) 正则性    对于任意固定的 $j$,$\sum_{i=1}^{+\infty} P\{X = x_i \mid Y = y_j\} = 1$.

有了条件分布律,我们就可以给出离散型随机变量的条件分布函数.

**定义 3.10**　在 $Y=y_j$ 条件下 $X$ 的条件分布函数为

$$F(x \mid y_j) = P\{X \leqslant x \mid Y=y_j\} = \sum_{x_i \leqslant x} P\{X=x_i \mid Y=y_j\} \tag{3.18}$$

在 $X=x_i$ 条件下 $Y$ 的条件分布函数为

$$F(y \mid x_i) = P\{Y \leqslant y \mid X=x_i\} = \sum_{y_j \leqslant y} P\{Y=y_j \mid X=x_i\} \tag{3.19}$$

**例 3.13**　设二维随机向量 $(X,Y)$ 的联合分布律如表 3-6 所示.

表　3-6

| X＼Y | 1 | 2 | 3 | $p_i.$ |
|------|-----|------|------|------|
| 1 | 0.1 | 0.3 | 0.2 | 0.6 |
| 2 | 0.2 | 0.05 | 0.15 | 0.4 |
| $p._j$ | 0.3 | 0.35 | 0.35 | |

求 $X$ 在 $Y=y_j$ 条件下的条件分布律及 $Y$ 在 $X=x_i$ 条件下的条件分布律.

**解**　因为 $P\{X=1\}=p_1.=0.6$,所以用第一行各元素分别除以 0.6,就可得在 $X=1$ 下,$Y$ 的条件分布律,如表 3-7 所示.

表　3-7

| $Y \mid X=1$ | 1 | 2 | 3 |
|------|-----|-----|-----|
| $P\{Y=j \mid X=1\}$ | $\frac{1}{6}$ | $\frac{1}{2}$ | $\frac{1}{3}$ |

$P\{X=2\}=p_2.=0.4$,用第二行各元素分别除以 0.4,就可得在 $X=2$ 下,$Y$ 的条件分布律,如表 3-8 所示.

表　3-8

| $Y \mid X=2$ | 1 | 2 | 3 |
|------|-----|-----|-----|
| $P\{Y=j \mid X=2\}$ | $\frac{1}{2}$ | $\frac{1}{8}$ | $\frac{3}{8}$ |

因为 $P\{Y=1\}=p._1=0.3$,用第一列各元素分别除以 0.3,变可得在 $Y=1$ 下,$X$ 的条件分布律,如表 3-9 所示.

表　3-9

| $X \mid Y=1$ | 1 | 2 |
|------|-----|-----|
| $P\{X=i \mid Y=1\}$ | $\frac{1}{3}$ | $\frac{2}{3}$ |

同理可得另外两个条件分布律,如表 3-10 和表 3-11 所示.

表　3-10

| $X\mid Y=2$ | 1 | 2 |
|---|---|---|
| $P\{X=i\mid Y=2\}$ | $\dfrac{6}{7}$ | $\dfrac{1}{7}$ |

表　3-11

| $X\mid Y=3$ | 1 | 2 |
|---|---|---|
| $P\{X=i\mid Y=3\}$ | $\dfrac{4}{7}$ | $\dfrac{3}{7}$ |

从例 3.13 可以看出,二维联合分布律只有一个,而条件分布律却有 5 个,若 $X$ 与 $Y$ 的取值更多,则条件分布律也更多. 每个条件分布律都从一个侧面描述了一种状态的特定分布,可见条件分布的内容更丰富,其应用也更广泛.

有时条件分布律可直接利用其定义求得.

**例 3.14**　考虑伯努利独立试验序列,设其中每次试验成功的概率为 $p(0<p<1)$,令 $X$ 表示直至首次成功所需的试验次数,$Y$ 表示直至第二次成功累积进行的试验次数,求:

(1) $X=i(i=1,2,\cdots)$ 条件下 $Y$ 的条件分布律;

(2) $Y=j(j=2,3,\cdots)$ 条件下 $X$ 的条件分布律.

**解**　(1) 由题设,在事件 $\{X=i\}$ 已发生条件下,$Y$ 的全部可能取值为 $i+1,i+2,\cdots$,若 $Y=j$,则意味着在前两次成功之间有 $j-i-1$ 次失败,于是有

$$P\{Y=j\mid X=i\}=(1-p)^{j-i-1}p,\quad i=1,2,\cdots;\ j=i+1,i+2,\cdots$$

(2) 当 $Y=j$ 时,$X$ 的全部可能取值为 $1,2,\cdots,j-1$,由题设,它取各值应是等可能的,故有

$$P\{X=i\mid Y=j\}=\frac{1}{j-1},\quad j=2,3,\cdots;\ i=1,2,\cdots,j-1$$

本题也可通过计算 $(X,Y)$ 的联合分布律及边缘分布律,再利用公式(3.16) 和(3.17)计算两个条件分布律.

### 3.3.2　连续型随机变量的条件分布

与二维离散型分布一样,二维连续型随机变量也需考虑条件分布.

**定义 3.11**　设 $(X,Y)$ 的联合概率密度为 $f(x,y)$,$Y$ 的边缘概率密度为 $f_Y(y)$,对一切使 $f_Y(y)>0$ 的 $y$,在 $Y=y$ 的条件下 $X$ 的条件概率密度和条件分布函数分别为

$$f_{X\mid Y}(x\mid y)=\frac{f(x,y)}{f_Y(y)}\tag{3.20}$$

$$F_{X\mid Y}(x\mid y)=\int_{-\infty}^{x}\frac{f(u,y)}{f_Y(y)}\mathrm{d}u\tag{3.21}$$

同样对一切使 $f_X(x)>0$ 的 $x$,在 $X=x$ 的条件下 $Y$ 的条件概率密度和条件分布函数分别为

$$f_{Y\mid X}(y\mid x)=\frac{f(x,y)}{f_X(x)}\tag{3.22}$$

$$F_{Y|X}(y \mid x) = \int_{-\infty}^{y} \frac{f(x,v)}{f_X(x)} \mathrm{d}v \tag{3.23}$$

**例 3.15**  设 $(X,Y)$ 在 $G = \{(x,y) \mid x^2 + y^2 \leqslant 1\}$ 上服从均匀分布,求在 $Y = y$ 的条件下 $X$ 的条件概率密度.

**解**  因为

$$f(x,y) = \begin{cases} \dfrac{1}{\pi}, & x^2 + y^2 \leqslant 1 \\ 0, & \text{其他} \end{cases}$$

由此得 $Y$ 的边缘概率密度为

$$f_Y(y) = \begin{cases} \dfrac{2}{\pi}\sqrt{1-y^2}, & -1 \leqslant y \leqslant 1 \\ 0, & \text{其他} \end{cases}$$

所以当 $-1 < y < 1$ 时,有

$$f_{X|Y}(x \mid y) = \frac{f(x,y)}{f_Y(y)} = \begin{cases} \dfrac{\frac{1}{\pi}}{\frac{2}{\pi}\sqrt{1-y^2}} = \dfrac{1}{2\sqrt{1-y^2}}, & -\sqrt{1-y^2} \leqslant x \leqslant \sqrt{1-y^2} \\ 0, & \text{其他} \end{cases}$$

将 $y=0$ 和 $y=0.5$ 分别代入上式可得两个均匀分布

$$f_{X|Y}(x \mid y=0) = \begin{cases} \dfrac{1}{2}, & -1 \leqslant x \leqslant 1 \\ 0, & \text{其他} \end{cases}, \quad f_{X|Y}(x \mid y=0.5) = \begin{cases} \dfrac{1}{\sqrt{3}}, & -\dfrac{\sqrt{3}}{2} \leqslant x \leqslant \dfrac{\sqrt{3}}{2} \\ 0, & \text{其他} \end{cases}$$

当 $-1 < y < 1$ 时,在 $Y = y$ 的条件下 $X$ 的条件分布服从 $\left[-\sqrt{1-y^2}, \sqrt{1-y^2}\right]$ 上的均匀分布.

**例 3.16**  设随机变量 $X$ 的概率密度为

$$f_X(x) = \begin{cases} \lambda^2 x \mathrm{e}^{-\lambda x}, & x > 0 \\ 0, & x \leqslant 0 \end{cases}, \quad \lambda > 0$$

而随机变量 $Y$ 在 $(0,X)$ 上服从均匀分布,求 $Y$ 的概率密度 $f_Y(y)$.

**解**  由题设,$X$ 在 $(0,+\infty)$ 内取非零值,且 $Y$ 在 $X = x$ 条件下的条件分布为 $(0,x)$ 上的均匀分布,于是当 $x > 0$ 时,有

$$f_{Y|X}(y \mid x) = \begin{cases} \dfrac{1}{x}, & 0 < y < x \\ 0, & \text{其他} \end{cases}$$

从而 $(X,Y)$ 的联合概率密度为

$$f(x,y) = f_{Y|X}(y \mid x)f_X(x) = \begin{cases} \lambda^2 \mathrm{e}^{-\lambda x}, & 0 < y < x \\ 0, & \text{其他} \end{cases}$$

$Y$ 的概率密度为

$$f_Y(y) = \int_{-\infty}^{+\infty} f(x,y)\mathrm{d}x = \begin{cases} \int_y^{+\infty} \lambda^2 \mathrm{e}^{-\lambda x} \mathrm{d}x, & y > 0 \\ 0, & y \leqslant 0 \end{cases} = \begin{cases} \lambda \mathrm{e}^{-\lambda y}, & y > 0 \\ 0, & y \leqslant 0 \end{cases}$$

可见,$Y$ 服从参数为 $\lambda$ 的指数分布.

## 3.4 二维正态分布

**定义 3.12** 如果二维随机向量 $(X,Y)$ 的联合概率密度为

$$f(x,y) = \frac{1}{2\pi\sigma_1\sigma_2\sqrt{1-\rho^2}} \mathrm{e}^{-\frac{1}{2(1-\rho^2)}\left[\frac{(x-\mu_1)^2}{\sigma_1^2} - 2\rho\frac{(x-\mu_1)(y-\mu_2)}{\sigma_1\sigma_2} + \frac{(y-\mu_2)^2}{\sigma_2^2}\right]} \tag{3.24}$$

其中 $\mu_1,\mu_2,\sigma_1^2,\sigma_2^2,\rho$ 都是常数,且 $\sigma_1>0,\sigma_2>0,-1<\rho<1$,则称 $(X,Y)$ 服从二维正态分布,记为 $(X,Y) \sim N(\mu_1,\mu_2,\sigma_1^2,\sigma_2^2,\rho)$.

显然联合概率密度 $f(x,y)$ 具有非负性和正则性.

**定理 3.1** 若二维随机向量 $(X,Y) \sim N(\mu_1,\mu_2,\sigma_1^2,\sigma_2^2,\rho)$,则 $X \sim N(\mu_1,\sigma_1^2)$ 且 $Y \sim N(\mu_2,\sigma_2^2)$.

**证** $(X,Y)$ 关于 $X$ 的边缘概率密度为

$$f_X(x) = \int_{-\infty}^{+\infty} f(x,y)\mathrm{d}y$$

$$= \frac{1}{2\pi\sigma_1\sigma_2\sqrt{1-\rho^2}} \mathrm{e}^{-\frac{1}{2(1-\rho^2)}\frac{(x-\mu_1)^2}{\sigma_1^2}} \int_{-\infty}^{+\infty} \mathrm{e}^{-\frac{1}{2(1-\rho^2)}\left[\frac{(y-\mu_2)^2}{\sigma_2^2} - 2\rho\frac{(x-\mu_1)(y-\mu_2)}{\sigma_1\sigma_2}\right]} \mathrm{d}y$$

令 $t = \frac{y-\mu_2}{\sigma_2}$,则

$$f_X(x) = \frac{1}{2\pi\sigma_1\sqrt{1-\rho^2}} \mathrm{e}^{-\frac{1}{2(1-\rho^2)}\frac{(x-\mu_1)^2}{\sigma_1^2}} \int_{-\infty}^{+\infty} \mathrm{e}^{-\frac{1}{2(1-\rho^2)}\left[t^2 - 2\rho\frac{(x-\mu_1)}{\sigma_1}t\right]} \mathrm{d}t$$

$$= \frac{1}{\sqrt{2\pi}\sigma_1} \mathrm{e}^{-\frac{(x-\mu_1)^2}{2\sigma_1^2}} \int_{-\infty}^{+\infty} \frac{1}{\sqrt{2\pi}\cdot\sqrt{1-\rho^2}} \mathrm{e}^{-\frac{(t-\rho\frac{x-\mu_1}{\sigma_1})^2}{2(1-\rho^2)}} \mathrm{d}t$$

上式中被积函数恰是正态分布 $N\left(\rho\frac{x-\mu_1}{\sigma_1}, 1-\rho^2\right)$ 的概率密度,因此积分值为 1,所以

$$f_X(x) = \frac{1}{\sqrt{2\pi}\sigma_1} \mathrm{e}^{-\frac{(x-\mu_1)^2}{2\sigma_1^2}} \tag{3.25}$$

这正是一维正态分布 $N(\mu_1,\sigma_1^2)$ 的概率密度,即 $X \sim N(\mu_1,\sigma_1^2)$.

同理可得

$$f_Y(y) = \frac{1}{\sqrt{2\pi}\sigma_2} \mathrm{e}^{-\frac{(y-\mu_2)^2}{2\sigma_2^2}} \tag{3.26}$$

即

$$Y \sim N(\mu_2, \sigma_2^2)$$

定理 3.1 说明:二维正态分布的两个边缘分布仍为正态分布,且不依赖于参数 $\rho$,也就是说对于给定的 $\mu_1, \mu_2, \sigma_1^2, \sigma_2^2$,当参数 $\rho$ 取不同的值时对应不同的二维正态分布,但它们的边缘分布却是相同的.

**定理 3.2** 设二维随机向量 $(X, Y) \sim N(\mu_1, \mu_2, \sigma_1^2, \sigma_2^2, \rho)$,则 $X$ 与 $Y$ 相互独立的充要条件是 $\rho = 0$.

**证** 充分性 若 $\rho = 0$,则 $(X, Y)$ 的联合概率密度为

$$f(x, y) = \frac{1}{2\pi\sigma_1\sigma_2} e^{-\frac{1}{2}\left[\frac{(x-\mu_1)^2}{\sigma_1^2} + \frac{(y-\mu_2)^2}{\sigma_2^2}\right]}$$

又由(3.25)式和(3.26)式可知 $(X, Y)$ 的两个边缘概率密度分别为

$$f_X(x) = \frac{1}{\sqrt{2\pi}\sigma_1} e^{-\frac{(x-\mu_1)^2}{2\sigma_1^2}}, \quad f_Y(y) = \frac{1}{\sqrt{2\pi}\sigma_2} e^{-\frac{(y-\mu_2)^2}{2\sigma_2^2}}$$

故对一切 $x, y$ 都有

$$f(x, y) = f_X(x) f_Y(y)$$

所以 $X$ 与 $Y$ 相互独立.

必要性 若 $X$ 与 $Y$ 相互独立,则有

$$f(x, y) = f_X(x) f_Y(y)$$

即

$$\frac{1}{2\pi\sigma_1\sigma_2\sqrt{1-\rho^2}} e^{-\frac{1}{2(1-\rho^2)}\left[\frac{(x-\mu_1)^2}{\sigma_1^2} - 2\rho\frac{(x-\mu_1)(y-\mu_2)}{\sigma_1\sigma_2} + \frac{(y-\mu_2)^2}{\sigma_2^2}\right]} = \frac{1}{\sqrt{2\pi}\sigma_1} e^{-\frac{(x-\mu_1)^2}{2\sigma_1^2}} \cdot \frac{1}{\sqrt{2\pi}\sigma_2} e^{-\frac{(y-\mu_2)^2}{2\sigma_2^2}}$$

对任意的 $x, y$ 都成立,特别地,当 $x = \mu_1$ 且 $y = \mu_2$ 时等式也成立,从而得

$$\frac{1}{2\pi\sigma_1\sigma_2\sqrt{1-\rho^2}} = \frac{1}{\sqrt{2\pi}\sigma_1} \cdot \frac{1}{\sqrt{2\pi}\sigma_2}$$

进一步可算得

$$\rho = 0$$

**定理 3.3** 二维正态分布 $N(\mu_1, \mu_2, \sigma_1^2, \sigma_2^2, \rho)$ 的两个条件分布均为一维正态分布.

**证** 设 $(X, Y) \sim N(\mu_1, \mu_2, \sigma_1^2, \sigma_2^2, \rho)$,则 $(X, Y)$ 的联合概率密度及 $(X, Y)$ 关于 $Y$ 的边缘概率密度分别为

$$f(x, y) = \frac{1}{2\pi\sigma_1\sigma_2\sqrt{1-\rho^2}} e^{-\frac{1}{2(1-\rho^2)}\left[\frac{(x-\mu_1)^2}{\sigma_1^2} - 2\rho\frac{(x-\mu_1)(y-\mu_2)}{\sigma_1\sigma_2} + \frac{(y-\mu_2)^2}{\sigma_2^2}\right]}$$

和

$$f_Y(y) = \frac{1}{\sqrt{2\pi}\sigma_2} e^{-\frac{(y-\mu_2)^2}{2\sigma_2^2}}$$

于是由(3.20)式得

$$f_{X|Y}(x \mid y) = \frac{f(x,y)}{f_Y(y)}$$

$$= \frac{1}{\sqrt{2\pi}\sigma_1 \sqrt{1-\rho^2}} e^{-\frac{1}{2(1-\rho^2)} \left[ \frac{(x-\mu_1)^2}{\sigma_1^2} - 2\rho\frac{(x-\mu_1)(y-\mu_2)}{\sigma_1\sigma_2} + \frac{(y-\mu_2)^2}{\sigma_2^2} - 2(1-\rho^2)\frac{(y-\mu_2)^2}{2\sigma_2^2} \right]}$$

$$= \frac{1}{\sqrt{2\pi}\sigma_1 \sqrt{1-\rho^2}} e^{-\frac{1}{2(1-\rho^2)} \left[ \frac{(x-\mu_1)^2}{\sigma_1^2} - 2\rho\frac{(x-\mu_1)(y-\mu_2)}{\sigma_1\sigma_2} + \rho^2\frac{(y-\mu_2)^2}{\sigma_2^2} \right]}$$

$$= \frac{1}{\sqrt{2\pi}\sigma_1 \sqrt{1-\rho^2}} e^{-\frac{1}{2(1-\rho^2)} \left[ \frac{x-\mu_1}{\sigma_1} - \frac{\rho(y-\mu_2)}{\sigma_2} \right]^2}$$

$$= \frac{1}{\sqrt{2\pi}\sigma_1 \sqrt{1-\rho^2}} e^{-\frac{1}{2\sigma_1^2(1-\rho^2)} \left\{ x - \left[ \mu_1 + \rho\frac{\sigma_1}{\sigma_2}(y-\mu_2) \right] \right\}^2}$$

由对称性可得

$$f_{Y|X}(y \mid x) = \frac{f(x,y)}{f_X(x)} = \frac{1}{\sqrt{2\pi}\sigma_2 \sqrt{1-\rho^2}} e^{-\frac{1}{2\sigma_2^2(1-\rho^2)} \left\{ y - \left[ \mu_2 + \rho\frac{\sigma_2}{\sigma_1}(x-\mu_1) \right] \right\}^2}$$

此结果表明,二维正态分布 $N(\mu_1,\mu_2,\sigma_1^2,\sigma_2^2,\rho)$ 的两个条件分布分别为一维正态分布

$$N\left( \mu_1 + \rho\frac{\sigma_1}{\sigma_2}(y-\mu_2), \sigma_1^2(1-\rho^2) \right)$$

和

$$N\left( \mu_2 + \rho\frac{\sigma_2}{\sigma_1}(x-\mu_1), \sigma_2^2(1-\rho^2) \right)$$

# 3.5　两个随机变量函数的分布

设 $(X_1,X_2,\cdots,X_n)$ 为 $n$ 维随机向量,则 $Y = g(X_1,X_2,\cdots,X_n)$ 是 $(X_1,X_2,\cdots,X_n)$ 的函数,$Y$ 是一维随机变量,现在的问题是如何由 $(X_1,X_2,\cdots,X_n)$ 的分布,求出 $Y$ 的分布. 这是一类很复杂的问题,不仅对离散情形和连续情形有不同的方法,而且对不同形式的函数 $g(X_1,X_2,\cdots,X_n)$ 要采用不同的方法. 下面以二维随机向量为例来讨论.

## 3.5.1　离散型随机变量函数的分布

**例 3.17**　设 $(X,Y)$ 的联合分布律如表 3-12 所示.

表　3-12

| X \ Y | −1 | 1 | 2 |
|---|---|---|---|
| −1 | $\frac{5}{20}$ | $\frac{2}{20}$ | $\frac{6}{20}$ |
| 2 | $\frac{3}{20}$ | $\frac{3}{20}$ | $\frac{1}{20}$ |

求：(1) $Z_1 = X + Y$；(2) $Z_2 = \max\{X, Y\}$ 的分布律.

**解**　(1) $Z_1 = X + Y$ 可能取值为 $-2, 0, 1, 3, 4$. 计算可得

$$P\{Z_1 = -2\} = P\{X = -1, Y = -1\} = \frac{5}{20}$$

$$P\{Z_1 = 0\} = P\{X = -1, Y = 1\} = \frac{2}{20}$$

$$P\{Z_1 = 1\} = P\{X = -1, Y = 2\} + P\{X = 2, Y = -1\} = \frac{6}{20} + \frac{3}{20} = \frac{9}{20}$$

$$P\{Z_1 = 3\} = P\{X = 2, Y = 1\} = \frac{3}{20}$$

$$P\{Z_1 = 4\} = P\{X = 2, Y = 2\} = \frac{1}{20}$$

用表 3-13 表示如下：

表　**3-13**

| $Z_1 = X + Y$ | $-2$ | $0$ | $1$ | $3$ | $4$ |
| --- | --- | --- | --- | --- | --- |
| $P$ | $\frac{5}{20}$ | $\frac{2}{20}$ | $\frac{9}{20}$ | $\frac{3}{20}$ | $\frac{1}{20}$ |

(2) $Z_2 = \max\{X, Y\}$ 的可能取值为 $-1, 1, 2$. 计算可得

$$P\{Z_2 = -1\} = P\{X = -1, Y = -1\} = \frac{5}{20}$$

$$P\{Z_2 = 1\} = P\{X = -1, Y = 1\} = \frac{2}{20}$$

$$P\{Z_2 = 2\} = 1 - P\{Z_2 = -1\} - P\{Z_2 = 1\} = \frac{13}{20}$$

用表 3-14 表示如下：

表　**3-14**

| $Z_2 = \max\{X, Y\}$ | $-1$ | $1$ | $2$ |
| --- | --- | --- | --- |
| $P$ | $\frac{5}{20}$ | $\frac{2}{20}$ | $\frac{13}{20}$ |

**例 3.18**（泊松分布的可加性）　设随机变量 $X \sim P(\lambda_1), Y \sim P(\lambda_2)$，且 $X$ 与 $Y$ 独立，证明 $Z = X + Y \sim P(\lambda_1 + \lambda_2)$.

**证**　$Z = X + Y$ 可能取值为 $0, 1, 2, \cdots$，而事件 $\{Z = k\}$ 是两两互不相容事件

$$\{X = i, Y = k - i\}, \quad i = 0, 1, 2, \cdots$$

之和. 考虑到 $X$ 与 $Y$ 相互独立，则对任意的非负整数 $k$，有

$$P\{Z = k\} = \sum_{i=0}^{k} P\{x = i\} \cdot P\{Y = k - i\} \tag{3.27}$$

这个概率等式称为离散型情形下的卷积公式,利用此公式可得

$$
\begin{aligned}
P\{Z=k\} &= \sum_{i=0}^{k}\left[\frac{\lambda_1{}^i}{i\,!}\mathrm{e}^{-\lambda_1}\cdot\frac{\lambda_2^{k-i}}{(k-i)\,!}\mathrm{e}^{-\lambda_2}\right] \\
&= \frac{(\lambda_1+\lambda_2)^k}{k\,!}\mathrm{e}^{-(\lambda_1+\lambda_2)}\sum_{i=0}^{k}\frac{k\,!}{i\,!(k-i)\,!}\left(\frac{\lambda_1}{\lambda_1+\lambda_2}\right)^i\left(\frac{\lambda_2}{\lambda_1+\lambda_2}\right)^{k-i} \\
&= \frac{(\lambda_1+\lambda_2)^k}{k\,!}\mathrm{e}^{-(\lambda_1+\lambda_2)}\left(\frac{\lambda_1}{\lambda_1+\lambda_2}+\frac{\lambda_2}{\lambda_1+\lambda_2}\right)^k \\
&= \frac{(\lambda_1+\lambda_2)^k}{k\,!}\mathrm{e}^{-(\lambda_1+\lambda_2)},\quad k=0,1,2\cdots
\end{aligned}
$$

这表明,$Z=X+Y\sim P(\lambda_1+\lambda_2)$,结论得证.

泊松分布的这个性质可以叙述为:泊松分布的卷积仍是泊松分布.我们将其记为

$$
P(\lambda_1)*P(\lambda_2)=P(\lambda_1+\lambda_2) \tag{3.28}
$$

这里卷积是指"寻求两个独立随机变量和的分布运算".显然这个性质可以推广到有限个独立随机变量之和的分布上去.

我们称"同一类分布的独立随机变量和的分布仍属于此类分布"这一性质为此类分布具有可加性.

### 3.5.2 连续型随机变量函数的分布

在连续型情形下,求两个随机变量函数的分布与单个随机变量函数分布的求法相同,即先求出分布函数,再由分布函数求出概率密度.下面讨论两个随机变量和的分布.

设$(X,Y)$的联合概率密度为$f(x,y)$,那么$Z=X+Y$的分布函数为

$$
F_Z(z)=P\{Z\leqslant z\}=P\{X+Y\leqslant z\}=\iint\limits_{x+y\leqslant z}f(x,y)\,\mathrm{d}x\mathrm{d}y
$$

其中积分区域是位于直线$x+y\leqslant z$下方的平面区域,如图3-3所示.

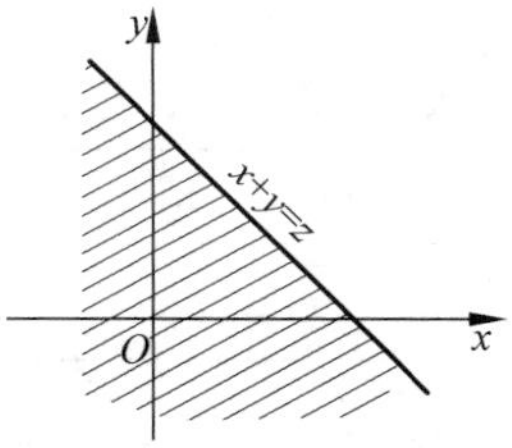

图 3-3

将二重积分化为累次积分,得

$$
F_Z(z)=\int_{-\infty}^{+\infty}\left(\int_{-\infty}^{z-x}f(x,y)\,\mathrm{d}y\right)\mathrm{d}x
$$

令$y=t-x$,则

$$
\int_{-\infty}^{z-x}f(x,y)\,\mathrm{d}y=\int_{-\infty}^{z}f(x,t-x)\,\mathrm{d}t
$$

于是

$$
F_Z(z)=\int_{-\infty}^{+\infty}\left(\int_{-\infty}^{z}f(x,t-x)\,\mathrm{d}t\right)\mathrm{d}x=\int_{-\infty}^{z}\left(\int_{-\infty}^{+\infty}f(x,t-x)\,\mathrm{d}x\right)\mathrm{d}t
$$

两边对$z$求导得$z$的概率密度为

$$
f_Z(z)=\int_{-\infty}^{+\infty}f(x,z-x)\,\mathrm{d}x \tag{3.29}
$$

同理可得

$$f_Z(z) = \int_{-\infty}^{+\infty} f(z-y,y)\mathrm{d}y \tag{3.30}$$

如果 $X$ 与 $Y$ 相互独立,(3.29)式,(3.30)式分别化为

$$f_Z(z) = \int_{-\infty}^{+\infty} f_X(x)f_Y(z-x)\mathrm{d}x \tag{3.31}$$

$$f_Z(z) = \int_{-\infty}^{+\infty} f_X(z-y)f_Y(y)\mathrm{d}y \tag{3.32}$$

(3.31)式,(3.32)式称为连续型情形下的卷积公式.

**例 3.19(正态分布的可加性)** 设随机变量 $X$ 与 $Y$ 相互独立,并且都服从标准正态分布

$$f_X(x) = \frac{1}{\sqrt{2\pi}}\mathrm{e}^{-\frac{x^2}{2}}, \quad -\infty < x < +\infty$$

$$f_Y(y) = \frac{1}{\sqrt{2\pi}}\mathrm{e}^{-\frac{y^2}{2}}, \quad -\infty < y < +\infty$$

求 $Z=X+Y$ 的概率密度.

**解** 按(3.31)式,$Z=X+Y$ 的概率密度为

$$f_Z(z) = \int_{-\infty}^{+\infty} f_X(x)f_Y(z-x)\mathrm{d}x = \int_{-\infty}^{+\infty} \frac{1}{\sqrt{2\pi}}\mathrm{e}^{-\frac{x^2}{2}} \cdot \frac{1}{\sqrt{2\pi}}\mathrm{e}^{-\frac{(z-x)^2}{2}}\mathrm{d}x$$

$$= \frac{1}{2\pi}\mathrm{e}^{-\frac{z^2}{4}} \int_{-\infty}^{+\infty} \mathrm{e}^{-\left(x-\frac{z}{2}\right)^2}\mathrm{d}x$$

令 $t=x-\frac{z}{2}$,得

$$f_Z(z) = \frac{1}{2\pi}\mathrm{e}^{-\frac{z^2}{4}} \int_{-\infty}^{+\infty} \mathrm{e}^{-t^2}\mathrm{d}t = \frac{1}{2\pi}\mathrm{e}^{-\frac{z^2}{4}} \cdot \sqrt{\pi} = \frac{1}{2\sqrt{\pi}}\mathrm{e}^{-\frac{z^2}{4}}$$

即 $Z$ 服从 $N(0,2)$.

一般地,设 $X$ 与 $Y$ 相互独立且都服从正态分布,$X \sim N(\mu_1,\sigma_1^2)$,$Y \sim N(\mu_2,\sigma_2^2)$,用(3.31)式计算可知 $Z=X+Y$ 仍服从正态分布,且参数为 $\mu_1+\mu_2$,$\sigma_1^2+\sigma_2^2$,即 $Z \sim N(\mu_1+\mu_2,\sigma_1^2+\sigma_2^2)$.

这个结论可以推广到任意有限个独立随机变量的情形,即若 $X_1,X_2,\cdots,X_n$ 相互独立且都服从正态分布 $X_i \sim N(\mu_i,\sigma_i^2)(i=1,2,\cdots,n)$,则它们的和 $Z=X_1+X_2+\cdots+X_n$ 仍服从正态分布,且有

$$Z \sim N(\mu_1+\mu_2+\cdots+\mu_n,\sigma_1^2+\sigma_2^2+\cdots+\sigma_n^2)$$

**例 3.20** 设随机变量 $X$ 与 $Y$ 相互独立且都服从正态分布 $N(0,1)$,求 $Z=X^2+Y^2$ 的概率密度.

**解** 因为 $X$ 与 $Y$ 相互独立,所以 $(X,Y)$ 的联合概率密度为

$$f(x,y) = f_X(x)f_Y(y) = \frac{1}{2\pi}\mathrm{e}^{-\frac{x^2+y^2}{2}}, \quad -\infty < x < +\infty, -\infty < y < +\infty$$

考虑 $Z = X^2 + Y^2$ 的分布函数

$$F_Z(z) = P\{X^2 + Y^2 \leqslant z\}$$

当 $z < 0$ 时，$F_Z(z) = 0$；当 $z \geqslant 0$ 时，有

$$F_Z(z) = \iint\limits_{x^2+y^2 \leqslant z} f(x,y)\mathrm{d}x\mathrm{d}y = \frac{1}{2\pi} \iint\limits_{x^2+y^2 \leqslant z} \mathrm{e}^{-\frac{x^2+y^2}{2}}\mathrm{d}x\mathrm{d}y$$

令 $\begin{cases} x = r\cos\theta \\ y = r\sin\theta \end{cases}$，则

$$F_Z(z) = \frac{1}{2\pi}\int_0^{2\pi}\mathrm{d}\theta\int_0^{\sqrt{z}}\mathrm{e}^{-\frac{r^2}{2}}r\mathrm{d}r = 1 - \mathrm{e}^{-\frac{z}{2}}$$

所以 $Z = X^2 + Y^2$ 的概率密度为

$$f_Z(z) = F_Z'(z) = \begin{cases} \dfrac{1}{2}\mathrm{e}^{-\frac{z}{2}}, & z \geqslant 0 \\ 0, & z < 0 \end{cases}$$

**例 3.21**　设 $(X,Y)$ 在矩形域 $D = \{(x,y) \mid 0 < x < 1, 0 < y < 2\}$ 上服从均匀分布，求下列随机变量的概率密度：（1）$Z = XY$；（2）$Z = \min\{X,Y\}$.

**解**　由已知，$(X,Y)$ 的联合概率密度为

$$f(x,y) = \begin{cases} \dfrac{1}{2}, & 0 < x < 1, 0 < y < 2 \\ 0, & 其他 \end{cases}$$

（1）当 $z \leqslant 0$ 时，$F_Z(z) = 0$；当 $z \geqslant 2$ 时，$F_Z(z) = 1$；当 $0 < z < 2$ 时（见图 3-4），有

$$F_Z(z) = P\{XY \leqslant z\} = \iint\limits_{xy \leqslant z} f(x,y)\mathrm{d}x\mathrm{d}y$$

$$= \iint\limits_{y \leqslant \frac{z}{x}} f(x,y)\mathrm{d}x\mathrm{d}y = \int_0^{\frac{z}{2}}\mathrm{d}x\int_0^2\frac{1}{2}\mathrm{d}y + \int_{\frac{z}{2}}^1\mathrm{d}x\int_0^{\frac{z}{x}}\frac{1}{2}\mathrm{d}y$$

$$= \frac{z}{2} - \frac{z}{2}\ln\frac{z}{2}$$

故 $Z = XY$ 的概率密度为

$$f_Z(z) = F_Z'(z) = \begin{cases} \dfrac{1}{2}(\ln 2 - \ln z), & 0 < z < 2 \\ 0, & 其他 \end{cases}$$

（2）当 $z \leqslant 0$ 时，$F_Z(z) = 0$；当 $z \geqslant 1$ 时，$F_Z(z) = 1$；当 $0 < z < 1$ 时（见图 3-5），有

$$F_Z(z) = P\{\min\{X,Y\} \leqslant z\} = 1 - P\{\min\{X,Y\} > z\}$$

$$= 1 - P\{X > z, Y > z\} = 1 - \int_z^1\mathrm{d}x\int_z^2\frac{1}{2}\mathrm{d}y$$

$$= 1 - \frac{1}{2}(z^2 - 3z + 2)$$

故 $Z = \min\{X, Y\}$ 的概率密度为

$$f_Z(z) = F'_Z(z) = \begin{cases} \dfrac{3}{2} - z, & 0 < z < 1 \\ 0, & \text{其他} \end{cases}$$

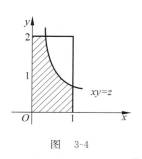

图　3-4

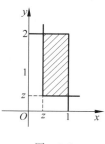

图　3-5

**例 3.22**　设随机变量 $X$ 与 $Y$ 相互独立,且 $X$ 服从参数为 $\lambda_1$ 的指数分布,$Y$ 服从参数为 $\lambda_2$ 的指数分布,求随机变量 $Z = \dfrac{X}{Y}$ 的概率密度.

**解**　由已知,$(X, Y)$ 的联合概率密度为

$$f(x, y) = \begin{cases} \lambda_1 \lambda_2 e^{-\lambda_1 x - \lambda_2 y}, & x > 0, y > 0 \\ 0, & \text{其他} \end{cases}$$

因为 $X, Y$ 均取正值,故当 $z \leqslant 0$ 时,$F_Z(z) = 0$;当 $z > 0$ 时(见图 3-6),有

$$F_Z(z) = P\left\{\frac{X}{Y} \leqslant z\right\} = \iint\limits_{\frac{x}{y} \leqslant z} f(x, y)\, \mathrm{d}x \mathrm{d}y$$

$$= \int_0^{+\infty} \mathrm{d}y \int_0^{zy} \lambda_1 \lambda_2 e^{-\lambda_1 x - \lambda_2 y}\, \mathrm{d}x = \frac{\lambda_1 z}{\lambda_1 z + \lambda_2}$$

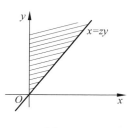

图　3-6

故 $Z = \dfrac{X}{Y}$ 的概率密度为

$$f_Z(z) = F'_Z(z) = \begin{cases} \dfrac{\lambda_1 \lambda_2}{(\lambda_1 z + \lambda_2)^2}, & z > 0 \\ 0, & z \leqslant 0 \end{cases}$$

# 习题三

## （A）

1. 箱内装有 12 件产品,其中两件为次品,从箱中随机地取两次产品,每次一件,定义随机变量 $X, Y$ 如下:

$$X = \begin{cases} 0, & \text{第一次取出的是正品} \\ 1, & \text{第一次取出的是次品} \end{cases}, \quad Y = \begin{cases} 0, & \text{第二次取出的是正品} \\ 1, & \text{第二次取出的是次品} \end{cases}$$

（1）在有放回抽样情形下求$(X,Y)$的联合分布律和边缘分布律；

（2）在不放回抽样情形下求$(X,Y)$的联合分布律和边缘分布律；

（3）问在上述两种情形下$X$与$Y$是否相互独立？

2. 袋中有 1 个红球，2 个黑球与 3 个白球，现有放回地从袋中取两次，每次取一个球. 以 $X,Y$ 分别表示两次取球所取得的红球与黑球的个数. 求二维随机向量$(X,Y)$的联合分布律.

3. 设随机变量 $X$ 服从参数 $\lambda = 1$ 的指数分布，令

$$U = \begin{cases} 0, & X < \ln 2 \\ 1, & X \geqslant \ln 2 \end{cases}, \quad V = \begin{cases} 0, & X < \ln 3 \\ 1, & X \geqslant \ln 3 \end{cases}$$

（1）求$(U,V)$的联合分布律；

（2）判断 $U$ 与 $V$ 是否相互独立？

4. 设$(X,Y)$的联合概率密度为

$$f(x,y) = \begin{cases} k e^{-(3x+4y)}, & x > 0, y > 0 \\ 0, & \text{其他} \end{cases}$$

求：（1）常数 $k$；

（2）$(X,Y)$的联合分布函数 $F(x,y)$；

（3）$P\{0 < X \leqslant 1, 0 < Y \leqslant 2\}$；

（4）$P\{(X,Y) \in D\}$，其中区域 $D = \{(x,y) \mid x > 0, y > 0, 3x + 4y < 3\}$.

5. 设$(X,Y)$的联合概率密度为

$$f(x,y) = \begin{cases} 6(1-y), & 0 < x < y < 1 \\ 0, & \text{其他} \end{cases}$$

求：（1）$P\{X > 0.5, Y > 0.5\}$；

（2）$P\{X < 0.5\}$和$P\{Y < 0.5\}$；

（3）$P\{X + Y < 1\}$.

6. 设$(X,Y)$的联合分布函数为

$$F(x,y) = \begin{cases} (1 - e^{-2x})(1 - e^{-3y}), & x \geqslant 0, y \geqslant 0 \\ 0, & \text{其他} \end{cases}$$

求$(X,Y)$的联合概率密度.

7. 设$(X,Y)$的联合概率密度为

$$f(x,y) = \begin{cases} 12xy, & x^2 \leqslant y \leqslant \sqrt{x} \\ 0, & \text{其他} \end{cases}$$

（1）求边缘概率密度 $f_X(x)$ 和 $f_Y(y)$；

（2）问 $X$ 与 $Y$ 是否独立？

8. 设 $(X,Y)$ 的联合概率密度为

$$f(x,y) = \begin{cases} Ax^2 y, & 0 < x < y < 1 \\ 0, & \text{其他} \end{cases}$$

求：（1）常数 $A$；

（2）边缘概率密度 $f_X(x)$ 和 $f_Y(y)$；

（3）$P\left\{0 < X < \dfrac{1}{2}, 0 < Y < 1\right\}$ 及 $P\{X+Y > 1\}$.

9. 设 $(X,Y)$ 在区域 $G$ 上服从均匀分布，其中 $G$ 是由 $x-y=0, x+y=2$ 与 $y=0$ 所围成的三角形区域，求 $X$ 和 $Y$ 的边缘概率密度 $f_X(x)$ 和 $f_Y(y)$.

10. 设 $X$ 和 $Y$ 的分布律分别如下表所示，且 $P\{XY=0\}=1$. 求 $(X,Y)$ 的联合分布律并判断 $X$ 与 $Y$ 是否独立？

| $X$ | $-1$ | $0$ | $1$ |
|---|---|---|---|
| $P$ | $\dfrac{1}{4}$ | $\dfrac{1}{2}$ | $\dfrac{1}{4}$ |

| $Y$ | $0$ | $1$ |
|---|---|---|
| $P$ | $\dfrac{1}{2}$ | $\dfrac{1}{2}$ |

11. 设 $X$ 与 $Y$ 相互独立且都以概率 $\dfrac{1}{2}$ 取 1 和 $-1$，又 $Z=XY$，证明：$X,Y$ 与 $Z$ 两两独立但不相互独立.

12. 设 $X$ 与 $Y$ 相互独立且具有概率密度

$$f_X(x) = \begin{cases} \mathrm{e}^{-x}, & x \geqslant 0 \\ 0, & x < 0 \end{cases}, \quad f_Y(y) = \begin{cases} \mathrm{e}^{-y}, & y \geqslant 0 \\ 0, & y < 0 \end{cases}$$

求 $(X,Y)$ 的联合概率密度.

13. 设 $(X,Y)$ 的联合分布律如下表所示，问 $a,b,c$ 为何值时 $X$ 与 $Y$ 相互独立？并求随机变量 $Y$ 在 $X=0$ 条件下的条件分布律和随机变量 $X$ 在 $Y=2$ 条件下的条件分布律.

| $X$ ＼ $Y$ | $1$ | $2$ | $3$ |
|---|---|---|---|
| $0$ | $a$ | $b$ | $\dfrac{1}{18}$ |
| $1$ | $\dfrac{1}{3}$ | $c$ | $\dfrac{1}{9}$ |

14. 设 $(X,Y)$ 的联合概率密度为

$$f(x,y) = \begin{cases} 3x, & 0 < x < 1, 0 < y < x \\ 0, & \text{其他} \end{cases}$$

求条件概率密度 $f_{Y|X}(y|x)$ 与 $f_{X|Y}(x|y)$.

15. 设 $(X,Y)$ 的联合概率密度为

$$f(x,y) = \begin{cases} \dfrac{21}{4}x^2 y, & x^2 \leqslant y \leqslant 1 \\ 0, & \text{其他} \end{cases}$$

求条件概率密度 $f_{Y|X}(y|x)$ 并计算条件概率 $P\{Y \geqslant 0.75 | X = 0.5\}$.

16. 已知随机变量 $Y$ 的概率密度为

$$f_Y(y) = \begin{cases} 5y^4, & 0 < y < 1 \\ 0, & \text{其他} \end{cases}$$

在 $Y = y$ 的条件下,随机变量 $X$ 的条件概率密度为

$$f_{X|Y}(x \mid y) = \begin{cases} \dfrac{3x^2}{y^3}, & 0 < x < y < 1 \\ 0, & \text{其他} \end{cases}$$

求 $(X,Y)$ 的联合概率密度并计算概率 $P\{X > 0.5\}$.

17. 设 $X \sim B(n,p)$,$Y \sim B(m,p)$,且 $X$ 与 $Y$ 相互独立,求 $X+Y$ 的分布律.

18. 设 $X$ 与 $Y$ 相互独立,概率密度分别为

$$f_X(x) = \begin{cases} 1, & 0 \leqslant x \leqslant 1 \\ 0, & \text{其他} \end{cases}, \quad f_Y(y) = \begin{cases} e^{-y}, & y \geqslant 0 \\ 0, & y < 0 \end{cases}$$

求 $Z = X + Y$ 的概率密度.

19. 设 $(X,Y)$ 的联合概率密度为

$$f(x,y) = \begin{cases} 1, & 0 < x < 1, 0 < y < 2x \\ 0, & \text{其他} \end{cases}$$

求:(1) $Z = 2X - Y$ 的概率密度;

(2) $P\left\{Y \leqslant \dfrac{1}{2} \,\middle|\, X \leqslant \dfrac{1}{2}\right\}$.

20. 设 $(X,Y)$ 的联合概率密度为

$$f(x,y) = \begin{cases} \dfrac{1}{x^2 y^2}, & x \geqslant 1, y \geqslant 1 \\ 0, & \text{其他} \end{cases}$$

求下列随机变量的概率密度:(1)$Z = XY$;(2)$Z = \dfrac{X}{Y}$.

21. 设随机变量 $X$ 与 $Y$ 相互独立,且 $X \sim U(0,1)$,$Y \sim U(0,2)$,求随机变量 $Z = \max\{X,Y\}$ 的概率密度.

22. 设二维随机向量 $(X,Y) \sim N(0,0,\sigma^2,\sigma^2,0)$,求 $Z = X^2 + Y^2$ 的概率密度.

## （B）

1. 判断下列各命题是否正确.

（1）已知 $(X,Y)$ 的联合分布，必可求出边缘分布与条件分布.

（2）已知 $(X,Y)$ 的两个边缘分布与两个条件分布，必可求出 $(X,Y)$ 的联合分布.

（3）已知 $X \sim N(\mu_1, \sigma_1^2)$，$Y \sim N(\mu_2, \sigma_2^2)$，则 $(X,Y)$ 服从二维正态分布.

（4）已知 $X \sim N(\mu_1, \sigma_1^2)$，$Y \sim N(\mu_2, \sigma_2^2)$，则 $X+Y$ 仍服从正态分布.

2. 填空题.

（1）二维随机向量 $(X,Y)$ 的联合分布律如下表所示：

| $X$ \ $Y$ | 0 | 1 |
|---|---|---|
| 0 | 0.4 | $a$ |
| 1 | $b$ | 0.1 |

已知随机事件 $\{X=0\}$ 与 $\{X+Y=1\}$ 相互独立，则 $a=$ _____，$b=$ _____.

（2）设随机变量 $X$ 与 $Y$ 相互独立，且均服从区间 $[0,3]$ 上的均匀分布，则
$P\{\max\{X,Y\} \leqslant 2\}=$ _____.

（3）设 $X,Y$ 为随机变量，已知 $P\{X \geqslant 0, Y \geqslant 0\}=\dfrac{2}{5}$，$P\{X \geqslant 0\}=P\{Y \geqslant 0\}=\dfrac{3}{5}$，则
$P\{\max\{X,Y\} \geqslant 0\}=$ _____；$P\{\min\{X,Y\} < 0\}=$ _____.

（4）设 $X,Y,Z$ 相互独立，且都服从参数为 $\lambda$ 的指数分布，则随机向量 $(X,Y,Z)$ 的联合概率密度为 _____.

3. 单项选择题.

（1）设随机变量 $X,Y,Z$ 相互独立，$X \sim N(1,2)$，$Y \sim N(2,2)$，$Z \sim N(3,7)$，记 $a=P\{X < Y\}$，$b=P\{Y < Z\}$，则（ ）.

（A）$a < b$；  　　　　（B）$a > b$；

（C）$a = b$；  　　　　（D）$a, b$ 大小关系不确定.

（2）随机变量 $X,Y$ 独立同分布且 $X$ 的分布函数为 $F(x)$，则 $Z=\min\{X,Y\}$ 分布函数为（ ）.

（A）$F^2(x)$；  　　　　（B）$F(x)F(y)$；

（C）$1-[1-F(x)]^2$；  　　　　（D）$[1-F(x)][1-F(y)]$.

（3）设随机变量 $X$ 与 $Y$ 相互独立，已知 $X$ 服从区间 $[0,1]$ 上的均匀分布，$Y$ 的分布律如下表所示，则 $P\left\{\max\{X,Y\} \geqslant \dfrac{1}{2}\right\}$ 为（ ）.

(A) $\dfrac{1}{6}$;          (B) $\dfrac{1}{3}$;          (C) $\dfrac{1}{2}$;          (D) $\dfrac{2}{3}$.

| $X$ | $-1$ | $0$ | $1$ |
|---|---|---|---|
| $P$ | $\dfrac{1}{3}$ | $\dfrac{1}{3}$ | $\dfrac{1}{3}$ |

(4) 设随机变量 $X$ 与 $Y$ 相互独立,且 $X$ 服从标准正态分布 $N(0,1)$,$Y$ 的分布律为 $P\{Y=0\}=P\{Y=1\}=\dfrac{1}{2}$,记 $F_Z(z)$ 为随机变量 $Z=XY$ 的分布函数,则函数 $F_Z(z)$ 的间断点个数为(    ).

(A) 0;          (B) 1;          (C) 2;          (D) 3.

# 第 **4** 章

# 随机变量的数字特征

随机变量的概率分布完整地描述了随机变量的统计规律. 但是在实际问题中求得随机变量的概率分布并不容易,而且对某些问题来说,只需要知道它的某些特征. 我们把刻画随机变量某些方面特征的数值称为随机变量的数字特征. 本章将介绍几个常用数字特征:数学期望、方差、协方差、相关系数和矩.

## 4.1 数学期望

### 4.1.1 离散型随机变量的数学期望

**1. 定义**

**引例** 某班有 $N$ 个人,在一次测试中,该班有 $n_i$ 个人的成绩为 $a_i(i=1,2,\cdots,k)$, $\sum_{i=1}^{k} n_i = N$,求这次测试中该班的平均成绩.

**解** 这次测试中该班的平均成绩为

$$\frac{1}{N} \sum_{i=1}^{k} a_i n_i = \sum_{i=1}^{k} a_i \frac{n_i}{N}$$

其中 $\frac{n_i}{N}$ 是测试成绩 $a_i$ 出现的频率. 可见这种平均是以频率为权数的加权平均. 若用 $X$ 表示成绩, $P\{X=a_i\} \approx \frac{n_i}{N}$,则

$$\sum_{i=1}^{k} a_i \cdot \frac{n_i}{N} \approx \sum_{i=1}^{k} a_i \cdot P\{X = a_i\}$$

这种平均是以概率为权数的加权平均,称 $\sum_{i=1}^{k} a_i \cdot P\{X = a_i\}$ 为 $X$ 的数学期望.

一般地,我们有以下定义.

**定义 4.1** 设离散型随机变量 $X$ 的分布律为

$$P\{X = x_k\} = p_k, \quad k = 1, 2, \cdots$$

若级数 $\sum\limits_{k=1}^{\infty} x_k p_k$ 绝对收敛,则称该级数为 $X$ 的数学期望,简称为均值或期望,记为 $E(X)$,即

$$E(X) = \sum_{k=1}^{\infty} x_k p_k \tag{4.1}$$

定义 4.1 中要求级数 $\sum\limits_{k=1}^{\infty} x_k p_k$ 绝对收敛是为了保证 $\sum\limits_{k=1}^{\infty} x_k p_k$ 的和与其各项的次序无关,使它恒收敛于一个确定值 $E(X)$.

**例 4.1**  甲、乙两人进行射击比赛,命中环数分别记为 $X, Y$,其分布律分别如表 4-1 及表 4-2 所示.

表　4-1

| $X$ | 8 | 9 | 10 |
|-----|-----|-----|-----|
| $P$ | 0.1 | 0.3 | 0.6 |

表　4-2

| $X$ | 8 | 9 | 10 |
|-----|-----|-----|-----|
| $P$ | 0.2 | 0.5 | 0.3 |

试比较甲、乙谁的射击水平较高.

**解**  分别计算 $X$ 和 $Y$ 的数学期望,得

$$E(X) = 8 \times 0.1 + 9 \times 0.3 + 10 \times 0.6 = 9.5$$
$$E(Y) = 8 \times 0.2 + 9 \times 0.5 + 10 \times 0.3 = 9.1$$

这意味着,如果进行多次射击,甲平均命中 9.5 环,而乙平均命中 9.1 环数. 因此从平均环数上看,甲的射击水平要比乙高.

**2. 常见的离散型随机变量的数学期望**

1) 两点分布的数学期望

设离散型随机变量 $X$ 的分布律为

$$P\{X = k\} = p^k q^{1-k}, \quad k = 0, 1$$

其中 $0 < p < 1, q = 1 - p$,则 $X$ 的数学期望为 $E(X) = 1 \cdot p + 0 \cdot (1 - p) = p$.

2) 二项分布的数学期望

设 $X \sim B(n, p)$,其分布律为

$$P\{X = k\} = C_n^k p^k q^{n-k}, \quad k = 0, 1, 2, \cdots, n$$

其中 $0 < p < 1, q = 1 - p$,则 $X$ 的数学期望为 $E(X) = np$.

**证**  $E(X) = \sum\limits_{k=0}^{n} k \cdot p_k = \sum\limits_{k=0}^{n} k \cdot C_n^k p^k q^{n-k} = \sum\limits_{k=1}^{n} k \frac{n!}{k!(n-k)!} p^k q^{n-k}$

$$= np \sum_{k=1}^{n} \frac{(n-1)!}{(k-1)![(n-1)-(k-1)]!} p^{k-1} q^{(n-1)-(k-1)}$$

$$= np \sum_{k-1=0}^{n-1} C_{n-1}^{k-1} p^{k-1} q^{(n-1)-(k-1)} = np(p+q)^{n-1} = np.$$

3) 泊松分布的数学期望

设 $X \sim P(\lambda)$，其分布律为

$$P\{X = k\} = \frac{\lambda^k}{k!}e^{-\lambda}, \quad k = 0, 1, 2, \cdots$$

则 $X$ 的数学期望为 $E(X) = \lambda$.

**证**　$E(X) = \sum_{k=0}^{\infty} k \cdot p_k = \sum_{k=1}^{\infty} k \cdot \frac{\lambda^k}{k!}e^{-\lambda} = \lambda \cdot e^{-\lambda} \sum_{k-1=0}^{\infty} \frac{\lambda^{k-1}}{(k-1)!} = \lambda e^{-\lambda} e^{\lambda} = \lambda.$

4) 几何分布的数学期望

设 $X \sim G(p)$，其分布律为

$$P\{X = k\} = (1-p)^{k-1}p = q^{k-1}p, \quad k = 1, 2, \cdots$$

则 $X$ 的数学期望为 $E(X) = \dfrac{1}{p}$.

证明略.

5) 超几何分布的数学期望

设 $X \sim H(n, M, N)$，其分布律为

$$P\{X = k\} = \frac{C_M^k C_{N-M}^{n-k}}{C_N^n}, \quad k = 0, 1, 2, \cdots, \min\{M, n\}$$

则 $X$ 的数学期望为 $E(X) = \dfrac{nM}{N}$.

证明略.

**3. 离散型随机变量函数的数学期望**

**定理 4.1**　设离散型随机变量 $X$ 的分布律为

$$P\{X = x_k\} = p_k, \quad k = 1, 2, \cdots$$

且 $Y = g(X)$，若级数 $\sum_{k=1}^{\infty} g(x_k)p_k$ 绝对收敛，则随机变量 $Y$ 的数学期望为

$$E(Y) = E[g(X)] = \sum_{k=1}^{\infty} g(x_k)p_k \tag{4.2}$$

证明略.

**例 4.2**　设离散型随机变量 $X$ 的分布律如表 4-3 所示.

表　4-3

| $X$ | 0 | 1 | 2 |
| --- | --- | --- | --- |
| $P$ | 0.1 | 0.2 | 0.7 |

求 $E(X^2)$ 和 $E\left(\dfrac{1}{1+X}\right)$.

**解**　$E(X^2) = \displaystyle\sum_{k=1}^{3} x_k^2 p_k = 0^2 \times 0.1 + 1^2 \times 0.2 + 2^2 \times 0.7 = 3$

$$E\left(\frac{1}{1+X}\right) = \sum_{k=1}^{3} \frac{1}{1+x_k} p_k = \frac{1}{1+0} \times 0.1 + \frac{1}{1+1} \times 0.2 + \frac{1}{1+2} \times 0.7 = \frac{13}{30}$$

### 4.1.2　连续型随机变量的数学期望

**1. 定义**

**定义 4.2**　设连续型随机变量 $X$ 的概率密度为 $f(x)$,若积分 $\displaystyle\int_{-\infty}^{+\infty} x f(x) \mathrm{d}x$ 绝对收敛,则称该积分为随机变量 $X$ 的数学期望(或均值),记为 $E(X)$,即

$$E(X) = \int_{-\infty}^{+\infty} x f(x) \mathrm{d}x \tag{4.3}$$

**例 4.3**　设 $X$ 的概率密度为

$$f(x) = \begin{cases} x, & 0 \leqslant x < 1 \\ 2 - x, & 1 \leqslant x < 2 \\ 0, & \text{其他} \end{cases}$$

求 $E(X)$.

**解**　$E(X) = \displaystyle\int_{-\infty}^{+\infty} x f(x) \mathrm{d}x = \int_0^1 x^2 \mathrm{d}x + \int_1^2 x(2-x) \mathrm{d}x$

$$= \frac{1}{3} x^3 \Big|_0^1 + x^2 \Big|_1^2 - \frac{1}{3} x^3 \Big|_1^2$$

$$= \frac{1}{3} + 4 - 1 - \frac{1}{3}(8 - 1)$$

$$= 1$$

**2. 常见的连续型随机变量的数学期望**

1) 均匀分布

设随机变量 $X$ 在 $[a,b]$ 上服从均匀分布,其概率密度为

$$f(x) = \begin{cases} \dfrac{1}{b-a}, & a \leqslant x \leqslant b \\ 0, & \text{其他} \end{cases}$$

则 $X$ 的数学期望为 $E(X) = \dfrac{a+b}{2}$,即在区间 $[a,b]$ 上服从均匀分布的随机变量的数学期望是该区间中点值.

**证**　$E(X) = \displaystyle\int_{-\infty}^{+\infty} x f(x) \mathrm{d}x = \int_a^b x \frac{1}{b-a} \mathrm{d}x$

$$= \frac{1}{b-a} \cdot \frac{1}{2}(b^2 - a^2) = \frac{a+b}{2}$$

2）指数分布

设随机变量 $X$ 服从参数为 $\lambda > 0$ 的指数分布，其概率密度为

$$f(x) = \begin{cases} \lambda e^{-\lambda x}, & x > 0 \\ 0, & x \leqslant 0 \end{cases}$$

则 $X$ 的数学期望为 $E(X) = \dfrac{1}{\lambda}$，即指数分布的数学期望为参数 $\lambda$ 的倒数.

**证**　$E(X) = \displaystyle\int_{-\infty}^{+\infty} xf(x)\mathrm{d}x = \int_{0}^{+\infty} x\lambda e^{-\lambda x}\mathrm{d}x$

$$= -\int_{0}^{+\infty} x\mathrm{d}(e^{-\lambda x}) = -xe^{-\lambda x}\Big|_{0}^{+\infty} + \int_{0}^{+\infty} e^{-\lambda x}\mathrm{d}x$$

$$= 0 - \frac{1}{\lambda}e^{-\lambda x}\Big|_{0}^{+\infty} = \frac{1}{\lambda}$$

3）正态分布

设 $X \sim N(\mu, \sigma^2)$，其概率密度为

$$f(x) = \frac{1}{\sqrt{2\pi}\sigma}e^{-\frac{(x-\mu)^2}{2\sigma^2}}, \quad -\infty < x < +\infty$$

则 $X$ 的数学期望为 $E(X) = \mu$.

**证**　$E(X) = \displaystyle\int_{-\infty}^{+\infty} x\frac{1}{\sqrt{2\pi}\sigma}e^{-\frac{(x-\mu)^2}{2\sigma^2}}\mathrm{d}x$

$$= \int_{-\infty}^{+\infty} \big[(x-\mu)+\mu\big]\frac{1}{\sqrt{2\pi}\sigma}e^{-\frac{(x-\mu)^2}{2\sigma^2}}\mathrm{d}x$$

$$= \int_{-\infty}^{+\infty} \mu\frac{1}{\sqrt{2\pi}\sigma}e^{-\frac{(x-\mu)^2}{2\sigma^2}}\mathrm{d}x + \int_{-\infty}^{+\infty} (x-\mu)\frac{1}{\sqrt{2\pi}\sigma}e^{-\frac{(x-\mu)^2}{2\sigma^2}}\mathrm{d}x$$

$$= \mu + \int_{-\infty}^{+\infty} (x-\mu)\frac{1}{\sqrt{2\pi}\sigma}e^{-\frac{(x-\mu)^2}{2\sigma^2}}\mathrm{d}x$$

令 $t = \dfrac{x-\mu}{\sigma}$，则

$$E(X) = \mu + \sigma\int_{-\infty}^{+\infty} t\frac{1}{\sqrt{2\pi}}e^{-\frac{t^2}{2}}\mathrm{d}t$$

因为上式第二项的被积函数为奇函数，故有

$$\int_{-\infty}^{+\infty} t\frac{1}{\sqrt{2\pi}}e^{-\frac{t^2}{2}}\mathrm{d}t = 0$$

所以 $E(X) = \mu$.

**3. 连续型随机变量函数的数学期望**

**定理 4.2**　设 $X$ 为连续型随机变量，其概率密度为 $f(x)$，且 $Y = g(X)$，若积分

$\int_{-\infty}^{+\infty} g(x)f(x)\mathrm{d}x$ 绝对收敛,则随机变量 $Y$ 的数学期望为

$$E(Y) = E[g(X)] = \int_{-\infty}^{+\infty} g(x)f(x)\mathrm{d}x \tag{4.4}$$

证明略.

定理 4.2 的重要性在于计算随机变量函数 $Y=g(X)$ 的数学期望 $E[g(X)]$ 时,不必求出随机变量 $Y$ 的概率密度 $f_Y(y)$,可由随机变量 $X$ 的概率密度 $f(x)$ 直接计算 $E(Y)$,应用起来比较方便.

**例 4.4**　设随机变量 $X$ 服从 $[0,2\pi]$ 上均匀分布,求 $E(\sin X)$,$E(X-EX)^2$.

**解**　由 $X$ 服从 $[0,2\pi]$ 上均匀分布知,$X$ 的概率密度为

$$f(x) = \begin{cases} \dfrac{1}{2\pi}, & 0 \leqslant x \leqslant 2\pi \\ 0, & \text{其他} \end{cases}$$

故

$$E(\sin X) = \int_0^{2\pi} \sin x \, \frac{1}{2\pi} \mathrm{d}x = -\frac{1}{2\pi} \cos x \Big|_0^{2\pi} = 0$$

$$E(X-EX)^2 = E(X-\pi)^2 = \int_0^{2\pi} (x-\pi)^2 \, \frac{1}{2\pi} \mathrm{d}x$$

$$= \frac{1}{2\pi} \cdot \frac{1}{3} (x-\pi)^3 \Big|_0^{2\pi} = \frac{1}{6\pi} \cdot 2\pi^3 = \frac{\pi^2}{3}$$

**例 4.5**　设在国际市场上每年对我国某种出口商品的需求量是随机变量 $X$(单位:吨),它在 $[2000,4000]$ 上服从均匀分布.又设每售出 1 吨这种商品,可为国家挣得外汇 3 万元,但假如销售不出而囤积在仓库,则每吨需花费保养费 1 万元.问需要组织多少货源,才能使国家收益最大?

**解**　设 $y$ 为某年预备出口的该商品的数量,这个数量可只介于 2000 与 4000 之间,用 $Z$ 表示国家的收益(万元),依题意有

$$Z = g(X) = \begin{cases} 3y, & y \leqslant X \leqslant 4000 \\ 3X-(y-X), & 2000 \leqslant X < y \end{cases} = \begin{cases} 3y, & y \leqslant X \leqslant 4000 \\ 4X-y, & 2000 \leqslant X < y \end{cases}$$

国家收益 $Z$ 是一个随机变量,所以收益最大应理解为平均收益最大.下面求 $E(Z)$,并求使 $E(Z)$ 达到最大的 $y$ 值.

$$E(Z) = \int_{-\infty}^{+\infty} g(x)f(x)\mathrm{d}x = \int_{2000}^{4000} g(x) \, \frac{1}{2000} \mathrm{d}x$$

$$= \frac{1}{2000} \left[ \int_{2000}^{y} (4x-y)\mathrm{d}x + \int_{y}^{4000} 3y\mathrm{d}x \right]$$

$$= -\frac{1}{1000} (y^2 - 7000y + 4 \times 10^6)$$

$$= -\frac{1}{1000} (y-3500)^2 + 8250$$

因此，当 $y=3500$ 吨时，$E(Z)$ 最大，即要组织 3500 吨此种商品才能使国家收益最大.

### 4.1.3　二维随机向量及其函数的数学期望

**定义 4.3**　设 $(X,Y)$ 为二维随机向量，若 $E(X)$，$E(Y)$ 都存在，则称 $(E(X),E(Y))$ 为 $(X,Y)$ 的数学期望.

若 $(X,Y)$ 为离散型随机向量，其联合分布律为

$$p_{ij} = P\{X = x_i, Y = y_j\}, \quad i,j = 1,2,\cdots$$

则

$$E(X) = \sum_{i=1}^{\infty} x_i p_{i\cdot} = \sum_{i=1}^{\infty} \sum_{j=1}^{\infty} x_i p_{ij}$$

$$E(Y) = \sum_{j=1}^{\infty} y_j p_{\cdot j} = \sum_{j=1}^{\infty} \sum_{i=1}^{\infty} y_j p_{ij}$$

若 $(X,Y)$ 为连续型随机向量，其联合概率密度为 $f(x,y)$，则

$$E(X) = \int_{-\infty}^{+\infty} x f_X(x) \mathrm{d}x = \int_{-\infty}^{+\infty} \int_{-\infty}^{+\infty} x f(x,y) \mathrm{d}y \mathrm{d}x$$

$$E(Y) = \int_{-\infty}^{+\infty} y f_Y(y) \mathrm{d}y = \int_{-\infty}^{+\infty} \int_{-\infty}^{+\infty} y f(x,y) \mathrm{d}x \mathrm{d}y$$

**定理 4.3**　设二维随机向量 $(X,Y)$ 的联合分布律为

$$p_{ij} = P\{X = x_i, Y = y_j\}, \quad i,j = 1,2,\cdots$$

且 $Z=g(X,Y)$，若级数 $\sum_{j=1}^{\infty} \sum_{i=1}^{\infty} g(x_i,y_j) p_{ij}$ 绝对收敛，则 $Z$ 的数学期望为

$$E(Z) = E[g(X,Y)] = \sum_{i=1}^{\infty} \sum_{j=1}^{\infty} g(x_i,y_j) p_{ij} \tag{4.5}$$

设二维连续型随机向量 $(X,Y)$ 的联合概率密度为 $f(x,y)$，且 $Z=g(X,Y)$，若积分 $\int_{-\infty}^{+\infty} \int_{-\infty}^{+\infty} g(x,y) f(x,y) \mathrm{d}x \mathrm{d}y$ 绝对收敛，则 $Z$ 的数学期望为

$$E(Z) = E[g(X,Y)] = \int_{-\infty}^{+\infty} \int_{-\infty}^{+\infty} g(x,y) f(x,y) \mathrm{d}x \mathrm{d}y \tag{4.6}$$

**例 4.6**　已知 $(X,Y)$ 联合分布律如表 4-4 所示.

表　4-4

| $X$＼$Y$ | 0 | 1 |
|---|---|---|
| 0 | $\dfrac{1}{3}$ | 0 |
| 1 | $\dfrac{1}{2}$ | $\dfrac{1}{6}$ |

求：(1) $(X,Y)$ 的数学期望；(2) $E(X+Y)$；(3) $E(XY)$.

**解** (1) $E(X) = \sum_i \sum_j x_i P\{X = x_i, Y = y_j\} = \sum_i x_i p_i.$

$$= 0 \times \left(\frac{1}{3} + 0\right) + 1 \times \left(\frac{1}{2} + \frac{1}{6}\right) = \frac{2}{3}$$

$$E(Y) = \sum_j \sum_i y_j P\{X = x_i, Y = y_j\} = \sum_j y_j p_{\cdot j}$$

$$= 0 \times \left(\frac{1}{3} + \frac{1}{2}\right) + 1 \times \left(0 + \frac{1}{6}\right) = \frac{1}{6}$$

故 $(X, Y)$ 的数学期望为 $\left(\frac{2}{3}, \frac{1}{6}\right)$.

(2) $E(X + Y) = \sum_i \sum_j (x_i + y_j) p_{ij}$

$$= (0 + 0) \times \frac{1}{3} + (0 + 1) \times 0 + (1 + 0) \times \frac{1}{2} + (1 + 1) \times \frac{1}{6} = \frac{1}{2} + \frac{2}{6} = \frac{5}{6}$$

(3) $E(XY) = \sum_i \sum_j (x_i y_j) p_{ij}$

$$= (0 \times 0) \times \frac{1}{3} + (0 \times 1) \times 0 + (1 \times 0) \times \frac{1}{2} + (1 \times 1) \times \frac{1}{6} = \frac{1}{6}$$

**例 4.7** 在长为 $a$ 的线段上任取两个点 $X$ 与 $Y$,求此两点间的平均长度.

**解** 因为 $X$ 与 $Y$ 都服从 $(0, a)$ 上的均匀分布,且 $X$ 与 $Y$ 相互独立,所以 $(X, Y)$ 的联合概率密度为

$$f(x, y) = \begin{cases} \dfrac{1}{a^2}, & 0 < x < a, 0 < y < a \\ 0, & \text{其他} \end{cases}$$

两点间的平均长度为

$$E(|X - Y|) = \int_0^a \int_0^a |x - y| \frac{1}{a^2} \mathrm{d}x \mathrm{d}y$$

$$= \frac{1}{a^2} \left[ \int_0^a \int_0^x (x - y) \mathrm{d}y \mathrm{d}x + \int_0^a \int_x^a (y - x) \mathrm{d}y \mathrm{d}x \right]$$

$$= \frac{1}{a^2} \int_0^a \left( x^2 - ax + \frac{a^2}{2} \right) \mathrm{d}x = \frac{a}{3}$$

### 4.1.4 数学期望的性质

设 $X$ 为任一随机变量,其数学期望为 $E(X)$,则有下面几条性质.

**性质 1** 常数的数学期望等于这个常数,即 $E(C) = C$,其中 $C$ 为常数.

**证** 常数 $C$ 作为随机变量,它只可能取一个值 $C$,即 $P\{X = C\} = 1$,所以

$$E(C) = C \cdot 1 = C$$

**性质 2** 常数与随机变量 $X$ 乘积的数学期望等于该常数与随机变量 $X$ 的数学期望的乘积,即

$$E(CX) = C \cdot E(X)$$

**证**　不访设 $X$ 是连续型随机变量,其概率密度为 $f(x)$,则有

$$E(CX) = \int_{-\infty}^{+\infty} Cxf(x)\mathrm{d}x = C\int_{-\infty}^{+\infty} xf(x)\mathrm{d}x = CE(X)$$

当 $X$ 为离散型随机变量时,请读者自证.

**性质 3**　常数与随机变量 $X$ 和的数学期望等于该常数与随机变量 $X$ 的数学期望的和,即

$$E(X + b) = E(X) + b$$

**证**　不访设 $X$ 是离散型随机变量,其分布律为 $P\{X = x_k\} = p_k(k = 1, 2, \cdots)$,则有

$$E(X + b) = \sum_{k=1}^{\infty}(x_k + b)p_k = \sum_{k=1}^{\infty} x_k p_k + b\sum_{k=1}^{\infty} p_k = E(X) + b$$

当 $X$ 为连续型随机变量时,请读者自证.

综合性质 2 和性质 3,当 $a, b$ 为常数时,有

$$E(aX + b) = aE(X) + b$$

**性质 4**　任意两个随机变量之和的数学期望等于数学期望之和,即

$$E(X + Y) = E(X) + E(Y) \tag{4.7}$$

**证**　不妨设 $(X, Y)$ 为连续型随机向量(对离散型随机向量可类似证明),其联合概率密度为 $f(x, y)$,若令 $g(X, Y) = X + Y$,则由定理 4.3,可得

$$\begin{aligned}
E(X + Y) &= \int_{-\infty}^{+\infty}\int_{-\infty}^{+\infty}(x + y)f(x, y)\mathrm{d}x\mathrm{d}y \\
&= \int_{-\infty}^{+\infty} x\mathrm{d}x\int_{-\infty}^{+\infty} f(x, y)\mathrm{d}y + \int_{-\infty}^{+\infty} y\mathrm{d}y\int_{-\infty}^{+\infty} f(x, y)\mathrm{d}x \\
&= \int_{-\infty}^{+\infty} xf_X(x)\mathrm{d}x + \int_{-\infty}^{+\infty} yf_Y(y)\mathrm{d}y \\
&= E(X) + E(Y)
\end{aligned}$$

这个性质可以推广到有限个随机变量的情形,即对任意的随机变量 $X_1, X_2, \cdots, X_n$,有

$$E(X_1 + X_2 + \cdots + X_n) = E(X_1) + E(X_2) + \cdots + E(X_n) \tag{4.8}$$

**性质 5**　若随机变量 $X$ 与 $Y$ 相互独立,则有

$$E(XY) = E(X)E(Y) \tag{4.9}$$

**证**　不妨设 $(X, Y)$ 为连续型随机向量(对离散型随机向量可类似证明),其联合概率密度为 $f(x, y)$,由 $X$ 与 $Y$ 独立可知 $f(x, y) = f_X(x)f_Y(y)$,若令 $g(X, Y) = XY$,则由定理 4.3,可得

$$\begin{aligned}
E(XY) &= \int_{-\infty}^{+\infty}\int_{-\infty}^{+\infty} xyf_X(x)f_Y(y)\mathrm{d}x\mathrm{d}y \\
&= \int_{-\infty}^{+\infty} xf_X(x)\mathrm{d}x\int_{-\infty}^{+\infty} yf_Y(y)\mathrm{d}y \\
&= E(X)E(Y)
\end{aligned}$$

这个性质也可以推广到 $n$ 个相互独立的随机变量的情形,即若 $X_1,X_2,\cdots,X_n$ 相互独立,则有

$$E(X_1 X_2 \cdots X_n) = E(X_1)E(X_2)\cdots E(X_n) \tag{4.10}$$

**例 4.8**　设 $X \sim B(n,p)$,利用数学期望的性质求 $E(X)$.

**解**　$X = X_1 + X_2 + \cdots + X_n$,其中 $X_1,X_2,\cdots,X_n$ 相互独立,且 $X_i(i=1,2,\cdots,n)$ 服从 $(0\text{-}1)$分布,故

$$E(X) = E(X_1 + X_2 + \cdots + X_n) = E(X_1) + E(X_2) + \cdots + E(X_n) = np$$

### 4.1.5　条件数学期望

**定义 4.4**　设二维随机向量 $(X,Y)$ 的联合分布律为 $p_{ij}$,在 $Y = y_j$ 的条件下 $X$ 的条件分布律为 $P\{X = x_i | Y = y_j\}$. 若级数 $\displaystyle\sum_{i=1}^{+\infty} x_i P\{X = x_i | Y = y_j\}$ 绝对收敛,则称在 $Y = y_j$ 的条件下 $X$ 的条件期望为

$$E(X | Y = y_j) = \sum_{i=1}^{\infty} x_i P\{X = x_i | Y = y_j\} \tag{4.11}$$

同样地,在 $X = x_i$ 的条件下 $Y$ 的条件期望为

$$E(Y | X = x_i) = \sum_{j=1}^{\infty} y_j P\{Y = y_j | X = x_i\} \tag{4.12}$$

**定义 4.5**　设二维随机向量 $(X,Y)$ 的联合概率密度为 $f(x,y)$,在 $Y = y$ 的条件下 $X$ 的条件概率密度为 $f_{X|Y}(x|y)$. 若积分 $\displaystyle\int_{-\infty}^{+\infty} x f_{X|Y}(x | y)\mathrm{d}x$ 绝对收敛,则称在 $Y = y$ 的条件下 $X$ 的条件期望为

$$E(X | Y = y) = \int_{-\infty}^{+\infty} x f_{X|Y}(x | y)\mathrm{d}x \tag{4.13}$$

同样地,在 $X = x$ 的条件下 $Y$ 的条件期望为

$$E(Y | X = x) = \int_{-\infty}^{+\infty} y f_{Y|X}(y | x)\mathrm{d}y \tag{4.14}$$

# 4.2　方差

随机变量的数学期望反映了随机变量取值的平均大小. 但在实际问题中有时只知道数学期望还是不够的. 例如,在投资决策中选择某一项目或购买某种资产(如股票、债券等)时,我们不仅关心其未来的收益水平,还关心其未来收益的不确定程度. 前者通常用数学期望来度量,后者通常称为风险程度. 这种风险程度有多种衡量方法,最简单直观的方法就是用方差来度量. 粗略地讲,方差反映了随机变量相对其中心——数学期望的平均偏离程度.

### 4.2.1　方差的概念

对任一随机变量 $X$,设数学期望为 $E(X)$,称 $Y=X-E(X)$ 为随机变量 $X$ 的离差. 由于 $E(X)$ 是常数,因而有 $E(Y)=E(X-E(X))=E(X)-E(X)=0$. 由此可知,离差 $Y$ 代表随机变量 $X$ 与期望之间的随机误差,其值可正可负,从总体上说正负相抵,故其期望为零. 这样用 $E(Y)$ 不足以描述随机变量 $X$ 取值的分散程度. 为了消除离差中的符号的影响,考虑使用绝对离差 $|X-E(X)|$,即随机变量 $X$ 与其期望之间的距离. 但由于 $E(|X-E(X)|)$ 中的绝对值不便处理,转而考虑离差平方 $(X-E(X))^2$ 的期望,即用 $E(X-E(X))^2$ 来描述随机变量 $X$ 取值的分散程度.

**定义 4.6**　设随机变量 $(X-E(X))^2$ 的数学期望存在,则称 $E(X-E(X))^2$ 为随机变量 $X$ 的方差,记作 $D(X)$ 或 $\mathrm{Var}(X)$,即

$$D(X) = E(X-E(X))^2 \tag{4.15}$$

从随机变量的函数的数学期望看,随机变量 $X$ 的方差 $D(X)$ 即是 $X$ 的函数 $(X-E(X))^2$ 的数学期望. 称 $\sqrt{D(X)}$ 为 $X$ 的标准差(或均方差),记作 $\sigma_X$.

由方差定义可知,当随机变量的取值相对集中在数学期望附近时,方差较小;取值相对分散时,方差较大,并且总有 $D(X)\geqslant 0$.

若 $X$ 为离散型随机变量,其分布律为

$$P\{X=x_k\} = p_k, \quad k=1,2,\cdots$$

则

$$D(X) = \sum_{k=1}^{\infty} (x_k - E(X))^2 p_k \tag{4.16}$$

若 $X$ 为连续型随机变量,其概率密度为 $f(x)$,则

$$D(X) = \int_{-\infty}^{+\infty} (x-E(X))^2 f(x)\mathrm{d}x \tag{4.17}$$

**例 4.9**　甲、乙两人进行射击比赛,命中环数分别记为 $X,Y$,其分布律分别如表 4-5 及表 4-6 所示.

表　4-5

| $X$ | 8 | 9 | 10 |
| --- | --- | --- | --- |
| $P$ | 0.3 | 0.2 | 0.5 |

表　4-6

| $X$ | 8 | 9 | 10 |
| --- | --- | --- | --- |
| $P$ | 0.2 | 0.4 | 0.4 |

试比较甲、乙谁的射击水平较高.

**解**　首先比较甲、乙两人平均命中环数.甲平均命中环数为

$$E(X) = 8\times0.3 + 9\times0.2 + 10\times0.5 = 9.2$$

乙平均命中环数为

$$E(Y) = 8 \times 0.2 + 9 \times 0.4 + 10 \times 0.4 = 9.2$$

从平均命中环数看,甲、乙两人的射击水平是一样的,下面比较两人命中环数的方差.

$$D(X) = (8-9.2)^2 \times 0.3 + (9-9.2)^2 \times 0.2 + (10-9.2)^2 \times 0.5 = 0.76$$

$$D(Y) = (8-9.2)^2 \times 0.2 + (9-9.2)^2 \times 0.4 + (10-9.2)^2 \times 0.4 = 0.56$$

由于 $D(Y) < D(X)$,这表明乙的射击水平比甲要稳定,从发挥的稳定性的角度看,乙的射击水平要高一些.

在计算方差时,用下面公式有时更为简便:

$$D(X) = E(X^2) - [E(X)]^2 \tag{4.18}$$

即 $X$ 的方差等于 $X^2$ 的期望减去 $X$ 的期望的平方.

**证** 利用期望的性质证明. 因为

$$(X - E(X))^2 = X^2 - 2XE(X) + [E(X)]^2$$

又由于 $E(X)$ 是一个常数,有

$$
\begin{aligned}
D(X) &= E(X - E(X))^2 = E[X^2 - 2XE(X) + E^2(X)] \\
&= E(X^2) - 2E(X)E(X) + E^2(X) \\
&= E(X^2) - E^2(X)
\end{aligned}
$$

**例 4.10** 设随机变量 $X$ 的数学期望 $E(X) = 2$,方差 $D(X) = 4$,求 $E(X^2)$.

**解** 由

$$D(X) = E(X^2) - [E(X)]^2$$

及

$$E(X) = 2, \quad D(X) = 4$$

得

$$E(X^2) = D(X) + [E(X)]^2 = 4 + 4 = 8$$

**例 4.11** 设 $X$ 的概率密度为

$$f(x) = \begin{cases} \dfrac{1}{\pi\sqrt{1-x^2}}, & -1 < x < 1 \\ 0, & \text{其他} \end{cases}$$

求 $D(X)$.

**解**
$$EX = \int_{-\infty}^{+\infty} x f_X(x)\,dx = \int_{-1}^{1} x\,\frac{1}{\pi\sqrt{1-x^2}}\,dx = 0$$

$$
\begin{aligned}
EX^2 &= \int_{-\infty}^{+\infty} x^2 f_X(x)\,dx = \int_{-1}^{1} \frac{x^2}{\pi\sqrt{1-x^2}}\,dx \\
&= \frac{1}{\pi}\left( -x\sqrt{1-x^2}\,\Big|_{-1}^{1} + \int_{-1}^{1} \sqrt{1-x^2}\,dx \right) \\
&= \frac{1}{\pi} \cdot \frac{\pi}{2} = \frac{1}{2}
\end{aligned}
$$

所以

$$DX = EX^2 - [E(X)]^2 = \frac{1}{2}$$

### 4.2.2　常见的随机变量的方差

**1. 两点分布的方差**

设随机变量 $X$ 的分布律为

$$P\{X = k\} = p^k q^{1-k}, \quad k = 0,1$$

其中 $0 < p < 1, q = 1 - p$，则 $X$ 的方差为 $D(X) = p(1-p)$.

**证**　因为

$$D(X) = E(X^2) - [E(X)]^2$$

而

$$E(X^2) = 0^2 \times (1-p) + 1^2 \times p = p, \quad E(X) = p$$

故

$$D(X) = p - p^2 = p(1-p)$$

**2. 二项分布的方差**

设 $X \sim B(n, p)$，其分布律为

$$p\{X = k\} = C_n^k p^k q^{n-k}, \quad k = 0, 1, 2, \cdots, n$$

其中 $0 < p < 1, q = 1 - p$，则 $X$ 的方差为 $D(X) = npq$.

**证**　因为 $E(X) = npq$，

$$
\begin{aligned}
E(X^2) &= \sum_{k=0}^{n} k^2 C_n^k p^k q^{n-k} = \sum_{k=1}^{n} [k(k-1) + k] C_n^k p^k q^{n-k} \\
&= \sum_{k=1}^{n} k(k-1) C_n^k p^k q^{n-k} + \sum_{k=1}^{n} k C_n^k p^k q^{n-k} \\
&= n(n-1) p^2 \sum_{k=2}^{n} \frac{(n-2)!}{(k-2)!(n-k)!} p^{k-2} q^{(n-2)-(k-2)} + np \\
&= n(n-1) p^2 (p+q)^{n-2} + np \\
&= n(n-1) p^2 + np
\end{aligned}
$$

所以

$$D(X) = E(X^2) - [E(X)]^2 = n(n-1)p^2 + np - (np)^2 = npq$$

**3. 泊松分布的方差**

设 $X \sim P(\lambda)$，其分布律为

$$P\{X = k\} = \frac{\lambda^k}{k!} e^{-\lambda}, \quad k = 0, 1, 2, \cdots$$

则 $X$ 的方差为 $D(X)=\lambda$.

  **证** 因为 $E(X)=\lambda$,

$$E(X^2) = \sum_{k=0}^{\infty} k^2 \frac{\lambda^k \mathrm{e}^{-\lambda}}{k!} = \sum_{k=1}^{\infty} k \frac{\lambda^k \mathrm{e}^{-\lambda}}{(k-1)!}$$

$$= \lambda \sum_{k=1}^{\infty} (k-1) \frac{\lambda^{k-1}}{(k-1)!} \mathrm{e}^{-\lambda} + \lambda \sum_{k=1}^{\infty} \frac{\lambda^{k-1}}{(k-1)!} \mathrm{e}^{-\lambda}$$

$$= \lambda^2 + \lambda$$

所以 $D(X)=\lambda^2+\lambda-\lambda^2=\lambda$,由此可以看出,泊松分布的方差和期望在数值上是相等的,皆为 $\lambda$.

  **例 4.12** 设随机变量 $X$ 服从参数为 $\lambda(\lambda>0)$ 的泊松分布,且 $E[(X-1)(X-2)]=1$,求 $\lambda$.

  **解**

$$E[(X-1)(X-2)] = E(X^2 - 3X + 2)$$

即

$$E(X^2) - 3E(X) + 2 = 1$$

由已知

$$E(X) = \lambda, \quad E(X^2) = DX + [E(X)]^2 = \lambda + \lambda^2$$

得 $\lambda+\lambda^2-3\lambda+2=1$,即 $\lambda^2-2\lambda+1=0$,解得 $\lambda=1$.

  **4. 几何分布的方差**

  设 $X \sim G(p)$,其分布律为

$$P\{X=k\} = (1-p)^{k-1} p = q^{k-1} p, \quad k=1,2,\cdots$$

则 $X$ 的方差为 $D(X)=\dfrac{1-p}{p^2}$.

  证明略.

  **5. 超几何分布的方差**

  设 $X \sim H(n,M,N)$,其分布律为

$$P\{X=k\} = \frac{C_M^k C_{N-M}^{n-k}}{C_N^n}, \quad k=0,1,2,\cdots,\min\{M,n\}$$

则 $X$ 的方差为

$$D(X) = n\frac{M}{N}\left(1-\frac{M}{N}\right)\frac{N-n}{N-1}.$$

  证明略.

  **6. 均匀分布的方差**

  设随机变量 $X$ 在 $[a,b]$ 服从均匀分布,其概率密度为

$$f(x) = \begin{cases} \dfrac{1}{b-a}, & a \leqslant x \leqslant b \\ 0, & \text{其他} \end{cases}$$

则 $X$ 的方差为 $D(X) = \dfrac{(b-a)^2}{12}$.

　　**证**　已知 $E(X) = \dfrac{a+b}{2}$, 又

$$E(X^2) = \int_{-\infty}^{+\infty} x^2 f(x)\mathrm{d}x = \int_a^b x^2 \frac{1}{b-a}\mathrm{d}x$$

$$= \frac{1}{b-a} \cdot \frac{1}{3} x^3 \bigg|_a^b = \frac{1}{3}(a^2 + ab + b^2)$$

故

$$D(X) = E(X^2) - \big[E(X)\big]^2$$

$$= \frac{1}{3}(a^2 + ab + b^2) - \frac{1}{4}(a+b)^2$$

$$= \frac{1}{12}(b-a)^2$$

　　**例 4.13**　设随机变量 $X$ 服从某一区间上的均匀分布, 且 $E(X) = 3$, $D(X) = \dfrac{1}{3}$, 求 $X$ 的概率密度.

　　**解**　因为

$$E(X) = \frac{a+b}{2}, \quad D(X) = \frac{(b-a)^2}{12}$$

所以

$$a + b = 6, \quad (b-a)^2 = 4, \quad b - a = 2$$

解得

$$b = 4, \quad a = 2$$

所以

$$f(x) = \begin{cases} \dfrac{1}{2}, & 2 \leqslant x \leqslant 4 \\ 0, & \text{其他} \end{cases}$$

### 7. 指数分布的方差

设随机变量 $X$ 服从参数为 $\lambda$ 的指数分布, 其概率密度为

$$f(x) = \begin{cases} \lambda \mathrm{e}^{-\lambda x}, & x > 0 \\ 0, & x \leqslant 0 \end{cases}, \quad \lambda > 0$$

则 $X$ 的方差为 $D(X) = \dfrac{1}{\lambda^2}$.

**证**　已知 $E(X) = \dfrac{1}{\lambda}$，又

$$E(X^2) = \int_{-\infty}^{+\infty} x^2 f(x)\,\mathrm{d}x = \int_0^{+\infty} x^2 \lambda \mathrm{e}^{-\lambda x}\,\mathrm{d}x$$

$$= -\int_0^{+\infty} x^2 \mathrm{d}\mathrm{e}^{-\lambda x} = -x^2 \mathrm{e}^{-\lambda x}\Big|_0^{+\infty} + 2\int_0^{+\infty} x\mathrm{e}^{-\lambda x}\,\mathrm{d}x$$

$$= 0 + \frac{2}{\lambda}\int_0^{+\infty} x\lambda\mathrm{e}^{-\lambda x}\,\mathrm{d}x = \frac{2}{\lambda}\cdot\frac{1}{\lambda} = \frac{2}{\lambda^2}$$

所以

$$D(X) = E(X^2) - E^2(X) = \frac{2}{\lambda^2} - \frac{1}{\lambda^2} = \frac{1}{\lambda^2}$$

**8. 正态分布的方差**

设 $X \sim N(\mu, \sigma^2)$，其概率密度为

$$f(x) = \frac{1}{\sqrt{2\pi}\,\sigma}\mathrm{e}^{-\frac{(x-\mu)^2}{2\sigma^2}}, \quad -\infty < x < +\infty$$

则 $X$ 的方差为 $D(X) = \sigma^2$.

**证**　由于 $E(X) = \mu$，根据方差的定义，有

$$D(X) = \int_{-\infty}^{+\infty} (x-\mu)^2 \frac{1}{\sqrt{2\pi}\,\sigma}\mathrm{e}^{-\frac{(x-\mu)^2}{2\sigma^2}}\,\mathrm{d}x$$

令 $\dfrac{x-\mu}{\sigma} = y$，并利用概率密度的性质 $\int_{-\infty}^{+\infty} \varphi(x)\,\mathrm{d}x = 1$，得

$$D(X) = \int_{-\infty}^{+\infty} \frac{\sigma^2}{\sqrt{2\pi}} y^2 \mathrm{e}^{-\frac{y^2}{2}}\,\mathrm{d}y = -\int_{-\infty}^{+\infty} \frac{\sigma^2}{\sqrt{2\pi}} y\mathrm{d}(\mathrm{e}^{-\frac{y^2}{2}})$$

$$= -\frac{\sigma^2}{\sqrt{2\pi}}(y\mathrm{e}^{-\frac{y^2}{2}})\Big|_{-\infty}^{+\infty} + \int_{-\infty}^{+\infty} \frac{\sigma^2}{\sqrt{2\pi}}\mathrm{e}^{-\frac{y^2}{2}}\,\mathrm{d}y$$

$$= 0 + \sigma^2 \int_{-\infty}^{+\infty} \frac{1}{\sqrt{2\pi}}\mathrm{e}^{-\frac{y^2}{2}}\,\mathrm{d}y = \sigma^2$$

由此可见，正态分布 $N(\mu, \sigma^2)$ 的两个参数 $\mu$ 与 $\sigma^2$ 分别是正态分布的数学期望和方差.

## 4.2.3　随机向量的方差

**定义 4.7**　设 $(X,Y)$ 为二维随机向量，若 $D(X),D(Y)$ 都存在，则称 $(D(X),D(Y))$ 为 $(X,Y)$ 的方差.

若 $(X,Y)$ 为离散型随机向量，其联合分布律为

$$p_{ij} = P\{X = x_i, Y = y_j\}, \quad i,j = 1,2,\cdots$$

则

$$D(X) = \sum_{i=1}^{\infty} \big[x_i - E(X)\big]^2 p_{i\cdot} = \sum_{i=1}^{\infty}\sum_{j=1}^{\infty} \big[x_i - E(X)\big]^2 p_{ij}$$

$$D(Y) = \sum_{j=1}^{\infty} \left[ y_j - E(Y) \right]^2 p_{\cdot j} = \sum_{j=1}^{\infty} \sum_{i=1}^{\infty} \left[ y_j - E(Y) \right]^2 p_{ij}$$

若$(X,Y)$为连续型随机向量，其联合概率密度为 $f(x,y)$，则

$$D(X) = \int_{-\infty}^{+\infty} \left[ x - E(X) \right]^2 f_X(x) \mathrm{d}x = \int_{-\infty}^{+\infty} \int_{-\infty}^{+\infty} \left[ x - E(X) \right]^2 f(x,y) \mathrm{d}y \mathrm{d}x$$

$$D(Y) = \int_{-\infty}^{+\infty} \left[ y - E(Y) \right]^2 f_Y(y) \mathrm{d}y = \int_{-\infty}^{+\infty} \int_{-\infty}^{+\infty} \left[ y - E(Y) \right]^2 f(x,y) \mathrm{d}x \mathrm{d}y$$

### 4.2.4　方差的性质

设 $X$ 为任一随机变量，其方差 $D(X)$ 存在，则有如下性质.

**性质 1**　常数的方差等于零，即 $D(C)=0$，其中 $C$ 为常数.

**证**　$D(C)=E\left[C-E(C)\right]^2 = E\,(C-C)^2 = 0.$

**性质 2**　常数与随机变量 $X$ 乘积的方差等于这常数的平方与随机变量 $X$ 的方差的乘积，即 $D(CX)=C^2 D(X)$，其中 $C$ 为常数.

**证**　$D(CX)=E\left[CX-E(CX)\right]^2 = E\left[CX-CE(X)\right]^2$
$$= E[C^2\,(X-E(X))^2] = C^2 E\left[X-E(X)\right]^2 = C^2 D(X)$$

**性质 3**　常数与随机变量 $X$ 的和的方差等于该随机变量 $X$ 的方差，即

$$D(X+C) = D(X)$$

**证**　$D(X+C)=E\left[(X+C)-E(X+C)\right]^2$
$$= E[X+C-E(X)-C]^2$$
$$= E[X-E(X)]^2 = D(X)$$

综合性质 2 和性质 3，可得

$$D(aX+b) = a^2 D(X)$$

其中 $a,b$ 为常数.

**性质 4**　若随机变量 $X$ 与 $Y$ 相互独立，则有

$$D(X \pm Y) = D(X) + D(Y) \tag{4.19}$$

**证**　$D(X \pm Y)=E\left[X \pm Y - E(X \pm Y)\right]^2$
$$= E\left[(X-E(X)) \pm (Y-E(Y))\right]^2$$
$$= E\,(X-E(X))^2 \pm 2E[(X-E(X))(Y-E(Y))] + E\,(Y-E(Y))^2$$

因为

$$E[(X-E(X))(Y-E(Y))] = E[(XY)-XE(Y)-YE(X)+E(X)E(Y)]$$
$$= E(XY)-E(Y)E(X)-E(X)E(Y)+E(X)E(Y)$$
$$= E(XY)-E(X)E(Y)$$
$$= E(X)E(Y)-E(X)E(Y) = 0$$

故

$$D(X \pm Y) = E\left[X-E(X)\right]^2 + E\left[Y-E(Y)\right]^2$$

即

$$D(X \pm Y) = D(X) + D(Y)$$

这个性质可以推广到 $n$ 个随机变量的情形,即若 $X_1, X_2, \cdots, X_n$ 相互独立,则有

$$D(X_1 \pm X_2 \pm \cdots \pm X_n) = D(X_1) + D(X_2) + \cdots + D(X_n) \tag{4.20}$$

这表明:对独立随机变量来说,它们之间无论是相加还是相减,其方差总是逐个累积起来,不可能有所减少.

**例 4.14** 设 $X \sim B(n, p)$,利用方差的性质求 $D(X)$.

**解** $X = X_1 + X_2 + \cdots + X_n$,其中 $X_1, X_2, \cdots, X_n$ 相互独立,且 $X_i \sim (0, 1)$ $(i = 1, 2, \cdots, n)$. 故

$$\begin{aligned} D(X) &= D(X_1 + X_2 + \cdots + X_n) \\ &= D(X_1) + D(X_2) + \cdots + D(X_n) \\ &= nD(X_1) = np(1-p) \end{aligned}$$

**例 4.15** 已知随机变量 $X_1, X_2, X_3$ 相互独立,且 $X_1 \sim U[0, 6]$,$X_2 \sim N(1, 3)$,$X_3$ 服从参数 $\lambda = 3$ 的指数分布,求 $Y = X_1 - 2X_2 + 3X_3$ 的数学期望、方差和标准差.

**解** 由数学期望和方差的运算性质,得

$$\begin{aligned} E(X_1 - 2X_2 + 3X_3) &= E(X_1) - 2E(X_2) + 3E(X_3) \\ &= 3 - 2 \times 1 + 3 \times \frac{1}{3} = 2 \end{aligned}$$

$$\begin{aligned} D(X_1 - 2X_2 + 3X_3) &= D(X_1) + 2^2 D(X_2) + 3^2 D(X_3) \\ &= \frac{6^2}{12} + 4 \times 3 + 9 \times \frac{1}{9} = 16 \end{aligned}$$

$$\sigma_Y = \sqrt{D(X_1 - 2X_2 + 3X_3)} = \sqrt{16} = 4$$

**例 4.16** 设 $X \sim N(\mu, \sigma^2)$,$P\{X \leqslant -5\} = 0.045$,$P\{X \leqslant 3\} = 0.618$,求 $E(4 - X^2)$,$D(2 - X)$.

**解** 因为

$$P\{X \leqslant -5\} = \Phi\left(\frac{-5 - \mu}{\sigma}\right) = 0.045$$

所以

$$1 - \Phi\left(\frac{5 + \mu}{\sigma}\right) = 0.045$$

即

$$\Phi\left(\frac{5 + \mu}{\sigma}\right) = 0.955$$

反查表 A2,得

$$\frac{5 + \mu}{\sigma} = 1.7 \tag{1}$$

又 $P\{X \leqslant 3\} = 0.618$,所以

$$\Phi\left(\frac{3-\mu}{\sigma}\right) = 0.618$$

反查表 A2,得

$$\frac{3-\mu}{\sigma} = 0.3 \tag{2}$$

由(1),(2)解得 $\mu = 1.8, \sigma = 4$. 即 $E(X) = 1.8, D(X) = 16$. 而

$$E(X^2) = D(X) + [E(X)]^2 = 19.24$$

所以

$$E(4 - X^2) = 4 - E(X^2) = 4 - 19.24 = -15.24$$
$$D(2 - X) = D(X) = 16$$

## 4.3　协方差和相关系数

随机变量 $(X, Y)$ 的数学期望和方差从不同方面刻画了 $X, Y$ 各自的特征,但却不能反映 $X$ 与 $Y$ 之间的关系. 为此,我们希望找到一个描述两个随机变量间的关联程度的量. 注意到前面在证明方差性质时,若 $X$ 与 $Y$ 相互独立,则

$$E[(X - E(X))(Y - E(Y))] = 0$$

这表明,若

$$E[(X - E(X))(Y - E(Y))] \neq 0$$

则 $X$ 与 $Y$ 不相互独立,从而启发我们引入一个新的数字特征.

### 4.3.1　协方差

**定义 4.8**　设 $X, Y$ 为两个随机变量,若 $E[(X - E(X))(Y - E(Y))]$ 存在,则称其为 $X$ 与 $Y$ 的协方差,并记为

$$\mathrm{Cov}(X, Y) = E[(X - E(X))(Y - E(Y))] \tag{4.21}$$

特别地,$\mathrm{Cov}(X, X) = D(X)$.

从协方差的定义可看出,它是 $X$ 的偏差"$X - E(X)$"与 $Y$ 的偏差"$Y - E(Y)$"乘积的数学期望. 由于偏差可正可负,故协方差也可正可负,也可为零.

在计算协方差时,经常用下面的计算公式:

$$\mathrm{Cov}(X, Y) = E(XY) - E(X)E(Y) \tag{4.22}$$

协方差有如下性质:

(1) 若 $X$ 与 $Y$ 相互独立,则 $\mathrm{Cov}(X, Y) = 0$.

(2) 对任意两个随机变量 $X, Y$,有

$$D(X \pm Y) = D(X) + D(Y) \pm 2\mathrm{Cov}(X, Y) \tag{4.23}$$

（3）$\mathrm{Cov}(X,Y)=\mathrm{Cov}(Y,X)$.

（4）$\mathrm{Cov}(aX,bY)=ab\mathrm{Cov}(X,Y)$（$a,b$ 为常数）.

（5）$\mathrm{Cov}(X+Y,Z)=\mathrm{Cov}(X,Z)+\mathrm{Cov}(Y,Z)$.

**例 4.17**　设二维随机向量 $(X,Y)$ 联合概率密度为

$$f(x,y)=\begin{cases}3x, & 0<y<x<1 \\ 0, & \text{其他}\end{cases}$$

求 $\mathrm{Cov}(X,Y)$.

**解**　由公式 $\mathrm{Cov}(X,Y)=E(XY)-E(X)E(Y)$，需先计算 $E(XY),E(X),E(Y)$ 的值，它们可直接由 $f(x,y)$ 求出.

$$E(X)=\int_{-\infty}^{+\infty}\mathrm{d}x\int_{-\infty}^{+\infty}xf(x,y)\mathrm{d}y=\int_0^1 x\mathrm{d}x\int_0^x 3x\mathrm{d}y=\int_0^1 3x^3\mathrm{d}x=\frac{3}{4}$$

$$E(Y)=\int_{-\infty}^{+\infty}\mathrm{d}y\int_{-\infty}^{+\infty}yf(x,y)\mathrm{d}x=\int_0^1\mathrm{d}x\int_0^x y\cdot 3x\mathrm{d}y=\int_0^1\frac{3}{2}x^3\mathrm{d}x=\frac{3}{8}$$

$$E(XY)=\int_{-\infty}^{+\infty}\mathrm{d}x\int_{-\infty}^{+\infty}xyf(x,y)\mathrm{d}y=\int_0^1\mathrm{d}x\int_0^x xy\cdot 3x\mathrm{d}y=\int_0^1\frac{3}{2}x^4\mathrm{d}x=\frac{3}{10}$$

因此,得

$$\mathrm{Cov}(X,Y)=\frac{3}{10}-\frac{3}{4}\times\frac{3}{8}=\frac{3}{160}$$

### 4.3.2　相关系数

协方差是有量纲的量,譬如 $X$ 表示人的身高,单位是 m,$Y$ 表示人的体重,单位是 kg,则协方差带有量纲 m·kg. 为了消除量纲的影响,对随机变量进行标准化,就得到下面一个新的概念.

**定义 4.9**　设 $X,Y$ 为两个随机变量,且 $D(X)>0,D(Y)>0$,则称

$$\rho_{X,Y}=\frac{\mathrm{Cov}(X,Y)}{\sqrt{D(X)}\cdot\sqrt{D(Y)}}=\frac{\mathrm{Cov}(X,Y)}{\sigma_X\sigma_Y} \tag{4.24}$$

为 $X$ 与 $Y$ 的相关系数.

相关系数具有以下性质:

（1）$|\rho_{X,Y}|\leqslant 1$;

（2）$|\rho_{X,Y}|=1$ 的充要条件是存在常数 $a(a\neq 0)$ 与 $b$,使得

$$P\{Y=aX+b\}=1$$

其中当 $\rho_{X,Y}=1$ 时,有 $a>0$; 当 $\rho_{X,Y}=-1$ 时,有 $a<0$.

由性质（1）和性质（2）可知,相关系数可作为随机变量 $X$ 与 $Y$ 之间线性关系密切程度的一种度量.

当 $\rho_{X,Y}=0$ 时,$X$ 与 $Y$ 不相关,即 $X$ 与 $Y$ 之间无线性关系,但可能有其他的函数关系,比如平方关系,对数关系等.

当 $|\rho_{X,Y}|=1$ 时,$X$ 与 $Y$ 之间存在完全的线性关系,即 $Y=aX+b$.

当 $0<|\rho_{X,Y}|<1$ 时,则称 $X$ 与 $Y$ 有"一定程度"的线性关系.$|\rho_{X,Y}|$ 越接近 1,则线性相关程度越高;$|\rho_{X,Y}|$ 越接近 0,则线性相关程度越低.

**例 4.18**　设 $(X,Y)$ 为连续型随机向量,$X$ 在 $[-1,1]$ 服从均匀分布,$Y=X^2$,求 $\rho_{X,Y}$.

**解**　$X$ 的概率密度为

$$f_X(x)=\begin{cases}\dfrac{1}{2}, & -1\leqslant x\leqslant 1\\[2mm] 0, & \text{其他}\end{cases}$$

所以 $E(X)=0$,

$$E(Y)=E(X^2)=\int_{-\infty}^{+\infty}x^2f_X(x)\,\mathrm{d}x=\frac{1}{2}\int_{-1}^{1}x^2\,\mathrm{d}x=\frac{1}{3}$$

$$E(XY)=E(X^3)=\int_{-\infty}^{+\infty}x^3f_X(x)\,\mathrm{d}x=\frac{1}{2}\int_{-1}^{1}x^3\,\mathrm{d}x=0$$

$$\mathrm{Cov}(X,Y)=E(XY)-E(X)E(Y)=0-0\times\frac{1}{3}=0$$

又

$$D(X)=\frac{(1-(-1))^2}{12}=\frac{1}{3}$$

$$E(Y^2)=E(X^4)=\int_{-\infty}^{+\infty}x^4f_X(x)\,\mathrm{d}x=\frac{1}{2}\int_{-1}^{1}x^4\,\mathrm{d}x=\frac{1}{5}$$

$$D(Y)=E(Y^2)-[E(Y)]^2=\frac{1}{5}-\left(\frac{1}{3}\right)^2=\frac{4}{45}$$

从而

$$\rho_{X,Y}=\frac{\mathrm{Cov}(X,Y)}{\sqrt{D(X)}\cdot\sqrt{D(Y)}}=0$$

即 $X$ 与 $Y$ 无线性关系,但 $X$ 与 $Y$ 之间却有函数关系 $Y=X^2$.

独立性与不相关性都是两个随机变量之间关系"不密切"的一种刻画,但两者概念却不同:$X$ 与 $Y$ 独立是指 $X$ 与 $Y$ 之间没有任何依赖关系;而 $X$ 与 $Y$ 不相关是指 $X$ 与 $Y$ 之间没有线性依赖关系,但可以有除线性关系之外的其他函数关系.因此,独立必不相关,但反之不然.显然独立性的要求比不相关的要求更苛刻.

### 4.3.3　二维正态分布的协方差与相关系数

若 $(X,Y)$ 服从二维正态分布 $N(\mu_1,\mu_2,\sigma_1^2,\sigma_2^2,\rho)$,由(3.25)式和(3.26)式知

$$E(X)=\mu_1,\quad E(Y)=\mu_2,\quad D(X)=\sigma_1^2,\quad D(Y)=\sigma_2^2$$

由协方差的定义得

$$\begin{aligned} \text{Cov}(X,Y) &= E\big[(X-E(X))(Y-E(Y))\big] \\ &= \int_{-\infty}^{+\infty}\int_{-\infty}^{+\infty}(x-\mu_1)(y-\mu_2)f(x,y)\mathrm{d}x\mathrm{d}y \\ &= \frac{1}{2\pi\sigma_1\sigma_2\sqrt{1-\rho^2}}\int_{-\infty}^{+\infty}\int_{-\infty}^{+\infty}(x-\mu_1)(y-\mu_2)\mathrm{e}^{-\frac{1}{2(1-\rho^2)}\left[\frac{(x-\mu_1)^2}{\sigma_1^2}-2\rho\frac{(x-\mu_1)(y-\mu_2)}{\sigma_1\sigma_2}+\frac{(y-\mu_2)^2}{\sigma_2^2}\right]}\mathrm{d}x\mathrm{d}y \\ &= \frac{1}{2\pi\sigma_1\sigma_2\sqrt{1-\rho^2}}\int_{-\infty}^{+\infty}\int_{-\infty}^{+\infty}(x-\mu_1)(y-\mu_2)\mathrm{e}^{-\frac{(x-\mu_1)^2}{2\sigma_1^2}}\mathrm{e}^{-\frac{1}{2(1-\rho^2)}\left(\frac{y-\mu_2}{\sigma_2}-\rho\frac{x-\mu_1}{\sigma_1}\right)^2}\mathrm{d}x\mathrm{d}y \end{aligned}$$

作变量代换,令

$$\begin{cases} u = \dfrac{1}{\sqrt{1-\rho^2}}\left(\dfrac{y-\mu_2}{\sigma_2}-\rho\dfrac{x-\mu_1}{\sigma_1}\right) \\ v = \dfrac{x-\mu_1}{\sigma_1} \end{cases}$$

则

$$\begin{aligned} \text{Cov}(X,Y) &= \frac{\sigma_1\sigma_2}{2\pi}\int_{-\infty}^{+\infty}\int_{-\infty}^{+\infty}(\sqrt{1-\rho^2}\,uv+\rho v^2)\mathrm{e}^{-\frac{u^2+v^2}{2}}\mathrm{d}u\mathrm{d}v \\ &= \frac{\sigma_1\sigma_2\sqrt{1-\rho^2}}{2\pi}\left(\int_{-\infty}^{+\infty}u\mathrm{e}^{-\frac{u^2}{2}}\mathrm{d}u\right)\left(\int_{-\infty}^{+\infty}v\mathrm{e}^{-\frac{v^2}{2}}\mathrm{d}v\right)+\frac{\rho\sigma_1\sigma_2}{2\pi}\left(\int_{-\infty}^{+\infty}\mathrm{e}^{-\frac{u^2}{2}}\mathrm{d}u\right)\left(\int_{-\infty}^{+\infty}v^2\mathrm{e}^{-\frac{v^2}{2}}\mathrm{d}v\right) \\ &= \frac{\rho\sigma_1\sigma_2}{\sqrt{2\pi}}\int_{-\infty}^{+\infty}v^2\mathrm{e}^{-\frac{v^2}{2}}\mathrm{d}v=\rho\sigma_1\sigma_2 \end{aligned}$$

所以,$X$ 与 $Y$ 的相关系数为

$$\rho_{X,Y} = \frac{\text{Cov}(X,Y)}{\sqrt{D(X)}\cdot\sqrt{D(Y)}} = \frac{\rho\sigma_1\sigma_2}{\sigma_1\sigma_2} = \rho$$

即 $X$ 与 $Y$ 的相关系数为参数 $\rho$,至此,二维正态分布的联合概率密度中的 5 个参数都有了明显的概率意义.

由定理 3.2 可知:若 $(X,Y)$ 服从二维正态分布,$X$ 与 $Y$ 相互独立的充要条件是 $\rho=0$,现又知参数 $\rho$ 即为 $X$ 与 $Y$ 的相关系数,所以对二维正态随机向量 $(X,Y)$ 来说,$X$ 与 $Y$ 独立和 $X$ 与 $Y$ 不相关是等价的.但对于一般的两个随机变量并不存在这种等价关系.

### 4.3.4　原点矩和中心矩

**定义 4.10**　设 $X$ 为任一随机变量,$k$ 为正整数,若 $E(X^k)$ 存在,则称其为 $X$ 的 $k$ 阶原点矩,记为 $a_k$,即

$$a_k = E(X^k), \quad k=1,2,\cdots$$

若 $E[X-E(X)]^k$ 存在,则称其为 $X$ 的 $k$ 阶中心矩,记为 $b_k$,即

$$b_k = E[X-E(X)]^k, \quad k=1,2,\cdots$$

显然,当 $k=1$ 时,$X$ 的一阶原点矩 $a_1=E(X)$ 是 $X$ 的数学期望;当 $k=2$ 时,$X$ 的二阶中心矩 $b_2=E[X-E(X)]^2$ 是 $X$ 的方差 $D(X)$.

**定义 4.11**　设 $(X,Y)$ 为二维随机向量,$k,l$ 为正整数,若 $E(X^kY^l)$ 存在,则称其为 $X$ 与 $Y$ 的 $k+l$ 阶混合矩.

若 $E[(X-E(X))^k(Y-E(Y))^l]$ 存在,则称其为 $X$ 与 $Y$ 的 $k+l$ 阶混合中心矩.

显然,当 $k=1,l=1$ 时,$X$ 与 $Y$ 的 2 阶混合中心矩是 $X$ 与 $Y$ 的协方差 $\mathrm{Cov}(X,Y)$.

# 习题四

## （A）

1. 设离散型随机变量 $X$ 的分布律如下表所示.

| $X$ | $-2$ | $0$ | $2$ |
|---|---|---|---|
| $P$ | 0.4 | 0.3 | 0.3 |

求 $E(X),E(X^2),E(3X^2+5)$.

2. 对某一目标进行射击,直至击中目标为止. 若每次击中目标的概率均为 $p(0<p<1)$,求:(1)射击次数为偶数的概率;(2)射击次数的数学期望.

3. 设随机变量 $X$ 服从二项分布 $B(n,p)$,求 $Y=\mathrm{e}^{kX}$ 的数学期望.

4. 假设一部机器在一天内发生故障的概率为 0.2,机器发生故障时全天停止工作. 若一周 5 个工作日里无故障,可获利润 10 万元;发生一次故障可获利润 5 万元;发生两次故障所获利润为 0 元;发生三次或三次以上故障就要亏损 2 万元. 求一周内期望利润是多少?

5. 设随机变量 $X$ 的概率密度为 $f(x)=\begin{cases}\dfrac{x}{\sigma^2}\mathrm{e}^{-\frac{x^2}{2\sigma^2}}, & x\geqslant 0 \\ 0, & x<0\end{cases}$,其中 $\sigma>0$ 为常数,求 $E(X)$.

6. 设随机变量 $X$ 的概率密度为 $f(x)=\dfrac{1}{2}\mathrm{e}^{-|x|}\ (-\infty<x<+\infty)$,求 $Y=|X|$ 的数学期望.

7. 设随机变量 $X$ 的概率密度为 $f(x)=\begin{cases}\mathrm{e}^{-x}, & x\geqslant 0 \\ 0, & x<0\end{cases}$,求下列随机变量的数学期望:
(1)$Y_1=2X$;(2)$Y_2=X^2$;(3)$Y_3=\mathrm{e}^{-2X}$.

8. 假设某公共汽车起点站于每小时的 10 分、50 分发车. 若乘客不知发车时间,在每小时内任一时刻到达该站是随机的,求乘客在该站候车时间的数学期望.

9. 已知$(X,Y)$的联合分布律如下表所示.

| X＼Y | 0 | 1 |
|------|------|------|
| 0 | $\frac{1}{3}$ | 0 |
| 1 | $\frac{1}{2}$ | $\frac{1}{6}$ |

求：(1)$(X,Y)$的数学期望；(2)$(X,Y)$的方差.

10. 设随机变量$U$服从参数为$\lambda=1$的指数分布,随机变量$X,Y$可表示为

$$X=\begin{cases}0, & U\leqslant 1\\ 1, & U>1\end{cases}, \quad Y=\begin{cases}0, & U\leqslant 2\\ 1, & U>2\end{cases}$$

求：(1)$(X,Y)$的联合分布律；(2)$E(X+Y)$.

11. 设$(X,Y)$的联合概率密度为

$$f(x,y)=\begin{cases}e^{-y}, & 0\leqslant x\leqslant 1,y>0\\ 0, & \text{其他}\end{cases}$$

求：(1)$(X,Y)$的数学期望；(2)$E(X+Y)$.

12. 设$X$在$[0,1]$上服从均匀分布,$Y\sim N(\mu,\sigma^2)$,$X$与$Y$相互独立,求$E(XY)$及$E[(X+Y)^2]$.

13. 设离散型随机变量$X$的分布律如下表所示.

| X | $-1$ | 0 | 1 | 2 |
|---|------|-----|-----|-----|
| P | 0.2 | 0.1 | 0.3 | 0.4 |

求随机变量$Y=2^X$的数学期望和标准差.

14. 设$X$的概率密度为

$$f(x)=\begin{cases}1+x, & -1\leqslant x<0\\ 1-x, & 0\leqslant x\leqslant 1\\ 0, & \text{其他}\end{cases}$$

求$E(X),D(X)$.

15. 设随机变量$X\sim N(\mu,\sigma^2)$,求$Y=|X-\mu|$的期望与方差.

16. 设随机变量$X$的期望为$E(X)$,方差为$D(X)$,称随机变量$X^*=\dfrac{X-E(X)}{\sqrt{D(X)}}$为$X$的标准化随机变量. 证明$E(X^*)=0,D(X^*)=1$.

17. 设某书店顾客购书金额服从正态分布,平均数为$8.72$元,均方差为$1.2$元. 某日该店有$42$人购书金额在$8.5$元以上,求这一天中在该店购书的总人数.

18. 求第 9 题中 $X$ 与 $Y$ 的协方差 $\text{Cov}(X,Y)$ 和相关系数 $\rho_{X,Y}$.

19. 设 $(X,Y)$ 的联合概率密度为

$$f(x,y) = \begin{cases} 6xy^2, & 0 < x < 1, 0 < y < 1 \\ 0, & \text{其他} \end{cases}$$

求 $\text{Cov}(X,Y)$.

20. 设随机变量 $X$ 与 $Y$ 的方差分别为 25 和 36,相关系数 $\rho_{X,Y} = 0.4$,求:(1) $D(X+Y)$;(2) $D(X-Y)$.

21. 设随机变量 $X$ 与 $Y$ 相互独立,且都服从标准正态分布,$U = 2X+Y$,$V = 2X-Y$,求相关系数 $\rho_{U,V}$.

22. 设 $(X,Y)$ 的联合概率密度为

$$f(x,y) = \begin{cases} \dfrac{1}{8}(x+y), & 0 \leqslant x \leqslant 2, 0 \leqslant y \leqslant 2 \\ 0, & \text{其他} \end{cases}$$

求 $\text{Cov}(X,Y)$ 及 $\rho_{X,Y}$.

## (B)

1. 判断题.

(1) 分布相同的随机变量,其数学期望也相同;反之,期望相同的随机变量,其分布也相同.

(2) 若 $X$ 与 $Y$ 不相关,则 $X$ 与 $Y$ 必相互独立.

(3) 若 $X$ 与 $Y$ 相互独立,则 $X$ 与 $Y$ 必不相关.

(4) 对不相关的随机变量来说,它们之间无论是相加还是相减,其方差总是逐个累积起来,不可能有所减少.

2. 填空题.

(1) 设随机变量 $X$ 只取 $-1, 0, 1$ 三个值,且相应的概率之比为 $1:2:3$,则 $E(X) = \underline{\qquad}$.

(2) 设 $X$ 表示 10 次独立射击中命中目标的次数,每次击中目标的概率为 0.4,则 $(X+1)^2$ 的期望为 $\underline{\qquad}$.

(3) 设 $X$ 在 $[-1,1]$ 上服从均匀分布,则 $E|X| = \underline{\qquad}$,$E\left(\dfrac{1}{X+2}\right) = \underline{\qquad}$,$D\left(\dfrac{1}{X+2}\right) = \underline{\qquad}$.

(4) 设 $X$ 服从参数为 $\lambda$ 的指数分布,且 $E(X^2) = \dfrac{2}{9}$,则 $\lambda = \underline{\qquad}$.

(5) 设随机变量 $X$ 服从参数为 1 的泊松分布,则 $P\{X = E(X^2)\} = \underline{\qquad}$.

(6) 设随机变量 $X$ 的概率分布为 $P\{X=k\} = \dfrac{C}{k!}$ $(k=0,1,2,\cdots)$,则 $E(X^2) = \underline{\qquad}$.

(7) 设随机变量 $X$ 的概率密度为

$$f(x) = \frac{1}{\sqrt{\pi}} e^{-x^2+2x-1}, \quad -\infty < x < +\infty$$

则 $E(X) = \underline{\hspace{2cm}}, D(X) = \underline{\hspace{2cm}}$.

(8) 若 $(X,Y)$ 的联合概率密度 $f(x,y) = \frac{1}{32\pi} e^{-\frac{25}{32}\left(\frac{x^2}{16}-\frac{3xy}{50}+\frac{y^2}{25}\right)}$，则 $(X,Y)$ 服从 $\underline{\hspace{2cm}}$ 分布，且 $E(X) = \underline{\hspace{2cm}}, E(Y) = \underline{\hspace{2cm}}, D(X) = \underline{\hspace{2cm}}, D(Y) = \underline{\hspace{2cm}}$，$\rho_{X,Y} = \underline{\hspace{2cm}}$.

(9) 设二维随机变量 $(X,Y)$ 服从 $N(\mu,\mu,\sigma^2,\sigma^2,0)$，则 $E(XY^2) = \underline{\hspace{2cm}}$.

3. 选择题.

(1) 现有 10 张奖券，其中 8 张为 2 元券，2 张为 5 元券，某人从中随机地无放回地抽取了 3 张，则此人得奖金额的数学期望为（　　）.

(A) 6；　　　　　　(B) 12；　　　　　　(C) 7.8；　　　　　　(D) 9.

(2) 设 $X \sim B(n,p)$，且 $E(X) = 2.4, D(X) = 1.44$，则 $n, p$ 分别为（　　）.

(A) $n=4, p=0.6$；　　　　　　　　(B) $n=6, p=0.4$；

(C) $n=8, p=0.3$；　　　　　　　　(D) $n=24, p=0.1$.

(3) 设随机变量 $X$ 的分布函数为

$$F(x) = \begin{cases} 1 - e^{-2x}, & x \geqslant 0 \\ 0, & x < 0 \end{cases}$$

且 $E(X) = \mu, \sqrt{D(X)} = \sigma$，则 $\mu$ 与 $\sigma$ 的关系为（　　）.

(A) $\mu = \sigma$；　　(B) $\mu = \sigma^2$；　　(C) $\mu^2 = \sigma$；　　(D) $\mu = \frac{1}{\sigma}$.

(4) 设随机变量 $X$ 与 $Y$ 相互独立，且 $E(X)$ 与 $E(Y)$ 存在，记 $U = \max\{X,Y\}$，$V = \min\{X,Y\}$，则 $E(UV)$ 等于（　　）.

(A) $E(U)E(V)$；　　　　　　　　(B) $E(X)E(Y)$；

(C) $E(U)E(Y)$；　　　　　　　　(D) $E(X)E(V)$.

(5) 设随机变量 $X$ 的分布函数为 $F(x) = 0.3\Phi(x) + 0.7\Phi\left(\frac{x-1}{2}\right)$，其中 $\Phi(x)$ 为标准正态分布函数，则 $E(X) = （　　）$.

(A) 0；　　　　(B) 0.3；　　　　(C) 0.7；　　　　(D) 1.

# 大数定律和中心极限定理

本章介绍的大数定律与中心极限定理是概率论中的基本定理,它们在概率统计的理论研究与应用中都十分重要. 前者以严格的数学形式表述了随机变量的平均结果及频率的稳定性;后者则论证了在相当广泛的条件下,大量独立的随机变量和的极限分布是正态分布,揭示了正态分布的重要性.

## 5.1　大数定律

为了证明大数定律,先介绍一个重要的不等式——切比雪夫不等式,它反映了随机变量离差与方差之间的关系.

**定理 5.1(切比雪夫不等式)**　设随机变量 $X$ 的数学期望 $E(X)$ 与方差 $D(X)$ 都存在,则对任意的 $\varepsilon > 0$,有

$$P\{\mid X - E(X)\mid \geqslant \varepsilon\} \leqslant \frac{D(X)}{\varepsilon^2} \tag{5.1}$$

或

$$P\{\mid X - E(X)\mid < \varepsilon\} \geqslant 1 - \frac{D(X)}{\varepsilon^2} \tag{5.2}$$

**证**　这里仅就连续型随机变量的情形给予证明,对于离散型随机变量亦可进行类似的证明.

设 $X$ 是一个连续型随机变量,其概率密度为 $f(x)$,则有

$$P\{\mid X - E(X)\mid \geqslant \varepsilon\} = \int_{\mid x - E(X)\mid \geqslant \varepsilon} f(x)\mathrm{d}x \leqslant \int_{\mid x - E(X)\mid \geqslant \varepsilon} \frac{[x - E(X)]^2}{\varepsilon^2} f(x)\mathrm{d}x$$

$$\leqslant \frac{1}{\varepsilon^2}\int_{-\infty}^{+\infty} [x - E(X)]^2 f(x)\mathrm{d}x = \frac{D(X)}{\varepsilon^2}$$

定理 5.1 说明:随机变量 $X$ 的方差越小,事件 $\{\mid X - E(X)\mid \geqslant \varepsilon\}$ 发生的概率就越小,即事件 $\{\mid X - E(X)\mid < \varepsilon\}$ 发生的概率就越大,随机变量 $X$ 的取值就越集中在它的数学期望 $E(X)$ 的附近. 另外,当方差 $D(X)$ 已知时,(5.1) 式给出了在随机变量 $X$ 的分布未知的情况下,对事件 $\{\mid X - E(X)\mid \geqslant \varepsilon\}$ 的概率进行估计的一种方法. 但是,也正是由于切比雪夫不

等式没有完整地利用随机变量的分布,因此它给出的估计值往往是比较粗糙的.

**例 5.1**　若随机变量 $X$ 服从正态分布 $N(\mu, \sigma^2)$,则由(5.1)式,有

$$P\{|X - \mu| \geqslant 3\sigma\} \leqslant \frac{D(X)}{(3\sigma)^2} = \frac{\sigma^2}{9\sigma^2} = \frac{1}{9} \approx 0.111 \tag{5.3}$$

而由第 2 章的例 2.21 可知

$$P\{|X - \mu| < 3\sigma\} \approx 0.9974$$

从而

$$P\{|X - \mu| \geqslant 3\sigma\} \approx 0.0026 \tag{5.4}$$

比较(5.3)式与(5.4)式可知,切比雪夫不等式给出的估计的精确度并不高.

在第 1 章中我们曾经提到过事件发生的频率具有稳定性,即随着试验次数的增大,事件发生的频率将逐渐稳定于一个确定的常数值的附近. 另外,在实践中人们还认识到大量测量值的算术平均值也具有稳定性,即平均结果的稳定性. 大数定律以严格的数学形式表示并证明了在一定的条件下,大量重复出现的随机现象呈现的统计规律性,即频率的稳定性与平均结果的稳定性.

为了叙述方便,这里先介绍独立同分布随机变量序列的概念.

称随机变量序列 $X_1, X_2, \cdots, X_n, \cdots$ 是相互独立的,若对任意的 $n > 1$,随机变量 $X_1, X_2, \cdots, X_n$ 是相互独立的. 此时,若 $X_1, X_2, \cdots, X_n, \cdots$ 又具有相同的分布,则称 $X_1, X_2, \cdots, X_n, \cdots$ 为独立同分布的随机变量序列.

**定义 5.1**　设 $X_1, X_2, \cdots, X_n, \cdots$ 是一个随机变量序列,$a$ 是一个常数,若对于任意的 $\varepsilon > 0$,有

$$\lim_{n \to \infty} P\{|X_n - a| < \varepsilon\} = 1 \tag{5.5}$$

则称随机变量序列 $X_1, X_2, \cdots, X_n, \cdots$ 依概率收敛于 $a$,记为

$$X_n \xrightarrow{P} a$$

**定理 5.2(切比雪夫大数定律)**　设 $X_1, X_2, \cdots, X_n, \cdots$ 是相互独立的随机变量序列,$E(X_i), D(X_i)(i = 1, 2, \cdots)$ 存在,并且存在常数 $C > 0$,使得

$$D(X_i) \leqslant C, \quad i = 1, 2, \cdots$$

则对于任意的 $\varepsilon > 0$,有

$$\lim_{n \to \infty} P\left\{\left|\frac{1}{n}\sum_{i=1}^{n} X_i - \frac{1}{n}\sum_{i=1}^{n} E(X_i)\right| < \varepsilon\right\} = 1. \tag{5.6}$$

**证**　由于 $X_1, X_2, \cdots, X_n, \cdots$ 相互独立,由数学期望与方差的性质可得

$$E\left(\frac{1}{n}\sum_{i=1}^{n} X_i\right) = \frac{1}{n}\sum_{i=1}^{n} E(X_i)$$

$$D\left(\frac{1}{n}\sum_{i=1}^{n} X_i\right) = \frac{1}{n^2}\sum_{i=1}^{n} D(X_i) \leqslant \frac{C}{n}$$

由切比雪夫不等式中的(5.2)式,有

$$P\left\{\left|\frac{1}{n}\sum_{i=1}^{n}X_i-\frac{1}{n}\sum_{i=1}^{n}E(X_i)\right|<\varepsilon\right\}\geqslant 1-\frac{D\left(\frac{1}{n}\sum_{i=1}^{n}X_i\right)}{\varepsilon^2}\geqslant 1-\frac{C}{n\varepsilon^2}$$

在上式中令 $n\to\infty$，并注意到概率不能大于 1，因此有

$$\lim_{n\to\infty}P\left\{\left|\frac{1}{n}\sum_{i=1}^{n}X_i-\frac{1}{n}\sum_{i=1}^{n}E(X_i)\right|<\varepsilon\right\}=1$$

切比雪夫大数定律是由俄国数学家切比雪夫在 1866 年论证得到的，它是大数定律的一个相当普遍的结论.

**推论** 设 $X_1,X_2,\cdots,X_n,\cdots$ 是独立同分布的随机变量序列，并且数学期望和方差都存在，且

$$E(X_i)=\mu,\quad D(X_i)=\sigma^2,\quad i=1,2,\cdots$$

则对于任意的 $\varepsilon>0$，有

$$\lim_{n\to\infty}P\left\{\left|\frac{1}{n}\sum_{i=1}^{n}X_i-\mu\right|<\varepsilon\right\}=1 \tag{5.7}$$

即

$$\frac{1}{n}\sum_{i=1}^{n}X_i\stackrel{P}{\longrightarrow}\mu$$

这一推论说明，大量测量值的算术平均值也具有稳定性. 它的直观含义是：如果我们要测量某一物理量 $\mu$，为了减少随机误差，往往在不变的条件下重复测量 $n$ 次，测得 $n$ 个观测值 $x_1,x_2,\cdots,x_n$，那么，由(5.7)式可知，只要 $n$ 足够大，用 $\frac{1}{n}\sum_{i=1}^{n}x_i$ 作为 $\mu$ 的估计值，所产生的误差是很小的.

**定理 5.3（伯努利大数定律）** 设 $n_A$ 是 $n$ 重伯努利试验中事件 $A$ 发生的次数，$p$ 是事件 $A$ 在每次试验中发生的概率，则对任意的 $\varepsilon>0$，有

$$\lim_{n\to\infty}P\left\{\left|\frac{n_A}{n}-p\right|<\varepsilon\right\}=1 \tag{5.8}$$

**证** 引入随机变量

$$X_i=\begin{cases}0,&\text{在第 }i\text{ 次试验中 }A\text{ 不发生}\\1,&\text{在第 }i\text{ 次试验中 }A\text{ 发生}\end{cases},\quad i=1,2,\cdots,n$$

显然有 $n_A=\sum_{i=1}^{n}X_i$. 由于 $X_i$ 只依赖于第 $i$ 次试验，而各次试验是相互独立的，因此 $X_1,X_2,\cdots,X_n$ 是 $n$ 个相互独立的随机变量，又因 $X_i$ 服从(0-1)分布，故有

$$E(X_i)=p,\quad D(X_i)=p(1-p),\quad i=1,2,\cdots,n$$

$$E\left(\frac{1}{n}\sum_{i=1}^{n}X_i\right)=p$$

由(5.7)式可知

$$\lim_{n \to \infty} P\left\{ \left| \frac{1}{n} \sum_{i=1}^{n} X_i - p \right| < \varepsilon \right\} = 1$$

即

$$\lim_{n \to \infty} P\left\{ \left| \frac{n_A}{n} - p \right| < \varepsilon \right\} = 1$$

伯努利大数定律表明,事件 $A$ 发生的频率 $\frac{n_A}{n}$ 依概率收敛于事件 $A$ 的概率. 此定理以严格的数学形式表达了频率的稳定性,即当 $n$ 很大时,事件 $A$ 发生的频率与其概率有较大偏差的可能性很小. 因此,在实际应用中,当试验次数很大时,可以用事件发生的频率作为该事件的概率的近似值.

伯努利大数定律是切比雪夫大数定律的特例. 这两个大数定律的证明都是以切比雪夫不等式为基础的,所以要求随机变量 $X_1, X_2, \cdots, X_n, \cdots$ 的方差存在. 而进一步的研究表明,方差存在这个条件并不是必要的,下面介绍一个独立同分布条件下的大数定律.

**定理 5.4(辛钦大数定律)**    设 $X_1, X_2, \cdots, X_n, \cdots$ 是独立同分布的随机变量序列,并且具有数学期望 $E(X_i) = \mu (i = 1, 2, \cdots)$,则对任意的 $\varepsilon > 0$,有

$$\lim_{n \to \infty} P\left\{ \left| \frac{1}{n} \sum_{i=1}^{n} X_i - \mu \right| < \varepsilon \right\} = 1 \tag{5.9}$$

证明略.

辛钦大数定律在应用中具有很重要的地位,它是数理统计中矩法估计的理论基础.

## 5.2    中心极限定理

正态分布在概率论与数理统计中占有很重要的地位,在自然现象中也极为常见. 在某些条件下,即使原来并不服从正态分布的一些独立的随机变量,当随机变量的个数无限增加时,它们的和的分布也趋于正态分布. 在概率论中,把有关论证随机变量和的极限分布为正态分布的一类定理称为中心极限定理.

许多观察表明,若一个随机变量是由大量的相互独立的随机因素的综合影响所形成的,而其中每个随机因素的单独作用是微小的,则这种随机变量通常服从或近似地服从正态分布.

**定理 5.5(林德伯格—列维中心极限定理)**    设 $X_1, X_2, \cdots, X_n, \cdots$ 是独立同分布的随机变量序列,且具有数学期望和方差 $E(X_i) = \mu$, $D(X_i) = \sigma^2 > 0$ $(i = 1, 2, \cdots)$,则对任意的实数 $x$,有

$$\lim_{n \to \infty} P\left\{ \frac{\sum_{i=1}^{n} X_i - n\mu}{\sqrt{n}\,\sigma} \leqslant x \right\} = \frac{1}{\sqrt{2\pi}} \int_{-\infty}^{x} \mathrm{e}^{-\frac{t^2}{2}} \mathrm{d}t = \Phi(x) \tag{5.10}$$

证明略.

此定理表明,不论 $X_1, X_2, \cdots, X_n, \cdots$ 原来服从什么分布,只要 $X_1, X_2, \cdots, X_n, \cdots$ 是独立同分布的随机变量序列,并且具有数学期望和方差(方差大于零),则当 $n$ 充分大时,随机变

量 $\dfrac{\sum\limits_{i=1}^{n} X_i - n\mu}{\sqrt{n}\,\sigma}$ 近似地服从标准正态分布.

由定理条件,我们又习惯的称定理 5.5 为独立同分布的中心极限定理.

在数理统计中我们将会看到,中心极限定理是大样本统计推断的理论基础.

**例 5.2** 一加法器同时收到 20 个噪声电压 $V_k (k=1,2,\cdots,20)$,假设它们是相互独立的随机变量,且都在区间 $(0,10)$ 上服从均匀分布. 记 $V = \sum\limits_{i=1}^{20} V_i$,求 $P\{V > 105\}$.

**解** 因为 $V_k$ 在区间 $(0,10)$ 上服从均匀分布,于是有

$$E(V_k) = 5, \quad D(V_k) = \frac{100}{12}, \quad k = 1,2,\cdots,20$$

由定理 5.5 知,随机变量

$$\frac{\sum\limits_{i=1}^{20} V_i - 20 \times 5}{\sqrt{20 \times 100/12}} = \frac{V - 100}{10\sqrt{5/3}}$$

近似地服从标准正态分布,故有

$$P\{V > 105\} = 1 - P\{V \leqslant 105\}$$
$$= 1 - P\left\{\frac{V-100}{10\sqrt{5/3}} \leqslant \frac{105-100}{10\sqrt{5/3}}\right\}$$
$$= 1 - P\left\{\frac{V-100}{10\sqrt{5/3}} \leqslant 0.387\right\}$$
$$\approx 1 - \Phi(0.387) = 0.348$$

下面介绍另一个中心极限定理,它是定理 5.5 的特殊情形.

**定理 5.6(棣莫弗—拉普拉斯中心极限定理)** 设在 $n$ 重伯努利试验中,事件 $A$ 在每次试验中发生的概率为 $p(0<p<1)$,$n_A$ 为 $n$ 次试验中事件 $A$ 出现的次数,则对任意的实数 $x$,有

$$\lim_{n \to \infty} P\left\{\frac{n_A - np}{\sqrt{np(1-p)}} \leqslant x\right\} = \frac{1}{\sqrt{2\pi}} \int_{-\infty}^{x} e^{-\frac{t^2}{2}} dt = \Phi(x) \tag{5.11}$$

**证** 由定理 5.3 的证明过程可知,$n_A$ 可以看成是 $n$ 个相互独立且均服从 $(0-1)$ 分布的随机变量 $X_1, X_2, \cdots, X_n$ 的和,即

$$n_A = \sum_{i=1}^{n} X_i$$

其中 $X_i (i=1,2,\cdots,n)$ 的分布律为

$$P\{X_i = k\} = p^k (1-p)^k, \quad k = 0,1$$

于是有

$$E(X_i) = p, \quad D(X_i) = p(1-p), \quad i = 1,2,\cdots,n$$

由定理 5.5 得

$$\lim_{n \to \infty} P\left\{ \frac{n_A - np}{\sqrt{np(1-p)}} \leqslant x \right\} = \lim_{n \to \infty} P\left\{ \frac{\sum_{i=1}^{n} X_i - np}{\sqrt{np(1-p)}} \leqslant x \right\} = \frac{1}{\sqrt{2\pi}} \int_{-\infty}^{x} e^{-\frac{t^2}{2}} dt = \Phi(x)$$

这里,在 $n$ 次试验中事件 $A$ 出现的次数 $n_A$ 显然服从二项分布 $B(n,p)$,故此定理表明:正态分布是二项分布的极限分布.

设随机变量 $X \sim B(n,p)$,对于任意实数 $x_1, x_2 (x_1 < x_2)$,当 $n$ 充分大时,有

$$P\{x_1 < X \leqslant x_2\} = P\left\{ \frac{x_1 - np}{\sqrt{npq}} < \frac{X - np}{\sqrt{npq}} \leqslant \frac{x_2 - np}{\sqrt{npq}} \right\}$$

$$\approx \Phi\left( \frac{x_2 - np}{\sqrt{npq}} \right) - \Phi\left( \frac{x_1 - np}{\sqrt{npq}} \right) \tag{5.12}$$

**例 5.3**    设电路供电网中有 10 000 盏灯,夜晚每一盏灯开着的概率都是 0.7,假定各盏灯开与关彼此无关,求夜晚同时开着的灯数在 6800～7200 之间的概率.

**解**    设同时开着的灯数为 $X$,则

$$X \sim B(10\,000, 0.7)$$
$$np = 10\,000 \times 0.7 = 7000$$
$$\sqrt{np(1-p)} = \sqrt{10\,000 \times 0.7 \times 0.3} = 45.826$$

由(5.12)式,有

$$P\{6800 \leqslant X \leqslant 7200\} \approx \Phi\left( \frac{7200 - 7000}{45.826} \right) - \Phi\left( \frac{6800 - 7000}{45.826} \right)$$
$$= \Phi(4.364) - \Phi(-4.364)$$
$$= 2\Phi(4.364) - 1 = 0.999\,99$$

**例 5.4**    一复杂系统由 100 个相互独立工作的部件组成,每个部件正常工作的概率为 0.9,已知整个系统中至少有 84 个部件正常工作,系统工作才能正常. 求系统正常工作的概率.

**解**    设 $X$ 为 100 个部件中正常工作的部件数,则

$$X \sim B(100, 0.9), \quad np = 100 \times 0.9 = 90, \quad \sqrt{np(1-p)} = \sqrt{100 \times 0.9 \times 0.1} = 3$$

所求概率为

$$P\{X \geqslant 84\} = 1 - P\{X < 84\} = 1 - P\left\{ \frac{X - 90}{3} < \frac{84 - 90}{3} \right\}$$
$$\approx 1 - \Phi(-2) = \Phi(2) = 0.977\,25$$

**例 5.5**    设某单位内部有 1000 台电话分机,每台分机有 5% 的时间要使用外线通话,假

定各个分机是否使用外线通话是相互独立的. 问该单位总机至少需要安装多少条外线, 才能以 95% 以上的概率保证每台分机需要使用外线时不被占用?

**解**　把观察每一台分机是否使用外线作为一次试验, 则各次试验相互独立. 设 $X$ 为 1000 台分机中同时使用外线的分机数, 则 $X \sim B(1000, 0.05)$. 于是有

$$np = 1000 \times 0.05 = 50, \qquad \sqrt{np(1-p)} = \sqrt{1000 \times 0.05 \times 0.95} = 6.892$$

根据题意, 要求使得

$$P\{0 \leqslant X \leqslant N\} \geqslant 0.95$$

成立的最小的正整数 $N$.

由 (5.12) 式, 有

$$P\{0 \leqslant X \leqslant N\} \approx \Phi\left(\frac{N-50}{6.892}\right) - \Phi\left(\frac{0-50}{6.892}\right) = \Phi\left(\frac{N-50}{6.892}\right) - \Phi(-7.255)$$

由于 $\Phi(-7.255) \approx 0$, 故有

$$P\{0 \leqslant X \leqslant N\} \approx \Phi\left(\frac{N-50}{6.892}\right) \geqslant 0.95$$

查标准正态分布函数表, 可得

$$\Phi(1.65) = 0.9505$$

取

$$\frac{N-50}{6.892} \geqslant 1.65$$

解得

$$N \geqslant 61.37$$

即该单位至少需要有 62 条外线, 才能以 95% 以上的概率保证每台分机需要使用外线时不被占用.

# 习题五

1. 设随机变量 $X$ 的方差为 2.5, 试利用切比雪夫不等式估计概率

$$P\{|X - E(X)| \geqslant 7.5\}$$

的值.

2. 在每次试验中, 事件 $A$ 发生的概率为 0.5, 利用切比雪夫不等式估计: 在 1000 次独立试验中, 事件 $A$ 发生的次数在 400~600 之间的概率.

3. 证明: 若随机变量序列 $X_1, X_2, \cdots, X_n, \cdots$ 满足条件

$$\lim_{n \to \infty} \frac{1}{n^2} D\left(\sum_{i=1}^{n} X_i\right) = 0$$

则对任意的 $\varepsilon > 0$, 有

$$\lim_{n \to \infty} P\left\{ \left| \frac{1}{n}\sum_{i=1}^{n} X_i - \frac{1}{n}\sum_{i=1}^{n} E(X_i) \right| < \varepsilon \right\} = 1$$

4. 对一本 20 万字的长篇小说进行排版,假定每个字被错排的概率为 $10^{-5}$,各个字是否被错排是相互独立的. 求这本小说出版后发现有 6 个以上错字的概率.

5. 用机器包装味精,每袋味精净重为随机变量,其期望值为 100g,标准差为 10g. 一箱内装 200 袋味精,求一箱味精净重大于 20 500g 的概率.

6. 某人要测量甲、乙两地之间的距离,限于测量工具,把它分成 1200 段来测量. 每段测量误差(单位:cm)服从区间 $[-0.5, 0.5]$ 上的均匀分布. 求总距离误差的绝对值超过 20cm 的概率.

7. 设某批产品的废品率为 $p = 0.005$,从这批产品中任取 10 000 件,求其中废品数不大于 70 的概率.

8. 有一批建筑房屋用的木柱,其中 80% 的长度不小于 3m,现从这批木柱中随机地抽取 100 根,问其中至少有 30 根短于 3m 的概率是多少?

9. 某计算机系统有 120 个终端,每个终端在 1h 内平均有 3min 在使用打印机,假定各终端使用打印机与否是相互独立的,求至少有 10 个终端同时使用打印机的概率.

10. 某车间有同型号机床 200 台,它们独立地工作着,每台开动的概率为 0.6,开动时耗电各为 1kW. 问电厂至少要供给该车间多少电力,才能以 99.9% 的概率保证用电需要?

11. 某工厂生产的产品成箱包装,每箱重量都是随机变量且它们独立同分布,其数学期望为 50kg,标准差为 5kg. 若用最大载重量为 5t 的汽车承运,试利用中心极限定理说明每辆车最多可以装多少箱,才能保证不超载的概率大于 0.997?

# 第 6 章

# 数理统计的基本概念

从本章起,我们进入这门课程的数理统计部分. 概率论与数理统计有密切的联系,概率论是数理统计的基础,数理统计是概率论的应用. 数理统计是研究如何合理地获取数据资料,并建立有效的数学方法,对数据资料进行处理,进而对随机现象的客观规律作出尽可能准确可靠的统计推断.

本章介绍数理统计的基本概念,主要有总体、样本、统计量、样本的数字特征及常用统计量的分布.

## 6.1 总体与样本

### 6.1.1 总体

总体是我们研究对象的全体. 每个研究对象为一个个体.

例如,某高校有关部门准备了解该校新生状况,那么该校全体新生就构成了一个总体. 把这里的每一个"新生"也称为个体,个体是构成总体的最基本单位. 在实际问题中,我们对总体中个体的关心并不在于个体本身,而在于个体的某些数量特征. 如:根据研究问题的不同,我们可能需要研究新生的家庭人均收入、入学成绩、身高、体重等.

又如要考察一批灯泡,则这批灯泡为一个总体,其中每一个灯泡为一个个体. 但是,实际上人们所关心的并不是这些灯泡本身,而是它的某个(某些)统计特征,如灯泡的使用寿命. 显然一批灯泡的使用寿命是一个随机变量,记为 $X$. 称 $X$ 为表征总体的随机变量. 以后我们将总体与表征总体的随机变量等同起来. 即数理统计中,总体就是一个随机变量,一个随机变量就是一个总体,并用大写字母 $X,Y$ 等表示. 当然,如果研究的是总体的两个或更多个统计特征,则总体为一个随机向量. 本书不涉及这方面内容.

如果表征总体的随机变量的分布函数为 $F(x)$,则称总体分布函数为 $F(x)$.

根据总体中所含个体的数量,可分为有限总体和无限总体.

### 6.1.2 样本

要对总体进行研究,如果对总体中的每个个体逐一考察,当然可以准确地获得总体的分布及其数字特征. 这种全面考察的方法一般称为普查. 但在实际工作中,这种普查的方法并不常用. 一方面,有些试验是破坏性的,如测试灯泡的使用寿命就是如此. 另一方面,虽然有些试验不是破坏性的,但普查要耗费巨大的人力物力,因此一般不采用普查的方法. 数理统计中更常用的方法是抽查,即从总体中随机地抽取一部分个体进行研究. 根据对这一部分个体的研究结果来推断总体某方面的特征.

从总体中随机抽取 $n$ 个个体,称之为总体 $X$ 的一个容量为 $n$ 的样本,记为 $X_1, X_2, \cdots, X_n$. 样本中所含个体的数目 $n$ 称为样本容量.

对总体进行 $n$ 次独立的重复观测,就是从总体中抽取容量为 $n$ 的样本. 由于试验(观测)的随机性,不难理解,样本 $X_1, X_2, \cdots, X_n$ 是随机变量. 例如,总体 $X$ 为一批灯泡的使用寿命,$X_1, X_2, \cdots, X_n$ 是从总体中抽取的样本. 其中 $X_i$ 表示第 $i$ 个灯泡的使用寿命. 由于抽取的随机性,故 $X_i(i=1,2,\cdots,n)$ 是随机变量. 但是,就一次具体的观测结果来说,$X_i$ 是取出的第 $i$ 个灯泡的使用寿命,因而它又是一个具体的数值. 因此,一般而言,总体 $X$ 的容量为 $n$ 的样本是 $n$ 维随机向量,记为 $X_1, X_2, \cdots, X_n$. 一次具体的观测结果,记为 $x_1, x_2, \cdots, x_n$,它是一组数据,称之为样本 $X_1, X_2, \cdots, X_n$ 的一次观测值.

抽取样本的目的是要根据样本的信息推断总体的某些特征. 因此,必须考虑如何从总体中抽取样本,才能使取出的样本在尽可能大的程度上反映总体的特征,同时又便于建立合理的数学方法对样本数据进行处理. 因此,从总体中抽取样本时必须是随机的,即每一个个体被抽取到的可能性都是相等的,而且各次抽取是相互独立的. 按照这两个原则抽取的样本 $X_1, X_2, \cdots, X_n$ 相互独立且其中每个分量 $X_i$ 都与总体 $X$ 有相同的分布.

**定义 6.1** 设 $X_1, X_2, \cdots, X_n$ 是总体 $X$ 的样本,如果 $X_1, X_2, \cdots, X_n$ 相互独立且每个分量 $X_i(i=1,2,\cdots,n)$ 都与总体 $X$ 有相同的分布,则称 $X_1, X_2, \cdots, X_n$ 为总体 $X$ 的简单随机样本,简称为样本.

如何能获得简单随机样本呢? 对于有限总体,要用有放回抽样的方法;对于无限总体,由于取出的个体放回与否并不改变总体的成分,即不改变总体的分布,因此可采用不放回抽样. 在实际应用中,当总体所含个体数目 $N$ 较大,而样本容量 $n$ 相对较小时,采用不放回抽样得到的样本,也可看作是简单随机样本.

本书中,样本均指简单随机样本. 对简单随机样本,可以应用概率论中关于独立随机变量的结论,这些结论为数理统计奠定了必要的基础.

设总体 $X$ 的分布函数为 $F(x)$,则取自总体 $X$ 的样本 $X_1, X_2, \cdots, X_n$ 的联合分布函数为

$$F(x_1, x_2, \cdots, x_n) = \prod_{i=1}^{n} F(x_i).$$

如果总体 $X$ 是连续型随机变量,其概率密度为 $f(x)$,则样本 $X_1, X_2, \cdots, X_n$ 的联合概

率密度为 $f(x_1,x_2,\cdots,x_n) = \prod\limits_{i=1}^{n} f(x_i).$

如果总体 $X$ 是离散型随机变量,其分布律记为 $f(x)$,即

$$P\{X=x\} \xlongequal{\text{def}} f(x), \quad P\{X=x_i\} \xlongequal{\text{def}} f(x_i), \quad i=1,2,\cdots,n$$

则样本 $X_1,X_2,\cdots,X_n$ 的联合分布律为 $f(x_1,x_2,\cdots,x_n) = \prod\limits_{i=1}^{n} f(x_i).$

**例 6.1**　设总体 $X$ 服从参数为 $\lambda(\lambda>0)$ 的泊松分布,则 $X$ 的分布律为

$$f(x) = P\{X=x\} = \frac{\lambda^x}{x!}\mathrm{e}^{-\lambda}, \quad x=0,1,2,\cdots$$

设 $X_1,X_2,\cdots,X_n$ 是来自总体 $X$ 的样本,则 $X_i$ 与 $X$ 有相同的分布,其分布律为

$$f(x_i) = \frac{\lambda^{x_i}}{x_i!}\mathrm{e}^{-\lambda}, \quad x_i=0,1,2,\cdots; \quad i=1,2,\cdots,n$$

样本的联合分布律为

$$f(x_1,x_2,\cdots,x_n) = \prod_{i=1}^{n} f(x_i) = \prod_{i=1}^{n} \frac{\lambda^{x_i}}{x_i!}\mathrm{e}^{-\lambda}$$

$$= \mathrm{e}^{-n\lambda} \frac{\lambda^{\sum\limits_{i=1}^{n} x_i}}{\prod\limits_{i=1}^{n} x_i!}, \quad x_i=0,1,2,\cdots$$

**例 6.2**　设总体 $X$ 服从正态分布 $N(\mu,\sigma^2)$,$X_1,X_2,\cdots,X_n$ 是总体 $X$ 的样本,求样本的联合概率密度.

**解**　总体 $X$ 的概率密度为

$$f(x) = \frac{1}{\sqrt{2\pi}\sigma}\mathrm{e}^{-\frac{(x-\mu)^2}{2\sigma^2}}$$

而 $X_1,X_2,\cdots,X_n$ 是总体 $X$ 的样本,所以 $X_i$ 的概率密度为

$$f(x_i) = \frac{1}{\sqrt{2\pi}\sigma}\mathrm{e}^{-\frac{(x_i-\mu)^2}{2\sigma^2}}, \quad i=1,2,\cdots,n$$

样本 $X_1,X_2,\cdots,X_n$ 的联合概率密度为

$$f(x_1,x_2,\cdots,x_n) = \prod_{i=1}^{n} f(x_i) = \prod_{i=1}^{n} \frac{1}{\sqrt{2\pi}\sigma}\mathrm{e}^{-\frac{(x_i-\mu)^2}{2\sigma^2}} = (2\pi\sigma^2)^{-\frac{n}{2}}\mathrm{e}^{-\frac{1}{2\sigma^2}\sum\limits_{i=1}^{n}(x_i-\mu)^2}$$

## 6.2　统计量

### 6.2.1　统计量的概念

样本是进行统计推断的依据.但在利用样本对总体进行推断时,却很少直接使用样本所提供的原始数据,而是针对所要解决的问题对样本进行加工处理,以便获得我们需要的有

关总体的信息. 这样便有了统计量的概念.

**定义 6.2** 设 $X_1, X_2, \cdots, X_n$ 是总体 $X$ 的样本, $g = g(X_1, X_2, \cdots, X_n)$ 是样本的函数, 若 $g$ 中不含任何未知参数, 则称 $g(X_1, X_2, \cdots, X_n)$ 是一个统计量.

显然, 统计量是随机变量. 当样本观测值为 $x_1, x_2, \cdots, x_n$ 时, 称 $g(x_1, x_2, \cdots, x_n)$ 为 $g(X_1, X_2, \cdots, X_n)$ 的一个观测值.

**例 6.3** 设总体 $X \sim N(\mu, \sigma^2)$, 其中 $\mu, \sigma^2$ 未知, $X_1, X_2, \cdots, X_n$ 是取自总体 $X$ 的一个样本, 则 $\frac{1}{n} \sum_{i=1}^{n} X_i$ 和 $X_1 + X_3^2$ 都是统计量, 而 $X_1 + X_2 - \mu$ 与 $\frac{X_1}{\sigma}$ 都不是统计量.

### 6.2.2 几个常用的统计量

下面是几个常用统计量. 设 $X_1, X_2, \cdots, X_n$ 是来自总体 $X$ 的样本.

(1) 称 $\overline{X} = \frac{1}{n} \sum_{i=1}^{n} X_i$ 为样本均值.

(2) 分别称 $S^2 = \frac{1}{n-1} \sum_{i=1}^{n} (X_i - \overline{X})^2$ 和 $S = \sqrt{S^2} = \sqrt{\frac{1}{n-1} \sum_{i=1}^{n} (X_i - \overline{X})^2}$ 为样本方差和样本标准差.

(3) 称 $A_k = \frac{1}{n} \sum_{i=1}^{n} X_i^k (k=1,2,\cdots)$ 为样本的 $k$ 阶原点矩, $B_k = \frac{1}{n} \sum_{i=1}^{n} (X_i - \overline{X})^k (k=1, 2, \cdots)$ 为样本的 $k$ 阶中心矩. 显然 $A_1 = \overline{X}$, $B_2 = \frac{n-1}{n} S^2$, 且

$$S^2 = \frac{1}{n-1} \sum_{i=1}^{n} (X_i - \overline{X})^2 = \frac{1}{n-1} \sum_{i=1}^{n} (X_i^2 - 2\overline{X}X_i + \overline{X}^2)$$

$$= \frac{1}{n-1} \left( \sum_{i=1}^{n} X_i^2 - n\overline{X}^2 \right) = \frac{n}{n-1} (A_2 - A_1^2)$$

**定义 6.3\*(顺序统计量)** 设 $X_1, X_2, \cdots, X_n$ 是总体 $X$ 的一个样本, 将样本的观测值由小到大排列并记为 $x_1^* \leqslant x_2^* \leqslant \cdots \leqslant x_n^*$, 现由样本建立 $n$ 个函数

$$X_k^* = X_k^*(X_1, X_2, \cdots, X_n), \quad k = 1, 2, \cdots, n$$

其中统计量 $X_k^*$ 的观测值为 $x_k^*$. $x_k^*$ 为样本 $X_1, X_2, \cdots, X_n$ 的观测值 $x_1, x_2, \cdots, x_n$ 中由小到大排列即满足 $(x_1^* \leqslant x_2^* \leqslant \cdots \leqslant x_n^*)$ 后的第 $k$ 个数值 $(k=1, 2, \cdots, n)$, 则称 $X_1^*, X_2^*, \cdots, X_n^*$ 为顺序统计量, 称 $X_k^*$ 为第 $k$ 项(个)顺序统计量.

$X_k^*$ 是样本 $X_1, X_2, \cdots, X_n$ 的这样一个函数: 不论样本 $X_1, X_2, \cdots, X_n$ 取怎样的观测值, $X_k^*$ 总取其中的 $x_k^*$ 作为它的观测值.

特别地, 记

$$X_1^* = \min\{X_1, X_2, \cdots, X_n\}, X_n^* = \max\{X_1, X_2, \cdots, X_n\}$$

称 $X_1^*$ 为最小顺序统计量，$X_n^*$ 为最大顺序统计量.

设总体 $X$ 的分布函数为 $F(x)$，$X_1,X_2,\cdots,X_n$ 为总体 $X$ 的样本，将 $X_n^*$ 的分布函数记为 $F_n(x)$，则有

$$
\begin{aligned}
F_n(x) &= P\{X_n^* \leqslant x\} = P\{\max\{X_1,X_2,\cdots,X_n\} \leqslant x\} \\
&= P\{X_1 \leqslant x, X_2 \leqslant x, \cdots, X_n \leqslant x\} = \prod_{i=1}^{n} P\{X_i \leqslant x\} \\
&= [F(x)]^n
\end{aligned}
$$

将 $X_1^*$ 的分布函数记为 $F_1(x)$，则有

$$
\begin{aligned}
F_1(x) &= P\{X_1^* \leqslant x\} = 1 - P\{X_1^* > x\} \\
&= 1 - P\{\min\{X_1,X_2,\cdots,X_n\} > x\} = 1 - \prod_{i=1}^{n} P\{X_i > x\} \\
&= 1 - \prod_{i=1}^{n} (1 - P\{X_i \leqslant x\}) = 1 - (1 - F(x))^n
\end{aligned}
$$

**定义 6.4**\* **（经验分布函数）**　设总体 $X$ 的分布函数为 $F(x)$，$X_1,X_2,\cdots,X_n$ 为总体 $X$ 的样本，$x_1^*,x_2^*,\cdots,x_n^*$ 是顺序统计量 $X_1^*,X_2^*,\cdots,X_n^*$ 的观测值. 对任意实数 $x$，定义函数

$$
F_n^*(x) = \begin{cases}
0, & x < x_1^* \\
\dfrac{k}{n}, & x_k^* \leqslant x < x_{k+1}^*, \quad k = 1,2,\cdots,n-1 \\
1, & x \geqslant x_n^*
\end{cases}
$$

称 $F_n^*(x)$ 为总体 $X$ 的经验分布函数（或样本分布函数），见图 6-1.

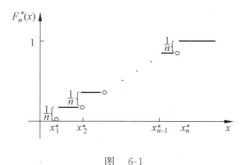

图　6-1

对于样本的每一次观测值，$F_n^*(x)$ 是实数 $x$ 的函数，而对于每个固定的实数 $x$，$F_n^*(x)$ 依赖于样本观测值，即它是样本的函数，因而 $F_n^*(x)$ 是一个统计量.

显然，经验分布函数 $F_n^*(x)$ 具有分布函数的各种性质：$F_n^*(x)$ 是 $x$ 的单调不减函数；在点 $x_k^*(k=1,2,\cdots,n)$ 处间断，且在间断点右连续；$F_n^*(+\infty)=1$，$F_n^*(-\infty)=0$. 即 $F_n^*(x)$ 是一个离散型随机变量的分布函数.

大数定律阐述了在一定条件下，一个事件发生的频率依概率收敛于它发生的概率.

$F_n^*(x)$ 是事件 $\{X \leqslant x\}$ 在 $n$ 次独立观测中发生的频率,因此,$F_n^*(x)$ 依概率收敛于事件 $\{X \leqslant x\}$ 发生的概率 $F(x)$. 即对于任意给定的正数 $\varepsilon$,有

$$\lim_{n \to \infty} P\{|F_n^*(x) - F(x)| < \varepsilon\} = 1$$

成立. 这说明,当样本容量 $n$ 充分大时,经验分布函数 $F_n^*(x)$ 将近似等于总体分布函数 $F(x)$. 这是数理统计中由样本推断总体的依据.

## 6.3 抽样分布

统计量的分布称为抽样分布.

在许多数理统计问题中,需要知道样本的数字特征及它们的某些函数的精确分布. 本节仅就正态总体给出有关结论.

### 6.3.1 样本均值的分布

**定理 6.1** 设 $X_1, X_2, \cdots, X_n$ 是 $n$ 个相互独立的随机变量,$X_i \sim N(\mu_i, \sigma_i^2)(i = 1, 2, \cdots, n)$,$C_1, C_2, \cdots, C_n$ 是一组不全为零的实常数,则

$$\sum_{i=1}^{n} C_i X_i \sim N\left(\sum_{i=1}^{n} C_i \mu_i, \sum_{i=1}^{n} C_i^2 \sigma_i^2\right) \tag{6.1}$$

证明略.

**推论** 设 $X_1, X_2, \cdots, X_n$ 为来自正态总体 $X \sim N(\mu, \sigma^2)$ 的样本,则

(1) $\overline{X} = \dfrac{1}{n} \sum_{i=1}^{n} X_i \sim N\left(\mu, \dfrac{\sigma^2}{n}\right)$; $\tag{6.2}$

(2) $U = \dfrac{\overline{X} - \mu}{\sigma / \sqrt{n}} \sim N(0, 1)$. $\tag{6.3}$

**证** 由于 $X_1, X_2, \cdots, X_n$ 是总体 $X$ 的样本,故 $X_1, X_2, \cdots, X_n$ 相互独立,且与总体 $X$ 有相同的分布. 即有

$$X_i \sim N(\mu, \sigma^2), \quad i = 1, 2, \cdots, n$$

于是,根据定理 6.1 可知 $\overline{X} = \dfrac{1}{n} \sum_{i=1}^{n} X_i$ 服从正态分布 $\overline{X} \sim N\left(\mu, \dfrac{\sigma^2}{n}\right)$,(6.2) 式得证.

由定理 2.4 可知 (6.3) 式成立.

由 (6.2) 式可知,样本均值 $\overline{X}$ 的数学期望与总体的数学期望相等,而方差是总体方差的 $\dfrac{1}{n}$. 因此,样本容量 $n$ 越大,$\overline{X}$ 的观测值就越向总体的数学期望集中.

**例 6.4** 设总体 $X$ 服从正态分布 $N(\mu, \sigma^2)$,$X_1, X_2, \cdots, X_n (n > 1)$ 是总体 $X$ 的样本. 设

$$P_1 = P\{|\overline{X} - \mu| < \sigma\}, P_2 = P\{|X - \mu| < \sigma\}$$

试确定 $P_1$ 与 $P_2$ 的大小关系.

**解**　由于 $\overline{X} \sim N\left(\mu, \dfrac{\sigma^2}{n}\right)$，所以

$$P_1 = P\{|\overline{X} - \mu| < \sigma\} = P\left\{-\sqrt{n} < \frac{\overline{X} - \mu}{\sigma/\sqrt{n}} < \sqrt{n}\right\} = 2\Phi(\sqrt{n}) - 1$$

而

$$P_2 = P\{|X - \mu| < \sigma\} = P\left\{-1 < \frac{X - \mu}{\sigma} < 1\right\} = 2\Phi(1) - 1$$

当 $n > 1$ 时，$\Phi(\sqrt{n}) > \Phi(1)$，所以 $P_1 > P_2$.

**例 6.5**　设总体 $X \sim N(72, 10^2)$，为使样本均值 $\overline{X}$ 大于 70 的概率不小于 0.9，则样本容量 $n$ 至少应取多少？

**解**　设样本容量为 $n$，则

$$P\{\overline{X} > 70\} = P\left\{\frac{\overline{X} - \mu}{\frac{\sigma}{\sqrt{n}}} > \frac{70 - \mu}{\frac{\sigma}{\sqrt{n}}}\right\} = 1 - P\left\{\frac{\overline{X} - 72}{\frac{10}{\sqrt{n}}} \leqslant \frac{-2\sqrt{n}}{10}\right\}$$

$$= 1 - \Phi\left(\frac{-\sqrt{n}}{5}\right) = \Phi\left(\frac{\sqrt{n}}{5}\right) \geqslant 0.9$$

查表得 $\dfrac{\sqrt{n}}{5} \geqslant 1.29$，$n \geqslant 41.6$，故应取 $n = 42$.

**例 6.6**　设总体 $X \sim N(1, 0.3^2)$，为使样本均值 $\overline{X}$ 满足 $P\{0.9 \leqslant \overline{X} \leqslant 1.1\} \geqslant 0.9$，则样本容量 $n$ 至少应取多少？

**解**　因为

$$X \sim N(1, 0.3^2), \quad \overline{X} = \frac{1}{n}\sum_{i=1}^{n} X_i \sim N\left(1, \frac{0.3^2}{n}\right)$$

$$P\{0.9 \leqslant \overline{X} \leqslant 1.1\} = P\left\{\frac{0.9 - 1}{\frac{0.3}{\sqrt{n}}} \leqslant \frac{\overline{X} - 1}{\frac{0.3}{\sqrt{n}}} \leqslant \frac{1.1 - 1}{\frac{0.3}{\sqrt{n}}}\right\} = P\left\{-\frac{\sqrt{n}}{3} \leqslant \frac{\overline{X} - 1}{\frac{0.3}{\sqrt{n}}} \leqslant \frac{\sqrt{n}}{3}\right\}$$

$$= \Phi\left(\frac{\sqrt{n}}{3}\right) - \Phi\left(-\frac{\sqrt{n}}{3}\right) \geqslant 0.90$$

所以 $\Phi\left(\dfrac{\sqrt{n}}{3}\right) \geqslant 0.95$，查表得 $\dfrac{\sqrt{n}}{3} \geqslant 1.645$，$n \geqslant 24.235$，故应取 $n = 25$.

## 6.3.2　$\chi^2$ 分布

**定义 6.5**　设 $X_1, X_2, \cdots, X_n$ 为来自标准正态总体 $N(0,1)$ 的样本，即 $X_1, X_2, \cdots, X_n$ 相互独立且均服从标准正态分布. 称随机变量 $\chi^2 = X_1^2 + X_2^2 + \cdots + X_n^2$ 服从自由度为 $n$ 的 $\chi^2$ 分布，记为

$$\chi^2 = \sum_{i=1}^{n} X_i^2 \sim \chi^2(n)$$

其中自由度 $n$ 是指和式 $\sum_{i=1}^{n} X_i^2$ 中独立取值的随机变量的个数,它是 $\chi^2$ 分布的参数.

可以证明,自由度为 $n$ 的 $\chi^2$ 分布的概率密度为

$$f(x) = \begin{cases} \dfrac{1}{2^{\frac{n}{2}} \Gamma\left(\dfrac{n}{2}\right)} x^{\frac{n}{2}-1} \mathrm{e}^{-\frac{x}{2}}, & x > 0 \\ 0, & x \leqslant 0 \end{cases} \tag{6.4}$$

关于 $\chi^2$ 分布的概率密度图形可见图 6-2.

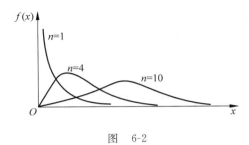

图    6-2

由图 6-2 可以看出,$f(x)$ 的图形在第一象限(当 $x \leqslant 0$ 时,$f(x)=0$)以 $x$ 轴为渐近线,是一条单峰的不对称的曲线($n>1$ 时),并且,概率密度曲线的形状依赖于 $n$. 随着 $n$ 的增大,$f(x)$ 的图形趋于对称.

设 $\chi^2 \sim \chi^2(n)$,则 $E(\chi^2)=n,D(\chi^2)=2n$.

事实上,由于 $X_i \sim N(0,1)$,故有

$$E(X_i^2) = D(X_i) + E^2(X_i) = 1$$

$$E(X_i^4) = \int_{-\infty}^{+\infty} x^4 \cdot \frac{1}{\sqrt{2\pi}} \mathrm{e}^{-\frac{x^2}{2}} \mathrm{d}x = 3$$

$$D(X_i^2) = E(X_i^4) - E^2(X_i^2) = 3 - 1 = 2, \quad i = 1,2,\cdots,n$$

所以有

$$E(\chi^2) = E\left(\sum_{i=1}^{n} X_i^2\right) = \sum_{i=1}^{n} E(X_i^2) = n$$

$$D(\chi^2) = D\left(\sum_{i=1}^{n} X_i^2\right) = \sum_{i=1}^{n} D(X_i^2) = 2n$$

此外,$\chi^2$ 分布还具有可加性:设 $X \sim \chi^2(n),Y \sim \chi^2(m)$,且 $X$ 与 $Y$ 相互独立,则 $X+Y \sim \chi^2(m+n)$.

$\chi^2$ 分布的上侧临界值:设 $\chi^2 \sim \chi^2(n)$,对于给定的正数 $\alpha,0<\alpha<1$,称满足条件

$P\{\chi^2 > \chi_\alpha^2(n)\} = \alpha$ 的数值 $\chi_\alpha^2(n)$ 为 $\chi^2$ 分布的 $\alpha$ 水平上侧临界值（上侧分位数），见图 6-3. 自由度为 $n$ 的 $\chi^2$ 分布的随机变量取值大于 $\chi_\alpha^2(n)$ 的概率与图中阴影部分的面积值相等.

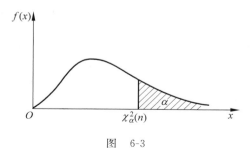

图　6-3

对于不同的 $\alpha, n, \chi^2$ 分布的 $\alpha$ 水平上侧临界值 $\chi_\alpha^2(n)$ 已制成数表，可供查用（见表 A3）.

**例 6.7**　设 $X_1, X_2, \cdots, X_n$ 相互独立，都服从 $N(\mu, \sigma^2)$，则

$$\frac{1}{\sigma^2} \sum_{i=1}^{n} (X_i - \mu)^2 \sim \chi^2(n)$$

**证**　令 $Y_i = \dfrac{X_i - \mu}{\sigma}(i = 1, 2, \cdots, n)$，则 $\dfrac{1}{\sigma^2} \sum_{i=1}^{n} (X_i - \mu)^2 = \sum_{i=1}^{n} Y_i^2$. 又因为 $X_i \sim N(\mu, \sigma^2)$，

所以 $Y_i \sim N(0, 1)$，且 $Y_1, Y_2, \cdots, Y_n$ 相互独立. 所以 $\dfrac{1}{\sigma^2} \sum_{i=1}^{n} (X_i - \mu)^2 \sim \chi^2(n)$.

**例 6.8**　设 $\chi^2 \sim \chi^2(8)$. 试确定 $\lambda_1, \lambda_2$ 的值，使之满足

(1) $P\{\chi^2 > \lambda_1\} = 0.05$；　　　　(2) $P\{\chi^2 < \lambda_2\} = 0.05$.

**解**　(1) 依题意，$n = 8, \alpha = 0.05$，查表 A3 得 $\lambda_1 = \chi_{0.05}^2(8) = 15.5$.

(2) 由 $P\{\chi^2 < \lambda_2\} = 0.05$ 得 $P\{\chi^2 > \lambda_2\} = 1 - 0.05 = 0.95, n = 8, \alpha = 0.95$，查表 A3 得 $\lambda_2 = \chi_{0.95}^2(8) = 2.73$.

**定理 6.2**　设总体 $X$ 服从 $N(\mu, \sigma^2)$，$X_1, X_2, \cdots, X_n$ 是总体 $X$ 的样本，则

(1) $\overline{X}$ 与 $S^2$ 相互独立；

(2) $\dfrac{1}{\sigma^2} \sum_{i=1}^{n} (X_i - \overline{X})^2$ 服从自由度为 $n-1$ 的 $\chi^2$ 分布，即

$$\chi^2 = \frac{1}{\sigma^2} \sum_{i=1}^{n} (X_i - \overline{X})^2 \sim \chi^2(n-1) \tag{6.5}$$

证明略.

(6.5) 式也可写成

$$\chi^2 = \frac{(n-1)S^2}{\sigma^2} \sim \chi^2(n-1) \tag{6.6}$$

定理 6.2 给出了样本方差的分布,并指出了样本均值与样本方差的独立性. 关于(6.5)式中的自由度作如下说明:

在平方和 $\sum\limits_{i=1}^{n}(X_i-\overline{X})^2$ 中,虽然 $X_1,X_2,\cdots,X_n$ 相互独立,但是,由于 $n$ 个变量 $X_1-\overline{X}$,

$X_2-\overline{X},\cdots,X_n-\overline{X}$ 之间存在且仅存在一个线性约束条件 $\sum\limits_{i=1}^{n}(X_i-\overline{X})=0$. 由线性方程组的理

论可知,独立变量的个数是 $n-1$($n-1$ 个自由未知量). 因而平方和 $\dfrac{1}{\sigma^2}\sum\limits_{i=1}^{n}(X_i-\overline{X})^2$ 的自由

度是 $n-1$.

### 6.3.3　$t$ 分布

**定义 6.6**　设随机变量 $X\sim N(0,1),Y\sim\chi^2(n)$,并且 $X$ 与 $Y$ 相互独立. 称随机变量 $t=$

$\dfrac{X}{\sqrt{Y/n}}$ 服从自由度为 $n$ 的 $t$ 分布,记为 $t\sim t(n)$.

可以证明,自由度为 $n$ 的 $t$ 分布的概率密度为

$$f(x)=\frac{\Gamma\left(\dfrac{n+1}{2}\right)}{\sqrt{n\pi}\,\Gamma\left(\dfrac{n}{2}\right)}\left(1+\frac{x^2}{n}\right)^{-\frac{n+1}{2}},\quad -\infty<x<+\infty \tag{6.7}$$

$t$ 分布的概率密度的图形关于 $y$ 轴对称,见图 6-4.

可以证明当 $n$ 充分大时,$t$ 分布的极限分布就是标准正态分布. 即

$$\lim_{n\to\infty}f(x)=\frac{1}{\sqrt{2\pi}}e^{-\frac{x^2}{2}}$$

实际上,当 $n\geqslant 30$ 时,$t$ 分布与标准正态分布的差别已经很小了.

$t$ 分布的上侧临界值:设随机变量 $t\sim t(n)$,对于给定的正数 $\alpha(0<\alpha<1)$,称满足条件 $P\{t>t_\alpha(n)\}=\alpha$ 的数值 $t_\alpha(n)$ 为 $t$ 分布的 $\alpha$ 水平上侧临界值(上侧分位数),见图 6-5. 自由度为 $n$ 的 $t$ 分布的随机变量取值大于 $t_\alpha(n)$ 的概率与图中阴影部分的面积值相等.

对于不同的 $n,\alpha,t$ 分布的 $\alpha$ 水平上侧临界值已制成数表(见表 A4).

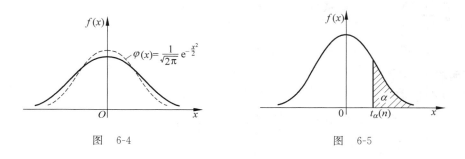

图　6-4　　　　　　　　　　　　　图　6-5

**例 6.9**　已知 $t \sim t(14)$. 试确定 $\lambda_1, \lambda_2$ 的值,使之满足

(1) $P\{t > \lambda_1\} = 0.05$；　　(2) $P\{|t| < \lambda_2\} = 0.95$.

**解**　(1) 依题意,$n = 14, \alpha = 0.05$,查表 A4 得 $\lambda_1 = t_{0.05}(14) = 1.7613$.

(2) 已知 $P\{|t| < \lambda_2\} = 0.95$,由 $t$ 分布密度曲线的对称性可得

$$P\{t > \lambda_2\} = \frac{1 - 0.95}{2} = 0.025$$

查表 A4,其中 $n = 14, \alpha = 0.025$,得 $\lambda_2 = t_{0.025}(14) = 2.1448$.

**定理 6.3**　设 $X_1, X_2, \cdots, X_n$ 为来自正态总体 $N(\mu, \sigma^2)$ 的样本,$\overline{X}, S^2$ 分别为样本均值和样本方差. 则

$$t = \frac{\overline{X} - \mu}{S / \sqrt{n}} \sim t(n-1). \tag{6.8}$$

**证**　由(6.3)式可知

$$U = \frac{\overline{X} - \mu}{\sigma / \sqrt{n}} \sim N(0, 1)$$

又由定理 6.2 可知

$$\chi^2 = \frac{(n-1)S^2}{\sigma^2} \sim \chi^2(n-1)$$

且 $\overline{X}$ 与 $S^2$ 相互独立,故 $U$ 与 $\chi^2$ 相互独立.

根据定义 6.6 可得

$$t = \frac{U}{\sqrt{\chi^2 / (n-1)}} = \frac{\overline{X} - \mu}{S / \sqrt{n}} \sim t(n-1)$$

**定理 6.4**　设总体 $X$ 服从正态分布 $N(\mu_1, \sigma^2)$,总体 $Y$ 服从正态分布 $N(\mu_2, \sigma^2)$,$X_1, X_2, \cdots, X_{n_1}$ 与 $Y_1, Y_2, \cdots, Y_{n_2}$ 分别是总体 $X$ 和总体 $Y$ 的样本,并设两样本独立,则

$$t = \frac{(\overline{X} - \overline{Y}) - (\mu_1 - \mu_2)}{\sqrt{\dfrac{(n_1-1)S_1^2 + (n_2-1)S_2^2}{n_1 + n_2 - 2}} \sqrt{\dfrac{1}{n_1} + \dfrac{1}{n_2}}} \sim t(n_1 + n_2 - 2) \tag{6.9}$$

其中 $\overline{X} = \dfrac{1}{n_1} \sum\limits_{i=1}^{n_1} X_i, \overline{Y} = \dfrac{1}{n_2} \sum\limits_{i=1}^{n_2} Y_i$ 分别为两个样本的样本均值；$S_1^2 = \dfrac{1}{n_1 - 1} \sum\limits_{i=1}^{n_1} (X_i - \overline{X})^2$,

$S_2^2 = \dfrac{1}{n_2 - 1} \sum\limits_{i=1}^{n_2} (Y_i - \overline{Y})^2$ 分别为两个样本的样本方差.

**证**　由定理 6.1 及其推论知

$$\overline{X} \sim N\left(\mu_1, \frac{\sigma^2}{n_1}\right), \quad \overline{Y} \sim N\left(\mu_2, \frac{\sigma^2}{n_2}\right)$$

由于两样本相互独立,所以 $\overline{X}$ 与 $\overline{Y}$ 相互独立. 于是

$$U = \frac{(\overline{X} - \overline{Y}) - (\mu_1 - \mu_2)}{\sqrt{\sigma^2 / n_1 + \sigma^2 / n_2}} \sim N(0, 1)$$

又由定理 6.2 可知

$$\chi_1^2 = \frac{(n_1-1)S_1^2}{\sigma^2} \sim \chi^2(n_1-1), \chi_2^2 = \frac{(n_2-1)S_2^2}{\sigma^2} \sim \chi^2(n_2-1)$$

由于两样本相互独立，因而 $\chi_1^2$ 与 $\chi_2^2$ 相互独立．根据 $\chi^2$ 分布的可加性有

$$\chi_1^2 + \chi_2^2 = \frac{(n_1-1)S_1^2 + (n_2-1)S_2^2}{\sigma^2} \sim \chi^2(n_1+n_2-2)$$

根据定理 6.2，$\overline{X}$ 与 $S_1^2$ 相互独立，$\overline{Y}$ 与 $S_2^2$ 相互独立．于是 $U$ 与 $\chi_1^2 + \chi_2^2$ 相互独立．再由定义 6.6 可得，随机变量 $t$ 为

$$t = \frac{U}{\sqrt{\dfrac{\chi_1^2 + \chi_2^2}{n_1+n_2-2}}}$$

$$= \frac{(\overline{X}-\overline{Y}) - (\mu_1-\mu_2)}{\sqrt{\dfrac{(n_1-1)S_1^2 + (n_2-1)S_2^2}{n_1+n_2-2}} \cdot \sqrt{\dfrac{1}{n_1} + \dfrac{1}{n_2}}} \sim t(n_1+n_2-2)$$

### 6.3.4  F 分布

**定义 6.7**  设随机变量 $X$ 与 $Y$ 相互独立，且 $X \sim \chi^2(n_1)$，$Y \sim \chi^2(n_2)$．则称随机变量 $F = \dfrac{X/n_1}{Y/n_2}$ 服从第一自由度为 $n_1$，第二自由度为 $n_2$ 的 F 分布，记为 $F \sim F(n_1,n_2)$．

显然，若 $F \sim F(n_1,n_2)$，则 $\dfrac{1}{F} \sim F(n_2,n_1)$．

可以证明，F 分布的概率密度为

$$f(x) = \begin{cases} \dfrac{\Gamma\left(\dfrac{n_1+n_2}{2}\right)}{\Gamma\left(\dfrac{n_1}{2}\right)\Gamma\left(\dfrac{n_2}{2}\right)} \left(\dfrac{n_1}{n_2}\right)^{\frac{n_1}{2}} x^{\frac{n_1}{2}-1} \left(1 + \dfrac{n_1}{n_2}x\right)^{-\frac{n_1+n_2}{2}}, & x > 0 \\ 0, & x \leqslant 0 \end{cases} \tag{6.10}$$

F 分布的概率密度图形如图 6-6 所示．

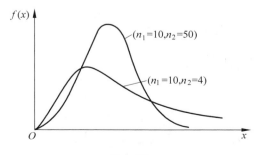

图  6-6

$F$ 分布的上侧临界值：设随机变量 $F \sim F(n_1, n_2)$，对于给定的正数 $\alpha(0 < \alpha < 1)$，称满足条件 $P\{F > F_\alpha(n_1, n_2)\} = \alpha$ 的数值 $F_\alpha(n_1, n_2)$ 为 $F$ 分布的 $\alpha$ 水平上侧临界值(上侧分位数)，见图 6-7. 自由度为 $n_1, n_2$ 的 $F$ 分布的随机变量取值大于 $F_\alpha(n_1, n_2)$ 的概率与图中阴影部分的面积值相等.

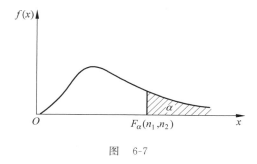

图　6-7

对于不同的 $\alpha$ 与 $n_1, n_2$，$F$ 分布的 $\alpha$ 水平上侧临界值已制成表(见表 A5).

**例 6.10**　已知 $F \sim F(10, 15)$. 试确定 $\lambda_1, \lambda_2$ 的值，使之满足

(1) $P\{F > \lambda_1\} = 0.01$;　　　　(2) $P\{F < \lambda_2\} = 0.01$.

**解**　(1) 依题意，$\alpha = 0.01, n_1 = 10, n_2 = 15$，查表 A5 得

$$\lambda_1 = F_{0.01}(10, 15) = 3.80$$

(2) 由 $P\{F < \lambda_2\} = 0.01$ 可得

$$P\left\{\frac{1}{F} > \frac{1}{\lambda_2}\right\} = 0.01$$

由于 $F \sim F(10, 15)$，所以 $\dfrac{1}{F} \sim F(15, 10)$. 查表 A5，其中 $\alpha = 0.01, n_1 = 15, n_2 = 10$，得

$$\frac{1}{\lambda_2} = F_{0.01}(15, 10) = 4.56$$

所以

$$\lambda_2 = \frac{1}{F_{0.01}(15, 10)} = \frac{1}{4.56} \approx 0.22$$

一般地，若 $P\{F(n_1, n_2) < \lambda\} = \alpha$，则

$$\lambda = F_{1-\alpha}(n_1, n_2) = \frac{1}{F_\alpha(n_2, n_1)}$$

此性质可以用来求出 $\alpha$ 较大时的分位点(附录中只给出了 $\alpha$ 较小时的分位点). 例如

$$F_{0.95}(10, 5) = \frac{1}{F_{0.05}(5, 10)} = \frac{1}{3.33} = 0.3$$

**定理 6.5**　设总体 $X \sim N(\mu_1, \sigma_1^2), Y \sim N(\mu_2, \sigma_2^2)$. $X_1, X_2, \cdots, X_{n_1}$ 与 $Y_1, Y_2, \cdots, Y_{n_2}$ 分别是总体 $X$ 与 $Y$ 的样本，且两样本相互独立. 则

$$F = \frac{\sigma_2^2 S_1^2}{\sigma_1^2 S_2^2} \sim F(n_1 - 1, n_2 - 1) \tag{6.11}$$

其中 $S_1^2, S_2^2$ 分别为两个样本的样本方差.

**证** 由(6.6)式可知

$$\chi_1^2 = \frac{(n_1 - 1)S_1^2}{\sigma_1^2} \sim \chi^2(n_1 - 1), \chi_2^2 = \frac{(n_2 - 1)S_2^2}{\sigma_2^2} \sim \chi^2(n_2 - 1)$$

由于两样本 $X_1, X_2, \cdots, X_{n_1}$ 与 $Y_1, Y_2, \cdots, Y_{n_2}$ 相互独立,故 $\chi_1^2$ 与 $\chi_2^2$ 相互独立.由定义 6.7 可知

$$F = \frac{\dfrac{\chi_1^2}{n_1 - 1}}{\dfrac{\chi_2^2}{n_2 - 1}} = \frac{\sigma_2^2 S_1^2}{\sigma_1^2 S_2^2} \sim F(n_1 - 1, n_2 - 1)$$

定理 6.5 给出了两样本方差比的分布.

**例 6.11** 设随机变量 $T \sim t(n)$,求 $T^2$ 的分布.

**解** 由 $t(n)$ 分布的定义有 $T = \dfrac{X}{\sqrt{Y/n}}$,其中 $X \sim N(0,1), Y \sim \chi^2(n)$,且 $X$ 与 $Y$ 相互独立. 故 $T^2 = \dfrac{X^2}{Y/n} = \dfrac{X^2/1}{Y/n}$,由 $F$ 分布的定义知 $T^2 \sim F(1, n)$.

# 习题六

1. 从总体 $X$ 中抽取一个容量为 100 的样本,当总体均值和方差分别为下列数值时,求样本均值 $\overline{X}$ 的期望 $E(\overline{X})$ 和方差 $D(\overline{X})$.

(1) $E(X) = 10, D(X) = 225$;

(2) $E(X) = 50, D(X) = 625$.

2. 设总体 $X$ 服从参数为 $p(0 < p < 1)$ 的(0-1)分布,$X_1, X_2, \cdots, X_n$ 为总体 $X$ 的样本,求样本均值 $\overline{X}$ 的期望和方差,并求样本方差 $S^2$ 的数学期望.

3. 设总体 $X$ 服从正态分布 $N(\mu, \sigma^2)$,其中 $\sigma > 0$ 为已知,$\mu$ 未知. $X_1, X_2, \cdots, X_n$ 为其样本,问下列样本的函数是不是统计量?

(1) $\sum_{i=1}^{n} (X_i - \mu)^2$; (2) $\frac{1}{\sigma^2} \sum_{i=1}^{n} X_i^2$; (3) $\frac{1}{n} \sum_{i=1}^{n} X_i^2 - \mu$.

4. 设总体 $X \sim N(36, 4.4^2)$,从中抽取一个容量为 16 的样本.

(1) 试求样本均值 $\overline{X}$ 的分布;

(2) 分别求样本均值 $\overline{X}$ 和 $X$ 在区间 $(34, 38.5)$ 中取值的概率.

5. 设总体 $X$ 服从正态分布 $N(20, \sqrt{3}^2)$,今从中抽取容量为 10 及 15 的两个样本,且两个样本相互独立. 试求两样本均值之差的绝对值大于 0.3 的概率.

6. 设总体 $X \sim N(\mu, \sigma^2)$，$X_1, X_2, \cdots, X_n$ 为其样本，证明

$$\chi^2 = \frac{1}{\sigma^2} \sum_{i=1}^{n} (X_i - \mu)^2 \sim \chi^2(n)$$

设 $n = 10$，试求：

（1）$P\left\{0.256\sigma^2 \leqslant \frac{1}{10} \sum_{i=1}^{10} (X_i - \mu)^2 \leqslant 2.32\sigma^2\right\}$；

（2）$P\left\{0.253\sigma^2 \leqslant \frac{1}{10} \sum_{i=1}^{10} (X_i - \overline{X})^2 \leqslant 2.36\sigma^2\right\}$.

7. 设 $X_1, X_2, \cdots, X_m$ 与 $Y_1, Y_2, \cdots, Y_n$ 分别为来自正态总体 $X \sim N(\mu_1, \sigma_1^2)$ 和 $Y \sim N(\mu_2, \sigma_2^2)$ 的简单随机样本，且两样本相互独立. 设 $\overline{X} = \frac{1}{m} \sum_{i=1}^{m} X_i$，$\overline{Y} = \frac{1}{n} \sum_{i=1}^{n} Y_i$，证明

$$Z = \overline{X} - \overline{Y} \sim N\left(\mu_1 - \mu_2, \frac{\sigma_1^2}{m} + \frac{\sigma_2^2}{n}\right)$$

8. 查表求 $\chi_{0.10}^2(24), \chi_{0.025}^2(13), t_{0.05}(14), t_{0.10}(14), F_{0.05}(10, 15)$ 及 $F_{0.95}(10, 15)$ 的值.

9. 设总体 $X \sim N(12, 2^2)$，$X_1, X_2, \cdots, X_5$ 为总体 $X$ 的样本，试问：

(1) 样本均值 $\overline{X}$ 大于 13 的概率是多少？

(2) 样本二阶中心矩 $B_2 = \frac{1}{5} \sum_{i=1}^{5} (X_i - \overline{X})^2$ 大于 8.88 的概率是多少？

10. 设总体 $X \sim N(0, 0.3^2)$，$X_1, X_2, \cdots, X_{10}$ 为其样本，求 $P\left\{\sum_{i=1}^{10} X_i^2 \geqslant 1.44\right\}$.

11. 设总体 $X$ 服从正态分布 $N(\mu, \sigma^2)$，$X_1, X_2, \cdots, X_n$ 为总体 $X$ 的样本，试利用 $\chi^2$ 分布的均值等于它的自由度、方差等于自由度的 2 倍这一结论，求样本方差 $S^2$ 的均值 $E(S^2)$ 和方差 $D(S^2)$.

12. 设总体 $X$ 与 $Y$ 都服从正态分布 $N(0, \sigma^2)$，且 $X$ 与 $Y$ 独立，$X_1, X_2, \cdots, X_{10}$ 与 $Y_1, Y_2, \cdots, Y_{15}$ 分别是取自总体 $X$ 和 $Y$ 的样本，试求 $P\left\{\dfrac{\frac{1}{10} \sum_{i=1}^{10} X_i^2}{\frac{1}{15} \sum_{i=1}^{15} Y_i^2} \geqslant 3.8\right\}$.

13. 设总体 $X \sim \chi^2(n)$，$X_1, X_2, \cdots, X_{10}$ 为总体 $X$ 的样本，求 $E(\overline{X}), D(\overline{X}), E(S^2)$.

14. 设总体 $X \sim N(\mu, \sigma^2)$，$X_1, X_2, \cdots, X_{10}$ 为总体 $X$ 的样本.

(1) 写出 $X_1, X_2, \cdots, X_{10}$ 的联合概率密度；

(2) 写出 $\overline{X}$ 的概率密度.

15. 设在总体 $N(\mu, \sigma^2)$ 中抽取一容量为 16 的样本，$\mu, \sigma^2$ 均未知.

(1) 求 $P\left\{\frac{S^2}{\sigma^2} \leqslant 2.041\right\}$，其中 $S^2$ 为样本方差；

(2) 求 $D(S^2)$.

# 第 7 章

# 参 数 估 计

在统计分析中,经常需要根据样本数据推断总体的情况,这一过程被称为统计推断. 参数估计是统计推断的主要方法,也是数理统计的基本内容. 本章将讨论参数估计中的常用方法,主要有点估计和区间估计,以及点估计量的优良性评价标准.

## 7.1 点估计及其优良性

在实际问题中,总体 $X$ 的分布可能是部分未知或完全未知的.

(1) 总体 $X$ 的分布函数的类型已知,如泊松分布 $P(\lambda)$ 或正态分布 $N(\mu,\sigma^2)$,而参数 $\lambda$,$\mu$,$\sigma^2$ 未知,需要根据样本的信息对未知参数进行估计,称为参数估计.

(2) 总体 $X$ 的分布函数的类型未知,需要对其数字特征 $E(X)$,$D(X)$ 进行估计,而数字特征通常与分布中的参数有一定关系,因此也称为参数估计.

### 7.1.1 点估计的概念

**例 7.1** 已知某连续生产线上生产的灯泡的使用寿命 $X \sim N(\mu,\sigma^2)$,其中 $\mu,\sigma^2$ 是未知参数,从中随机抽出 5 只灯泡,测得使用寿命(单位：h)为

$$1529 \quad 1513 \quad 1600 \quad 1527 \quad 1411$$

试估计 $\mu,\sigma^2$ 的值.

由于参数 $\mu$ 与 $\sigma^2$ 分别是总体 $X$ 的均值和方差,即该生产线上生产的灯泡的平均使用寿命与寿命的方差,因此自然想到用样本均值 $\bar{X}$ 来估计 $\mu$,用样本方差 $S^2$ 来估计 $\sigma^2$.

将样本观测值分别代入统计量 $\bar{X}$ 和 $S^2$ 中,得到统计量的观测值

$$\bar{x} = \frac{1}{5}(1529 + 1513 + 1600 + 1527 + 1411) = 1516$$

$$s^2 = \frac{1}{4}\left[(1529 - 1516)^2 + \cdots + (1411 - 1516)^2\right] = 4595$$

所以,$\mu$ 与 $\sigma^2$ 的估计值分别是 1516 和 4595.

选择一个适当的统计量,用此统计量的观测值作为未知参数的近似值,这种方法称为点估计.

例 7.1 就是对未知参数作点估计. 一般地有下面定义.

**定义 7.1**   设总体 $X$ 的分布函数为 $F(x;\theta)$,其中 $\theta$ 是未知参数,$X_1,X_2,\cdots,X_n$ 是总体 $X$ 的样本,构造统计量 $\hat{\theta}(X_1,X_2,\cdots,X_n)$,对于样本的观测值 $x_1,x_2,\cdots,x_n$,若将 $\hat{\theta}(x_1,x_2,\cdots,x_n)$ 作为 $\theta$ 的估计值,则称 $\hat{\theta}(X_1,X_2,\cdots,X_n)$ 为 $\theta$ 的估计量,记作 $\hat{\theta}=\hat{\theta}(X_1,X_2,\cdots,X_n)$.

若总体 $X$ 的分布函数 $F(x;\theta_1,\theta_2,\cdots,\theta_k)$ 中含有 $k$ 个不同的未知参数,则要由样本建立 $k$ 个统计量 $\hat{\theta}_i(X_1,X_2,\cdots,X_n)$,作为这 $k$ 个未知参数 $\theta_i(i=1,2,\cdots,k)$ 的估计量.

在不特别强调的情况下,估计量、估计值简称为估计,记为 $\hat{\theta}_i$.

不难看出,所谓参数的点估计,就是寻找一个统计量 $\hat{\theta}=\hat{\theta}(X_1,X_2,\cdots,X_n)$ 作为未知参数 $\theta$ 的估计量. 然后,根据样本观测值 $x_1,x_2,\cdots,x_n$ 计算估计量的值 $\hat{\theta}(x_1,x_2,\cdots,x_n)$,用该数值作为未知参数 $\theta$ 的估计值.

在例 7.1 中,$\overline{X}$ 与 $S^2$ 分别是 $\mu$ 与 $\sigma^2$ 的估计量,1516 与 4595 分别是 $\mu$ 与 $\sigma^2$ 的估计值,即

$$\hat{\mu} = 1516, \qquad \hat{\sigma^2} = 4595$$

在实际问题中,若总体均值 $\mu$ 和方差 $\sigma^2$ 未知,通常用样本均值 $\overline{X}$ 作为总体均值 $\mu$ 的估计量,用样本方差 $S^2$ 作为总体方差 $\sigma^2$ 的估计量,即

$$\hat{\mu} = \overline{X} = \frac{1}{n}\sum_{i=1}^{n}X_i, \qquad \hat{\sigma^2} = S^2 = \frac{1}{n-1}\sum_{i=1}^{n}(X_i-\overline{X})^2$$

## 7.1.2  估计量的优良性

估计量就是一个统计量,原则上可以由样本构造出许多统计量作为总体中某个未知参数的估计量. 例如,可以用样本均值 $\overline{X} = \frac{1}{n}\sum_{i=1}^{n}X_i$,也可以用单个分量 $X_i$ 作为总体均值 $\mu$ 的估计量. 那么为什么人们常常用 $\overline{X} = \frac{1}{n}\sum_{i=1}^{n}X_i$ 估计 $\mu$ 而不用 $X_i$ 呢? 直观上看,当 $n>1$ 时,$\overline{X}$ 比 $X_i$ 更多地利用了样本所提供的信息,因此,人们认为用 $\overline{X}$ 作为 $\mu$ 的估计量比用 $X_i$ 更好. 这就提出了一个问题:在总体未知参数的众多的估计量中,哪一个更好? 也就是说,评判一个估计量好坏的标准是什么? 下面介绍评判估计量优劣的三个准则.

**1. 无偏性**

未知参数 $\theta$ 的估计量 $\hat{\theta}(X_1,X_2,\cdots,X_n)$ 是样本 $X_1,X_2,\cdots,X_n$ 的函数,因此估计量是一个随机变量. 对于不同的样本观测值会得到不同的估计值. 我们希望估计量的观测值(即参数 $\theta$ 的估计值)在多次重复试验中,能够在未知参数 $\theta$ 的真值附近摆动,其平均值就是待估

参数 $\theta$ 的真值.

**定义 7.2**　设 $\hat{\theta}=\hat{\theta}(X_1,X_2,\cdots,X_n)$ 为未知参数 $\theta$ 的一个估计量,若 $E(\hat{\theta})=\theta$,则称 $\hat{\theta}$ 是 $\theta$ 的无偏估计量. 若 $E(\hat{\theta})\neq\theta$,则称 $\hat{\theta}$ 是 $\theta$ 的有偏估计量,且 $E(\hat{\theta})-\theta$ 称为估计量 $\hat{\theta}$ 的偏差.

若 $\lim\limits_{n\to\infty}E(\hat{\theta})=\theta$,则称 $\hat{\theta}$ 为 $\theta$ 的渐近无偏估计量.

对于参数 $\theta$ 的任一实值函数 $g(\theta)$,如果 $g(\theta)$ 的无偏估计量存在,也就是说存在统计量 $T$,使得 $E(T)=g(\theta)$,则称 $g(\theta)$ 为可估计函数.

无偏估计是对估计量的一个常见的要求,它确实是一个优良的性质,其意义在于:它保证了在多次重复抽样的平均意义下,给出接近参数真值的估计. 就是说,尽管一次估计的结果不一定恰好等于 $\theta$,但是大量重复使用时,多次估计的算术平均值,可以任意接近被估计参数 $\theta$. 当然,如果这个估计 $\hat{\theta}$ 只用一次,那么无偏性这个要求就没有意义. 因为 $\hat{\theta}$ 是 $\theta$ 的无偏估计并不保证在任何情况下(即对于任何一次样本观测值),估计值 $\hat{\theta}(x_1,x_2,\cdots,x_n)$ 必等于 $\theta$. 无偏性只保证没有系统偏差,即用 $\hat{\theta}$ 估计 $\theta$ 时,偏差 $\hat{\theta}-\theta$ 是随机的,有时大于零,有时小于零,而"平均"为零. 显然,"平均"为零这一点只有在大量重复使用时才能体现出来.

因此,估计量的无偏性要根据实际问题进行分析.

**例 7.2**　设总体 $X$ 的 $k$ 阶原点矩存在,即 $\mu_k=E(X^k)$ 是有限的,则样本的 $k$ 阶原点矩是总体的 $k$ 阶原点矩的无偏估计量.

**解**　样本的 $k$ 阶原点矩为 $A_k=\dfrac{1}{n}\sum\limits_{i=1}^{n}X_i^k$,而

$$E(A_k)=\frac{1}{n}\sum_{i=1}^{n}E(X_i^k)=\frac{1}{n}\cdot n\cdot\mu_k=\mu_k$$

因此,$A_k$ 是 $\mu_k$ 的无偏估计量. 特别地,$A_1=\overline{X}=\dfrac{1}{n}\sum\limits_{i=1}^{n}X_i$ 为 $E(X)$ 的无偏估计量.

**例 7.3**　设总体 $X$ 的方差 $D(X)=\sigma^2$ 是有限的,证明 $B_2=\dfrac{1}{n}\sum\limits_{i=1}^{n}(X_i-\overline{X})^2$ 是 $\sigma^2$ 的有偏估计量,$S^2=\dfrac{1}{n-1}\sum\limits_{i=1}^{n}(X_i-\overline{X})^2$ 是 $\sigma^2$ 的无偏估计量.

**证**　$B_2=\dfrac{1}{n}\sum\limits_{i=1}^{n}(X_i-\overline{X})^2=\dfrac{1}{n}\sum\limits_{i=1}^{n}X_i^2-(\overline{X})^2$

$$E(B_2)=\frac{1}{n}\sum_{i=1}^{n}E(X_i^2)-E(\overline{X}^2)=E(X^2)-E(\overline{X}^2)$$

$$=D(X)+E^2(X)-[D(\overline{X})+E^2(\overline{X})]=D(X)-D(\overline{X})$$

$$=\sigma^2-\frac{\sigma^2}{n}=\frac{n-1}{n}\sigma^2$$

因此,$B_2$ 是 $\sigma^2$ 的有偏估计量. 而

$$S^2 = \frac{1}{n-1} \sum_{i=1}^{n} (X_i - \overline{X})^2 = \frac{n}{n-1} B_2$$

所以

$$E(S^2) = \frac{n}{n-1} E(B_2) = \sigma^2$$

即 $S^2 = \dfrac{1}{n-1} \sum_{i=1}^{n} (X_i - \overline{X})^2$ 是 $\sigma^2$ 的无偏估计量.

另外，$\lim\limits_{n \to \infty} E(B_2) = \lim\limits_{n \to \infty} \dfrac{n-1}{n} \sigma^2 = \sigma^2$，即 $B_2$ 是 $\sigma^2$ 的渐近无偏估计量.

从上面两个例题可以看出，不论总体服从什么分布，当总体 $X$ 的 $k$ 阶原点矩 $a_k$ 存在时，样本的 $k$ 阶原点矩 $A_k$ 总是总体 $X$ 的 $k$ 阶原点矩 $a_k$ 的无偏估计量. 而样本的 $k$ 阶中心矩 $B_k$ 不是总体 $X$ 的 $k$ 阶中心矩 $b_k$ 的无偏估计量.

需要注意的是：$\hat{\theta}$ 是 $\theta$ 的无偏估计量时，$g(\hat{\theta})$ 不一定是 $g(\theta)$ 的无偏估计量. 例如，$\overline{X}$ 是 $\mu$ 的无偏估计量. 但是，当总体方差 $\sigma^2 \neq 0$ 时，用 $\overline{X}^2$ 估计 $\mu^2$ 就是有偏的. 事实上

$$E(\overline{X}^2) = D(\overline{X}) + E^2(\overline{X}) = \frac{\sigma^2}{n} + \mu^2 \neq \mu^2$$

**2. 有效性**

由无偏估计的定义可以看出，总体分布中一个未知参数的无偏估计量不止一个. 例如，样本均值 $\overline{X}$ 与样本的第 $i$ 个分量 $X_i$ 都是总体均值 $\mu$ 的无偏估计量. 如何比较未知参数的两个无偏估计量的优劣呢？这自然要看哪一个对被估参数的波动较小，即方差较小. 由此引进比较两个无偏估计量好坏的标准——有效性.

**定义 7.3**　设 $\hat{\theta}_1 = \hat{\theta}_1(X_1, X_2, \cdots, X_n)$ 和 $\hat{\theta}_2 = \hat{\theta}_2(X_1, X_2, \cdots, X_n)$ 都是参数 $\theta$ 的无偏估计量，若对于任意固定的样本容量 $n$，有 $D(\hat{\theta}_1) < D(\hat{\theta}_2)$，则称 $\hat{\theta}_1$ 较 $\hat{\theta}_2$ 有效.

设 $\hat{\theta}^*$ 是参数 $\theta$ 的无偏估计量，若对参数 $\theta$ 的任一无偏估计量 $\hat{\theta}$，对于任意固定的样本容量 $n$，都有 $D(\hat{\theta}^*) \leqslant D(\hat{\theta})$，则称 $\hat{\theta}^*$ 是 $\theta$ 的最小方差无偏估计量（也称最优无偏估计量）.

**例 7.4**　设 $X_1, X_2, \cdots, X_n$ 是总体 $X$ 的一个样本，且 $E(X) = \mu, D(X) = \sigma^2$，$\overline{X}$ 和 $X_1$ 都是总体均值 $\mu$ 的无偏估计量，因为 $D(\overline{X}) = \dfrac{\sigma^2}{n} \leqslant \sigma^2 = D(X_1)$，所以样本均值 $\overline{X}$ 较个别样本 $X_1$ 有效.

**例 7.5**　设总体 $X$ 的均值与方差分别为 $\mu, \sigma^2$，且 $X_1, X_2$ 为总体 $X$ 的样本，对于参数 $\mu$ 的两个估计量 $\hat{\mu}_1 = \dfrac{3}{4} X_1 + \dfrac{1}{4} X_2$，$\hat{\mu}_2 = \dfrac{1}{2} X_1 + \dfrac{1}{2} X_2$，问哪一个更有效？

**解**　因为

$$E(\hat{\mu}_1) = \frac{3}{4} E(X_1) + \frac{1}{4} E(X_2) = \frac{3}{4} \mu + \frac{1}{4} \mu = \mu$$

$$E(\hat{\mu}_2) = \frac{1}{2}E(X_1) + \frac{1}{2}E(X_2) = \frac{1}{2}\mu + \frac{1}{2}\mu = \mu$$

所以 $\hat{\mu}_1, \hat{\mu}_2$ 均为参数 $\mu$ 的无偏估计量. 而

$$D(\hat{\mu}_1) = \frac{9}{16}D(X_1) + \frac{1}{16}D(X_2) = \frac{9}{16}\sigma^2 + \frac{1}{16}\sigma^2 = \frac{5}{8}\sigma^2$$

$$D(\hat{\mu}_2) = \frac{1}{4}D(X_1) + \frac{1}{4}D(X_2) = \frac{1}{4}\sigma^2 + \frac{1}{4}\sigma^2 = \frac{1}{2}\sigma^2$$

因为 $D(\hat{\mu}_2) < D(\hat{\mu}_1)$，所以 $\hat{\mu}_2$ 比 $\hat{\mu}_1$ 有效.

**3. 一致性（相合性）**

无偏性和有效性是在样本容量 $n$ 固定的情况下建立起来的评判估计量优劣的准则. 然而估计量 $\hat{\theta}(X_1, X_2, \cdots, X_n)$ 依赖于样本. 当样本容量 $n$ 增大时，由样本提供的总体的信息量也随之增多. 因而用 $\hat{\theta}$ 估计 $\theta$ 时，随着 $n$ 的增大，这种估计也应当更加准确. 也就是说，我们不仅希望一个估计量是无偏的，且具有较小的方差，还希望当样本容量 $n$ 无限增大时，即观测次数无限增多时，估计量在某种意义下越来越接近于被估参数的真值，这就是一致性的要求.

**定义 7.4** 设 $\hat{\theta} = \hat{\theta}(X_1, X_2, \cdots, X_n)$ 是总体未知参数 $\theta$ 的估计量，$n$ 为样本容量，若对于任意给定的正数 $\varepsilon$，有

$$\lim_{n \to \infty} P\{|\hat{\theta} - \theta| < \varepsilon\} = 1$$

成立，则称 $\hat{\theta}$ 是 $\theta$ 的一致估计（相合估计）.

**例 7.6** 设总体 $X$ 的均值与方差分别为 $\mu, \sigma^2$，证明样本均值 $\overline{X}$ 是总体均值 $\mu$ 的一致估计.

**证** 由于 $X_1, X_2, \cdots, X_n$ 是总体 $X$ 的样本，故诸 $X_i$ 相互独立，且

$$E(X_i) = \mu, \quad D(X_i) = \sigma^2, \quad i = 1, 2, \cdots, n$$

又

$$\overline{X} = \frac{1}{n}\sum_{i=1}^{n} X_i, \quad E(\overline{X}) = \mu$$

依大数定律，对任意的 $\varepsilon > 0$，有

$$\lim_{n \to \infty} P\{|\overline{X} - \mu| < \varepsilon\} = 1$$

即样本均值 $\overline{X}$ 依概率收敛于总体均值 $\mu$. 故 $\overline{X}$ 是 $\mu$ 的一致估计.

相合性可以说是对估计量的一个起码而合理的要求. 如果不论作多少次试验，也不能把 $\theta$ 估计到任意指定的精确程度，则这个估计量是否适用值得怀疑. 相合性称为估计量的"大样本性质"，是指 $n \to \infty$ 时的情形. 而估计量的无偏性是对固定的 $n$ 来说，因此称为"小样本性质".

## 7.2　最大似然估计法

最大似然估计法是建立在最大似然原理的基础上的一个统计方法,被认为是点估计中最重要的方法. 它利用总体 $X$ 的分布函数的表达式 $F(x;\theta)$ 及样本所提供的信息,建立未知参数 $\theta$ 的估计量.

**引例**　设一个袋中装有黑白两种球,已知两种球的数目之比为 $1:99$,但不知道哪种颜色的球多. 现从中任取一球是白球,试估计袋中白球所占的比例 $p$.

若袋中有 100 个球,则有两种可能:一种是 99 个白球,1 个黑球;另一种是 1 个白球,99 个黑球. 在第一种情况下任意抽取一球为白球的可能性是 $\dfrac{99}{100}$. 而在第二种情况下任意抽取一球为白球的可能性是 $\dfrac{1}{100}$. 要判断白球所占的比例 $p$ 是 $\dfrac{99}{100}$ 还是 $\dfrac{1}{100}$.

而已知的条件是,任取一次球,取出的是白球. 相信大家会认为 $p$ 应该是 $\dfrac{99}{100}$,因为当 $p$ 取这个值时取一次球是白球的可能性最大.

由此可以引入最大似然原理:设一个随机试验有若干个可能的结果 $A,B,C,\cdots$,若在一次试验中 $B$ 出现了,则一般认为试验的条件对 $B$ 的出现最有利,即试验的条件使得 $B$ 出现的概率为最大.

最大似然估计的思想:设总体的分布类型已知,总体中含有待估参数 $\theta$,它可以取很多值(如 $X \sim N(\mu,2^2)$, $\mu$ 未知, $-\infty < \mu < +\infty$). 从总体中随机地抽取一个样本 $X_1$, $X_2,\cdots,X_n$,其观测值为 $x_1,x_2,\cdots,x_n$. 我们的任务是:在 $\theta$ 的一切可能取值中选一个作为 $\theta$ 的估计,而依据就是对总体作了一次抽样试验,得到了一组样本观测值 $x_1,x_2,\cdots,x_n$. 那么根据最大似然原理,就是要选一个 $\hat{\theta} \in \Theta$($\Theta$ 是 $\theta$ 可能取值范围,称为参数空间)使得这一结果 $x_1,x_2,\cdots,x_n$ 发生的概率达到最大. 这就是最大似然估计的基本思想.

设总体 $X$ 的分布类型已知,且 $X$ 为连续型,概率密度为 $f(x;\theta)$,其中 $\theta$ 为待估参数(当分布中未知参数不止一个时,$\theta$ 理解为向量),$X_1,X_2,\cdots,X_n$ 为样本,则样本的联合概率密度为

$$f(x_1,x_2,\cdots,x_n;\theta) = \prod_{i=1}^{n} f(x_i;\theta) \tag{7.1}$$

若总体 $X$ 为离散型,(7.1)式则表示样本 $X_1,X_2,\cdots,X_n$ 的联合分布律.

对于样本的一次观测值 $x_1,x_2,\cdots,x_n$,(7.1)式仅是未知参数 $\theta$ 的函数,记为

$$L = L(x_1,x_2,\cdots,x_n;\theta) = \prod_{i=1}^{n} f(x_i;\theta) \tag{7.2}$$

称(7.2)式为似然函数.

例如,设总体 $X \sim N(\mu, \sigma^2)$,其中 $\mu, \sigma^2$ 是未知参数,$X_1, X_2, \cdots, X_n$ 是总体 $X$ 的样本,则 $X_i$ 的概率密度为

$$f(x_i; \mu, \sigma^2) = \frac{1}{\sqrt{2\pi}\sigma} e^{-\frac{(x_i-\mu)^2}{2\sigma^2}}, \quad \sigma > 0; \, i = 1, 2, \cdots, n$$

于是似然函数为

$$L = L(x_1, x_2, \cdots, x_n; \theta) = \prod_{i=1}^{n} \frac{1}{\sqrt{2\pi}\sigma} e^{-\frac{(x_i-\mu)^2}{2\sigma^2}}$$

$$= \left(\frac{1}{\sqrt{2\pi}\sigma}\right)^n e^{-\frac{1}{2\sigma^2}\sum_{i=1}^{n}(x_i-\mu)^2}$$

$$= (2\pi)^{-\frac{n}{2}} (\sigma^2)^{-\frac{n}{2}} e^{-\frac{1}{2\sigma^2}\sum_{i=1}^{n}(x_i-\mu)^2}$$

它是参数 $\mu, \sigma^2$ 的函数.

下面用一个例子说明最大似然估计的思想和步骤.

**例 7.7** 设一批产品中有次品和正品. 为了估计次品率 $p(0 < p < 1)$,从这批产品中抽取容量为 $n$ 的样本 $X_1, X_2, \cdots, X_n$,则有

$$P\{X_i = 0\} = 1 - p, \quad P\{X_i = 1\} = p$$

即 $X_i$ 的分布律为

$$f(x_i; p) = p^{x_i}(1-p)^{1-x_i}, \quad x_i = 0, 1; \, i = 1, 2, \cdots, n$$

对于样本的一次观测值 $x_1, x_2, \cdots, x_n$,似然函数为

$$L(x_1, x_2, \cdots, x_n; p) = p^{\sum_{i=1}^{n} x_i} (1-p)^{n-\sum_{i=1}^{n} x_i}$$

现在假定重复抽取了 10 次,并已知前 2 次取到次品,后 8 次取到正品. 即抽取了一个容量为 10 的样本,其观测值为 $(x_1, x_2, \cdots, x_{10}) = (1, 1, 0, \cdots, 0)$. 对这一样本观测值,似然函数为

$$L(x_1, x_2, \cdots, x_{10}; p) = p^2 (1-p)^8 \qquad (7.3)$$

似然函数(7.3)是参数 $p$ 的函数,当 $p$ 在 $(0,1)$ 内变化时,似然函数(7.3)将随 $p$ 的变化而取不同的值. 而事件 $\{X_1 = 1, X_2 = 1, X_3 = 0, \cdots, X_{10} = 0\}$ 在一次抽样中发生了,这说明该事件发生的概率相对较大,即似然函数(7.3)的值较大. 因此,应选择 $p$ 的这样的估计值 $\hat{p}$,使得当 $p = \hat{p}$ 时,(7.3)式取最大值 $L(x_1, x_2, \cdots, x_{10}; \hat{p})$. 由微分法,可令

$$\frac{d}{dp} L(x_1, x_2, \cdots, x_{10}; p) = 0$$

得

$$2p(1-p)^8 - 8p^2(1-p)^7 = 0$$

从上式中解出 $p$,并记为 $\hat{p}$,得

$$\hat{p} = 0.2$$

即次品率 $p$ 的估计值为 $\hat{p} = 0.2$.

一般地,若总体 $X$ 为离散型,则样本 $X_1,X_2,\cdots,X_n$ 的观测值为 $x_1,x_2,\cdots,x_n$ 的概率为

$$P\{X_1 = x_1, X_2 = x_2, \cdots, X_n = x_n\} = L(x_1, x_2, \cdots, x_n; \theta)$$

其中 $\theta$ 是未知参数,显然它是 $\theta$ 的函数.

根据最大似然估计的基本思想,选取使样本观测值 $x_1,x_2,\cdots,x_n$ 出现的概率 $L(x_1,x_2,\cdots,x_n;\theta)$ 达到最大的参数的值 $\hat{\theta}(x_1,x_2,\cdots,x_n)$ 作为未知参数 $\theta$ 的估计值.

**定义 7.5**　若似然函数 $L(x_1,x_2,\cdots,x_n;\theta_1,\theta_2,\cdots,\theta_k)$ 在 $\hat{\theta}_1,\hat{\theta}_2,\cdots,\hat{\theta}_k$ 取得最大值,则称 $\hat{\theta}_1,\hat{\theta}_2,\cdots,\hat{\theta}_k$ 分别是 $\theta_1,\theta_2,\cdots,\theta_k$ 的最大似然估计.

由多元函数极值理论可知,在一般情况下,$\hat{\theta}_1,\hat{\theta}_2,\cdots,\hat{\theta}_k$ 满足方程组

$$\frac{\partial L}{\partial \theta_i} = 0, \quad i = 1, 2, \cdots, k \tag{7.4}$$

由于 $\ln x$ 是关于 $x$ 的单调递增函数,因此 $\ln L$ 与 $L$ 有相同的极大值点. 为了简化计算,一般将似然函数先取对数,然后对 $\ln L$ 求导,再令导数为零,于是有

$$\frac{\partial \ln L}{\partial \theta_i} = 0, \quad i = 1, 2, \cdots, k \tag{7.5}$$

分别称方程组(7.4)和(7.5)为似然方程组和对数似然方程组.

从方程组(7.5)中解出 $\theta_1,\theta_2,\cdots,\theta_k$,一般就是参数 $\theta_1,\theta_2,\cdots,\theta_k$ 的最大似然估计. 这种求未知参数估计量的方法称为最大似然估计法.

根据以上讨论,可归纳出求参数 $\theta$ 最大似然估计的步骤.

(1) 写出似然函数

$$L(x_1,x_2,\cdots,x_n;\theta_1,\theta_2,\cdots,\theta_k) = \prod_{i=1}^{n} f(x_i;\theta_1,\theta_2,\cdots,\theta_k)$$

(2) 取对数

$$\ln L = \sum_{i=1}^{n} \ln f(x_i;\theta_1,\theta_2,\cdots,\theta_k)$$

(3) 将对数似然函数 $\ln L$ 对各参数求偏导数并令其为零,得对数似然方程组(7.5). 若总体分布中只有一个未知参数,则(7.5)式为一个方程,称为对数似然方程.

(4) 从方程组(7.5)中解出 $\theta_1,\theta_2,\cdots,\theta_k$,并记为

$$\begin{cases} \hat{\theta}_1 = \hat{\theta}_1(x_1,x_2,\cdots,x_n) \\ \hat{\theta}_2 = \hat{\theta}_2(x_1,x_2,\cdots,x_n) \\ \vdots \\ \hat{\theta}_k = \hat{\theta}_k(x_1,x_2,\cdots,x_n) \end{cases}$$

则 $\hat{\theta}_1,\hat{\theta}_2,\cdots,\hat{\theta}_k$ 分别为参数 $\theta_1,\theta_2,\cdots,\theta_k$ 的最大似然估计值. 将 $\hat{\theta}_i(x_1,x_2,\cdots,x_n)$ 中的 $x_1,x_2,\cdots,x_n$ 换成 $X_1,X_2,\cdots,X_n$,便得到 $\theta_i$ 的最大似然估计量.

**例 7.8**　设总体 $X \sim N(\mu,\sigma^2)$,$X_1,X_2,\cdots,X_n$ 为样本,求参数 $\mu$ 及 $\sigma^2$ 的最大似然估

计量.

**解** $X_i$ 的概率密度为

$$f(x_i;\mu,\sigma^2) = \frac{1}{\sqrt{2\pi}\sigma}e^{-\frac{(x_i-\mu)^2}{2\sigma^2}}, \quad \sigma > 0; \; i = 1,2,\cdots,n$$

似然函数为

$$L = \prod_{i=1}^{n} f(x_i;\mu,\sigma^2) = \prod_{i=1}^{n} \frac{1}{\sqrt{2\pi}\sigma}e^{-\frac{(x_i-\mu)^2}{2\sigma^2}}$$

$$= \left(\frac{1}{\sqrt{2\pi}\sigma}\right)^n e^{-\frac{1}{2\sigma^2}\sum_{i=1}^{n}(x_i-\mu)^2} = (2\pi)^{-\frac{n}{2}}(\sigma^2)^{-\frac{n}{2}}e^{-\frac{1}{2\sigma^2}\sum_{i=1}^{n}(x_i-\mu)^2}$$

取对数,得

$$\ln L = -\frac{n}{2}\ln(2\pi) - \frac{n}{2}\ln\sigma^2 - \frac{1}{2\sigma^2}\sum_{i=1}^{n}(x_i-\mu)^2$$

对数似然方程组为

$$\begin{cases} \dfrac{\partial \ln L}{\partial \mu} = \dfrac{1}{\sigma^2}\sum_{i=1}^{n}(x_i-\mu) = 0 \\[3mm] \dfrac{\partial \ln L}{\partial \sigma^2} = -\dfrac{n}{2\sigma^2} + \dfrac{1}{2\sigma^4}\sum_{i=1}^{n}(x_i-\mu)^2 = 0 \end{cases}$$

解出

$$\hat{\mu} = \frac{1}{n}\sum_{i=1}^{n}x_i = \bar{x}, \quad \hat{\sigma^2} = \frac{1}{n}\sum_{i=1}^{n}(x_i-\bar{x})^2 = b_2$$

所以,$\bar{X}$ 和 $B_2$ 分别为 $\mu$ 和 $\sigma^2$ 的最大似然估计量.

**例 7.9** 设总体 $X$ 服从 $\lambda > 0$ 的指数分布,其概率密度为 $f(x;\lambda) = \begin{cases} \lambda e^{-\lambda x}, & x > 0 \\ 0, & x \leqslant 0 \end{cases}$,求 $\lambda$ 的最大似然估计.

**解** 似然函数为

$$L = \prod_{i=1}^{n}\lambda e^{-\lambda x} = \lambda^n e^{-\lambda\sum_{i=1}^{n}x_i}$$

则

$$\ln L = n\ln\lambda - \lambda\sum_{i=1}^{n}x_i$$

对数似然方程为

$$\frac{\partial \ln L}{\partial \lambda} = \frac{n}{\lambda} - \sum_{i=1}^{n}x_i = 0$$

解出 $\hat{\lambda} = \dfrac{1}{\bar{x}}$. 所以,$\hat{\lambda} = \dfrac{1}{\bar{X}}$ 为 $\lambda$ 的最大似然估计量.

**例 7.10** 设总体 $X$ 在$[0,\theta]$上服从均匀分布,$\theta$ 未知,设样本观测值为 $x_1, x_2, \cdots, x_n$,求 $\theta$ 的最大似然估计值.

**解** $X$ 的概率密度为

$$f(x;\theta) = \begin{cases} \dfrac{1}{\theta}, & 0 \leqslant x \leqslant \theta \\ 0, & 其他 \end{cases}$$

似然函数为

$$L(x_1, x_2, \cdots, x_n; \theta) = \begin{cases} \dfrac{1}{\theta^n}, & 0 \leqslant x_i \leqslant \theta, i = 1, 2, \cdots \\ 0, & 其他 \end{cases}$$

$$= \begin{cases} \dfrac{1}{\theta^n}, & \theta \geqslant \max\limits_{1 \leqslant i \leqslant n}\{x_i\} \\ 0, & 其他 \end{cases} \tag{7.6}$$

当 $L > 0$ 时,有 $\ln L = -n\ln\theta$. 对 $\theta$ 求导,并令其为零,得

$$-\frac{n}{\theta} = 0 \tag{7.7}$$

对数似然方程(7.7)无解. 出现这种情况的原因是似然函数在其最大值点不可导. 因而考虑用其他办法求 $\theta$ 的最大似然估计.

由(7.6)式不难看出,当似然函数 $L > 0$ 时,它是参数 $\theta$ 的减函数. 因此,根据最大似然估计法的基本思想,应选 $\theta$ 的最小可能值作为参数 $\theta$ 的估计值. 故得 $\theta$ 的最大似然估计为

$$\hat{\theta} = \max\limits_{1 \leqslant i \leqslant n}\{x_i\}$$

图 7-1 是 $n = 4$,并且假定样本观测值 $x_1, x_2, \cdots, x_n$ 的最大值为 3,即 $\max\limits_{1 \leqslant i \leqslant n}\{x_i\} = 3$ 时,似然函数(7.6)的图形.

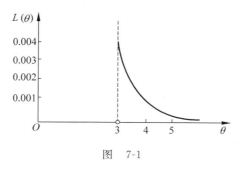

图 7-1

由图 7-1 可以看出,当 $\hat{\theta} = \max\limits_{1 \leqslant i \leqslant n}\{x_i\}$ 时,似然函数取最大值. 随着 $\theta$ 的增大,似然函数的值逐渐减少. 而当 $\theta < \max\limits_{1 \leqslant i \leqslant n}\{x_i\}$ 时,似然函数的值为零.

**例 7.11** 设总体 $X \sim P(\lambda)$,$\lambda > 0$,求 $\lambda$ 的最大似然估计量.

**解** $X$ 的概率分布为

$$P(x;\lambda) = P\{X = x\} = \frac{\lambda^x}{x!}e^{-\lambda}, \quad \lambda > 0; \ x = 1,2,\cdots$$

$\lambda$ 的似然函数为

$$L(\lambda) = \prod_{i=1}^{n}\frac{\lambda^{x_i}}{x_i!}e^{-\lambda} = e^{-n\lambda}\frac{\lambda^{\sum\limits_{i=1}^{n}x_i}}{\prod\limits_{i=1}^{n}(x_i!)}$$

取对数得

$$\ln L(\lambda) = -n\lambda + \left(\sum_{i=1}^{n}x_i\right)\ln\lambda - \sum_{i=1}^{n}\ln(x_i!)$$

似然方程为

$$\frac{\mathrm{d}\ln L}{\mathrm{d}\lambda} = \frac{\sum\limits_{i=1}^{n}x_i}{\lambda} - n = 0$$

解出

$$\hat{\lambda} = \frac{1}{n}\sum_{i=1}^{n}x_i = \bar{x}$$

因此,$\lambda$ 的最大似然估计量为 $\hat{\lambda} = \bar{X}$.

最大似然法充分利用了总体分布函数表达式提供的信息,因而有一些优良的性质.

**性质** 设 $\theta$ 的函数 $u = u(\theta)$ 具有单值反函数 $\theta = \theta(u)$. 又设 $\hat{\theta}$ 是 $X$ 的概率分布中参数 $\theta$ 的最大似然估计,则 $\hat{u} = u(\hat{\theta})$ 是 $u(\theta)$ 的最大似然估计.

## 7.3　矩估计法

矩估计法的基本思想是用样本矩估计相应的总体矩,用样本矩的函数估计相应的总体矩的函数,其理论依据是辛钦大数定律.

设总体 $X$ 的概率密度为 $f(x;\theta_1,\theta_2,\cdots,\theta_k)$,其中 $\theta_1,\theta_2,\cdots,\theta_k$ 是未知参数,假定总体 $X$ 的 $r$ 阶原点矩 $E(X^r)$ 存在,并记

$$a_r = E(X^r) = \int_{-\infty}^{+\infty}x^r f(x;\theta_1,\theta_2,\cdots,\theta_k)\mathrm{d}x \tag{7.8}$$

其中 $r$ 是自然数.(如果 $X$ 是离散型随机变量,则(7.8)式为 $a_r = E(X^r) = \sum\limits_{k=1}^{\infty}x_k^r P\{X = x_k\}$.) 由(7.8)式可以看出,$a_r = E(X^r)$ 是未知参数 $\theta_1,\theta_2,\cdots,\theta_k$ 的函数.

矩估计法是用样本的 $r$ 阶原点矩 $A_r = \frac{1}{n}\sum\limits_{i=1}^{n}X_i^r$ 作为总体 $X$ 的 $r$ 阶原点矩 $a_r =$

$E(X^r)$ 的估计量. 当总体分布中待估参数有 $k$ 个时,一般只需考虑前 $k$ 阶矩. 于是得下述方程组:

$$\begin{cases} E(X) = \dfrac{1}{n}\sum_{i=1}^{n} X_i \\[2mm] E(X^2) = \dfrac{1}{n}\sum_{i=1}^{n} X_i^2 \\[2mm] \vdots \\[2mm] E(X^k) = \dfrac{1}{n}\sum_{i=1}^{n} X_i^k \end{cases} \tag{7.9}$$

方程组(7.9)是关于参数 $\theta_1,\theta_2,\cdots,\theta_k$ 的方程组,从中解出 $\theta_1,\theta_2,\cdots,\theta_k$,并记为 $\hat{\theta}_1,\hat{\theta}_2,\cdots,\hat{\theta}_k$,则称

$$\hat{\theta}_r = \hat{\theta}_r(X_1,X_2,\cdots,X_n), \quad r=1,2,\cdots,k$$

为 $\theta_r$ 的矩法估计量.

若 $\hat{\theta}$ 为 $\theta$ 的矩法估计量,$g(\theta)$ 为 $\theta$ 的连续函数,则也称 $g(\hat{\theta})$ 为 $g(\theta)$ 的矩法估计量.

**例 7.12**　不论总体 $X$ 服从什么分布,若 $E(X)=\mu$,$D(X)=\sigma^2$ 都是有限的,求参数 $\mu,\sigma^2$ 的矩法估计量.

**解**　设 $X_1,X_2,\cdots,X_n$ 是取自总体 $X$ 的样本. 根据矩法可得

$$\begin{cases} \dfrac{1}{n}\sum_{i=1}^{n} X_i = \hat{\mu}_1 \\[2mm] \dfrac{1}{n}\sum_{i=1}^{n} X_i^2 = \hat{\mu}_2 \end{cases}$$

此处 $\hat{\mu}_1,\hat{\mu}_2$ 分别为 $\mu_1,\mu_2$ 的估计量,$\mu_1=E(X),\mu_2=E(X^2)$ 分别为总体的一阶,二阶原点矩. 因为 $\mu_1=\mu$,　$\mu_2=\sigma^2+\mu^2$,所以

$$\hat{\mu} = \frac{1}{n}\sum X_i = \overline{X}$$

$$\hat{\sigma^2} = \hat{\mu}_2 - (\hat{\mu})^2 = \frac{1}{n}\sum_{i=1}^{n} X_i^2 - (\hat{\mu})^2 = \frac{1}{n}\sum_{i=1}^{n} X_i^2 - \overline{X}^2$$

$$= \frac{1}{n}\left(\sum_{i=1}^{n} X_i^2 - n\overline{X}^2\right) = \frac{1}{n}\sum_{i=1}^{n} (X_i-\overline{X})^2 = B_2$$

此处 $B_2$ 是样本的二阶中心矩.

本例题说明,不论总体 $X$ 服从什么分布,样本均值 $\overline{X}$ 和样本二阶中心矩 $B_2$ 分别为总体均值 $\mu$ 和方差 $\sigma^2$ 的矩法估计量.

**例 7.13**　设总体 $X$ 服从 $[\theta_1,\theta_2]$ 上的均匀分布,其概率密度为 $f(x;\theta_1,\theta_2)=$

$$\begin{cases} \dfrac{1}{\theta_2 - \theta_1}, & \theta_1 \leqslant x \leqslant \theta_2 \\ 0, & \text{其他} \end{cases}, \text{其中 } \theta_1, \theta_2 \text{ 未知}, \theta_2 > \theta_1, \text{求 } \theta_1, \theta_2 \text{ 的矩法估计量.}$$

**解** 因为

$$E(X) = \frac{\theta_1 + \theta_2}{2}, \quad D(X) = \frac{(\theta_2 - \theta_1)^2}{12}$$

由方程组

$$\begin{cases} \overline{X} = \dfrac{\theta_1 + \theta_2}{2} \\ B_2 = \dfrac{(\theta_2 - \theta_1)^2}{12} \end{cases} \tag{7.10}$$

解出

$$\hat{\theta}_1 = \overline{X} - \sqrt{3B_2} = \overline{X} - \sqrt{3}\sqrt{\frac{1}{n}\sum_{i=1}^{n}(X_i - \overline{X})^2}$$

$$\hat{\theta}_2 = \overline{X} + \sqrt{3B_2} = \overline{X} + \sqrt{3}\sqrt{\frac{1}{n}\sum_{i=1}^{n}(X_i - \overline{X})^2}$$

则 $\hat{\theta}_1, \hat{\theta}_2$ 分别是 $\theta_1, \theta_2$ 的矩法估计量.

**例 7.14** 设总体 $X$ 服从参数 $\lambda > 0$ 的指数分布, 其概率密度为 $f(x;\lambda) = \begin{cases} \lambda e^{-\lambda x}, & x > 0 \\ 0, & x \leqslant 0 \end{cases}$, 求 $\lambda$ 的矩估计.

**解** 因为 $E(X) = \dfrac{1}{\lambda}$, 即 $\lambda = \dfrac{1}{E(X)}$, 由例 7.12 得 $\hat{\lambda} = \dfrac{1}{\overline{X}}$. 又因为 $D(X) = \dfrac{1}{\lambda^2}$, 即 $\lambda = \dfrac{1}{\sqrt{D(X)}}$, 由例 7.12 得 $\hat{\lambda} = \dfrac{1}{\sqrt{B_2}}$.

此例说明, 矩估计的结果可能不唯一 (通常选择第一个结果).

对未知参数进行估计时, 要注意估计量和估计值的区别. 参数的估计值是估计量的一次观测值, 由于估计量是随机变量, 具有波动性, 因而参数的估计值只是一个近似值, 参数的估计所关心的不是估计值的数值本身, 而是关心它是用什么办法求出来的, 即由一个怎样的统计量得到的, 并研究该统计量的优良性质, 如无偏性, 有效性, 相合性等.

## 7.4 区间估计

点估计是参数估计的一种重要方法, 它用一个统计量去估计未知参数 $\theta$. 理论推导简便, 在应用中也有很多方便之处, 可以用样本的观测值算出参数的估计值.

　　但是,估计量是一个随机变量,它只是给出了未知参数的一个近似值,并没有给出这个近似值的误差范围和估计的可信程度. 在实际应用中自然要提出确定参数所在的范围和该范围包含参数真值的概率有多大的问题,即要讨论估计的精度和可靠性问题.

　　区间估计正好弥补了点估计的这个缺陷. 点估计与区间估计互为补充,各有用途.区间估计是根据样本指出未知参数的一个范围(区间),使它以比较大的可能性包含未知参数的真值. 也就是说,我们希望确定一个区间,使我们能以比较高的可靠程度相信它包含未知参数的真值.

　　**例 7.15**　设总体 $X \sim N(\mu, \sigma_0^2)$,其中 $\sigma_0^2$ 已知,$\mu$ 未知,$X_1, X_2, \cdots, X_n$ 是总体 $X$ 的样本,试估计总体均值 $\mu$ 的范围,使该范围包含 $\mu$ 的概率为 $1 - \alpha = 0.95$.

　　**解**　根据题意,就是要在给定的概率 $1 - \alpha = 0.95$ 下,求两个统计量 $\hat{\mu}_1, \hat{\mu}_2$,使 $P\{\hat{\mu}_1 < \mu < \hat{\mu}_2\} = 1 - \alpha$,同时要尽量使区间长度 $\hat{\mu}_2 - \hat{\mu}_1$ 达到最小.

　　由于样本均值 $\overline{X}$ 为总体均值 $\mu$ 的无偏估计,因此构造一个以 $\overline{X}$ 为中心的对称区间,使这个区间包含参数 $\mu$ 的概率是 $1 - \alpha = 0.95$.

　　由定理 6.1 的推论可知

$$U = \frac{\overline{X} - \mu}{\sigma_0 / \sqrt{n}} \sim N(0, 1)$$

令

$$P\left\{ \left| \frac{\overline{X} - \mu}{\sigma_0 / \sqrt{n}} \right| < u_{\frac{\alpha}{2}} \right\} = 1 - \alpha = 0.95$$

查表 A2 得 $u_{\frac{\alpha}{2}} = 1.96$,见图 7-2.
即有

$$P\left\{ \left| \frac{\overline{X} - \mu}{\sigma_0 / \sqrt{n}} \right| < 1.96 \right\} = 0.95$$

从不等式 $\left| \dfrac{\overline{X} - \mu}{\sigma_0 / \sqrt{n}} \right| < 1.96$ 中解出 $\mu$,得

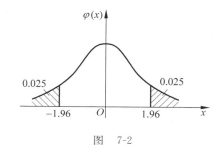

图　7-2

$$P\left\{ \overline{X} - 1.96 \frac{\sigma_0}{\sqrt{n}} < \mu < \overline{X} + 1.96 \frac{\sigma_0}{\sqrt{n}} \right\} = 0.95 \tag{7.11}$$

概率等式(7.11)表明,有 95% 的把握保证不等式

$$\overline{X} - 1.96 \frac{\sigma_0}{\sqrt{n}} < \mu < \overline{X} + 1.96 \frac{\sigma_0}{\sqrt{n}}$$

成立,即区间

$$\left( \overline{X} - 1.96 \frac{\sigma_0}{\sqrt{n}}, \ \overline{X} + 1.96 \frac{\sigma_0}{\sqrt{n}} \right) \tag{7.12}$$

包含待估参数 $\mu$ 的概率为 95%. 根据标准正态概率密度的特点,这样确定的区间长度最短.

　　对于不同的置信水平 $1 - \alpha$,$\mu$ 的置信区间也不同,几种常用情况见表 7-1.

表 7-1

| $\alpha$ | $u_{\frac{\alpha}{2}}$ | $\left(\overline{X}-\dfrac{\sigma}{\sqrt{n}}\cdot u_{\frac{\alpha}{2}},\overline{X}+\dfrac{\sigma}{\sqrt{n}}\cdot u_{\frac{\alpha}{2}}\right)$ |
|---|---|---|
| 0.01 | 2.58 | $\left(\overline{X}-2.58\dfrac{\sigma}{\sqrt{n}},\overline{X}+2.58\dfrac{\sigma}{\sqrt{n}}\right)$ |
| 0.05 | 1.96 | $\left(\overline{X}-1.96\dfrac{\sigma}{\sqrt{n}},\overline{X}+1.96\dfrac{\sigma}{\sqrt{n}}\right)$ |
| 0.10 | 1.65 | $\left(\overline{X}-1.65\dfrac{\sigma}{\sqrt{n}},\overline{X}+1.65\dfrac{\sigma}{\sqrt{n}}\right)$ |

在例 7.15 中,设 $\sigma_0=88$,给定样本观测值为

$$1729 \quad 1728 \quad 1693 \quad 1902$$

计算得 $\overline{x}=1763$,代入(7.14)式中,可得 $\mu$ 的置信区间为 $(1676.76,1849.24)$.

对于参数区间估计的概念和方法,例 7.15 具有典型性.

### 7.4.1  区间估计的基本思想

设总体 $X$ 的分布函数 $F(x;\theta)$,其中 $\theta$ 为未知参数,$X_1,X_2,\cdots,X_n$ 是总体 $X$ 的样本,对给定的常数 $\alpha(0<\alpha<1)$,构造适当的统计量 $\hat{\theta}_1(X_1,X_2,\cdots,X_n)$ 和 $\hat{\theta}_2(X_1,X_2,\cdots,X_n)$,使之满足

$$P\{\hat{\theta}_1<\theta<\hat{\theta}_2\}=1-\alpha \tag{7.13}$$

则称随机区间 $(\hat{\theta}_1,\hat{\theta}_2)$ 是参数 $\theta$ 的置信水平为 $1-\alpha$ 的置信区间. $\hat{\theta}_1,\hat{\theta}_2$ 分别称为置信下限和置信上限. $1-\alpha$ 又称为置信度.

参数 $\theta$ 的区间估计的意义:待估参数 $\theta$ 虽然未知,但它是一个常数,而区间 $(\hat{\theta}_1,\hat{\theta}_2)$ 是随机的,如果在样本容量 $n$ 不变的情况下,反复抽样多次,每个样本值确定一个区间 $(\hat{\theta}_1,\hat{\theta}_2)$,每个这样的区间可能包含 $\theta$ 的真值,也可能不包含 $\theta$ 的真值. 在这些区间中,平均有 $100(1-\alpha)\%$ 的区间包含 $\theta$.

因此,一个置信度为 0.95 的置信区间 $(\hat{\theta}_1,\hat{\theta}_2)$,其实际意义可理解为:当抽样 100 次时,平均约有 95 个区间包含了参数 $\theta$,平均约有 5 个区间不包含参数 $\theta$.

置信水平 $1-\alpha$ 表明置信区间 $(\hat{\theta}_1,\hat{\theta}_2)$ 的可靠性,$1-\alpha$ 越大,区间 $(\hat{\theta}_1,\hat{\theta}_2)$ 包含 $\theta$ 的概率越大. 固定 $\alpha$,置信区间 $(\hat{\theta}_1,\hat{\theta}_2)$ 的长度 $\hat{\theta}_2-\hat{\theta}_1$ 反映置信区间的精度,$\hat{\theta}_2-\hat{\theta}_1$ 越小,估计的精度越高.

我们既希望置信水平 $1-\alpha$ 尽量大,又希望估计的精度尽量高,但是,当样本容量 $n$ 给定时,$1-\alpha$ 与 $\hat{\theta}_2-\hat{\theta}_1$ 是相互制约的,提高可靠度就会降低精度,反之亦然.

目前一般采用的区间估计的原则是统计学家奈曼给出的:保证可靠性,即固定 $1-\alpha$,努

力提高精度,也就是选取长度最短的置信区间.

### 7.4.2　单个正态总体参数的区间估计

设总体 $X \sim N(\mu, \sigma^2)$,$X_1, X_2, \cdots, X_n$ 是总体 $X$ 的样本,置信度为 $1-\alpha$.

**1. 当总体方差 $\sigma^2 = \sigma_0^2$($\sigma_0^2$ 是已知常数)时,求总体均值 $\mu$ 的置信区间**

由例 7.15 可归纳计算步骤如下:

(1) 选择构造置信区间的随机变量. 选用

$$U = \frac{\overline{X} - \mu}{\sigma_0 / \sqrt{n}} \sim N(0,1)$$

构造 $\mu$ 的置信区间. 该随机变量的分布是已知的,并且除含被估参数 $\mu$ 外,不含其他未知参数;

(2) 确定临界值. 对于给定的置信度 $1-\alpha$,作概率等式

$$P\{|U| < u_{\frac{\alpha}{2}}\} = 1-\alpha$$

查表 A2,得临界值 $u_{\frac{\alpha}{2}}$;

(3) 求出置信区间. 从不等式 $|U| < u_{\frac{\alpha}{2}}$ 中解出 $\mu$,得

$$P\left\{\overline{X} - \frac{\sigma_0}{\sqrt{n}} u_{\frac{\alpha}{2}} < \mu < \overline{X} + \frac{\sigma_0}{\sqrt{n}} u_{\frac{\alpha}{2}}\right\} = 1-\alpha$$

取 $\hat{\theta}_1 = \overline{X} - \frac{\sigma_0}{\sqrt{n}} u_{\frac{\alpha}{2}}$,$\hat{\theta}_2 = \overline{X} + \frac{\sigma_0}{\sqrt{n}} u_{\frac{\alpha}{2}}$.

于是,$\mu$ 的置信度为 $1-\alpha$ 的置信区间为

$$\left(\overline{X} - \frac{\sigma_0}{\sqrt{n}} u_{\frac{\alpha}{2}}, \overline{X} + \frac{\sigma_0}{\sqrt{n}} u_{\frac{\alpha}{2}}\right) \tag{7.14}$$

(4) 根据给定的样本观测值 $x_1, x_2, \cdots, x_n$,计算出 $\overline{x}$,代入(7.14)式中,得出所求置信区间.

**例 7.16**　某企业生产滚珠,其直径服从正态分布,从某日的产品中随机抽取 6 个,测得直径(单位:mm)为

$$14.6 \quad 15.1 \quad 14.9 \quad 14.8 \quad 15.2 \quad 15.1$$

(1) 估计该日产品的平均直径;

(2) 若已知方差为 0.06,试求平均值的置信区间.($1-\alpha = 0.90$)

**解**　设滚珠的直径为 $X$,则 $X \sim N(\mu, \sigma^2)$.

(1) 平均直径 $\mu$ 的估计值为

$$\hat{\mu} = \overline{x} = \frac{1}{6}(14.6 + 15.1 + 14.9 + 14.8 + 15.2 + 15.1) = 14.95$$

(2) 由题意 $\mu$ 的置信度为 $1-\alpha$ 的置信区间为 $\left(\overline{X} - \frac{\sigma}{\sqrt{n}} u_{\frac{\alpha}{2}}, \overline{X} + \frac{\sigma}{\sqrt{n}} u_{\frac{\alpha}{2}}\right)$,此时

$$n = 6, \sigma^2 = 0.06, 1 - \alpha = 0.90, \overline{x} = 14.95$$

当 $\alpha = 0.1$ 时，有

$$\frac{\alpha}{2} = 0.05, \quad u_{\frac{\alpha}{2}} = 1.645$$

将上述数据代入，得置信区间为 $(14.79, 15.12)$.

**2. 当总体方差 $\sigma^2$ 未知时，求总体均值 $\mu$ 的置信区间**

当方差 $\sigma^2$ 已知时，用统计量 $U = \dfrac{\overline{X} - \mu}{\sigma/\sqrt{n}}$. 而方差 $\sigma^2$ 未知时，$U = \dfrac{\overline{X} - \mu}{\sigma/\sqrt{n}}$ 中除包含被估参数 $\mu$ 外，还含有未知参数 $\sigma^2$，因此不能用它来构造 $\mu$ 的置信区间.

由于样本方差 $S^2$ 是总体方差 $\sigma^2$ 的无偏估计量，在总体方差 $\sigma^2$ 未知时，通常考虑用样本方差 $S^2$ 来代替. 因此，考虑随机变量 $t = \dfrac{\overline{X} - \mu}{S/\sqrt{n}}$，在 $t$ 中，除了被估参数 $\mu$ 外，不含其他任何未知参数. 根据定理 6.3 可知

$$t = \frac{\overline{X} - \mu}{S/\sqrt{n}} \sim t(n-1)$$

因而可用该随机变量构造 $\mu$ 的置信区间.

对给定的置信度 $1 - \alpha$，令

$$P\{ |t| < t_{\frac{\alpha}{2}}(n-1) \} = 1 - \alpha$$

查表 A4，得临界值 $t_{\frac{\alpha}{2}}(n-1)$，见图 7-3.

从不等式 $|t| < t_{\frac{\alpha}{2}}(n-1)$ 中解出，得

$$P\left\{ \overline{X} - \frac{S}{\sqrt{n}}t_{\frac{\alpha}{2}}(n-1) < \mu < \overline{X} + \frac{S}{\sqrt{n}}t_{\frac{\alpha}{2}}(n-1) \right\} = 1 - \alpha$$

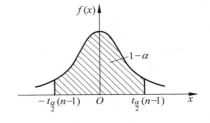

图 7-3

取

$$\hat{\theta}_1 = \overline{X} - \frac{S}{\sqrt{n}}t_{\frac{\alpha}{2}}(n-1), \quad \hat{\theta}_2 = \overline{X} + \frac{S}{\sqrt{n}}t_{\frac{\alpha}{2}}(n-1)$$

于是，当总体方差 $\sigma^2$ 未知时，均值 $\mu$ 的置信度为 $1 - \alpha$ 的置信区间为

$$\left( \overline{X} - \frac{S}{\sqrt{n}}t_{\frac{\alpha}{2}}(n-1), \ \overline{X} + \frac{S}{\sqrt{n}}t_{\frac{\alpha}{2}}(n-1) \right) \tag{7.15}$$

**例 7.17** 已知某地区新生婴儿的体重 $X \sim N(\mu, \sigma^2)$，$\mu, \sigma^2$ 均未知，随机抽查 12 个婴儿体重（单位：g），得 $\overline{x} = 3057, s = 375.3$，求 $\mu$ 的置信度为 $95\%$ 的置信区间.

**解** 因为方差 $\sigma^2$ 未知，取

$$t = \frac{\overline{X} - \mu}{S/\sqrt{n}} \sim t(n-1)$$

$\mu$ 的置信度为 $1 - \alpha$ 的置信区间为

$$\left( \overline{X} - \frac{S}{\sqrt{n}}t_{\frac{\alpha}{2}}(n-1), \overline{X} + \frac{S}{\sqrt{n}}t_{\frac{\alpha}{2}}(n-1) \right)$$

将 $n=12, \alpha=0.05, \dfrac{\alpha}{2}=0.025, \bar{x}=3057, s=375.3, t_{\frac{\alpha}{2}}(n-1)=t_{0.025}(11)=2.201$ 代入上式,得置信区间 $(2818,3296)$.

由于在实际问题中,总体方差 $\sigma^2$ 常常是未知的,因此(7.15)式比(7.14)式更有使用价值.

### 3. 总体方差 $\sigma^2$ 的置信区间

设总体 $X \sim N(\mu,\sigma^2), X_1, X_2, \cdots, X_n$ 是总体 $X$ 的样本,其中 $\mu,\sigma^2$ 均未知,求方差 $\sigma^2$ 的置信度为 $1-\alpha$ 的置信区间.

由定理 6.2 可知

$$\chi^2 = \frac{(n-1)S^2}{\sigma^2} = \frac{\sum_{i=1}^{n}(X_i - \overline{X})^2}{\sigma^2} \sim \chi^2(n-1) \tag{7.16}$$

由(7.16)式可以看出,随机变量 $\dfrac{(n-1)S^2}{\sigma^2}$ 的分布是已知的. 除 $\sigma^2$ 以外,它不包含其他任何未知参数. 因此,可用(7.16)式构造 $\sigma^2$ 的置信区间. 作概率等式

$$P\{\chi_{1-\frac{\alpha}{2}}^2(n-1) < \chi^2 < \chi_{\frac{\alpha}{2}}^2(n-1)\} = 1-\alpha \tag{7.17}$$

式中 $\chi_{1-\frac{\alpha}{2}}^2(n-1)$ 与 $\chi_{\frac{\alpha}{2}}^2(n-1)$ 分别是自由度为 $n-1$ 的 $\chi^2$ 分布的 $1-\dfrac{\alpha}{2}$ 水平与 $\dfrac{\alpha}{2}$ 水平的上侧分位数,查表 A3 可得. 见图 7-4.

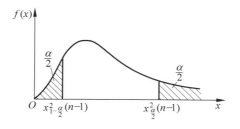

图　7-4

从(7.17)式的不等式中,解出 $\sigma^2$,得

$$P\left\{\frac{(n-1)S^2}{\chi_{\frac{\alpha}{2}}^2(n-1)} < \sigma^2 < \frac{(n-1)S^2}{\chi_{1-\frac{\alpha}{2}}^2(n-1)}\right\} = 1-\alpha \tag{7.18}$$

所以方差 $\sigma^2$ 的置信度为 $1-\alpha$ 的置信区间为

$$\left(\frac{(n-1)S^2}{\chi_{\frac{\alpha}{2}}^2(n-1)}, \frac{(n-1)S^2}{\chi_{1-\frac{\alpha}{2}}^2(n-1)}\right)$$

标准差 $\sigma$ 的置信度为 $1-\alpha$ 的置信区间为

$$\left(S\sqrt{\frac{(n-1)}{\chi^2_{\frac{\alpha}{2}}(n-1)}},S\sqrt{\frac{(n-1)}{\chi^2_{1-\frac{\alpha}{2}}(n-1)}}\right)$$

**例 7.18** 从一批钢珠中随机抽取 9 个,测量它们的直径,并求出其样本均值 $\bar{x}=31.06$,样本方差 $s^2=0.25^2$,假定钢珠直径 $X\sim N(\mu,\sigma^2)$,求置信水平为 95% 的 $\mu$ 和 $\sigma^2$ 的置信区间.

**解** $\mu$ 的置信区间为

$$\left(\bar{X}-\frac{S}{\sqrt{n}}t_{\frac{\alpha}{2}}(n-1),\bar{X}+\frac{S}{\sqrt{n}}t_{\frac{\alpha}{2}}(n-1)\right)$$

此处 $n=9$,$\alpha=0.05$,查表得 $t_{0.025}(8)=2.306$,故

$$\frac{S}{\sqrt{n}}t_{\frac{\alpha}{2}}(n-1)=\frac{0.25}{\sqrt{9}}\times2.306=0.192$$

所以 $\mu$ 的置信区间为 $(31.06-0.192,31.06+0.192)$,即 $(30.868,31.252)$. $\sigma^2$ 的置信区间为

$$\left(\frac{(n-1)S^2}{\chi^2_{\frac{\alpha}{2}}(n-1)},\frac{(n-1)S^2}{\chi^2_{1-\frac{\alpha}{2}}(n-1)}\right)$$

查表得 $\chi^2_{0.975}(8)=2.149$, $\chi^2_{0.025}(8)=17.725$. 所以 $\sigma^2$ 的置信区间为 $(0.028,0.233)$.

### 7.4.3* 两个正态总体参数的区间估计

设总体 $X\sim N(\mu_1,\sigma_1^2)$,$Y\sim N(\mu_2,\sigma_2^2)$,$X_1,X_2,\cdots,X_{n_1}$ 与 $Y_1,Y_2,\cdots,Y_{n_2}$ 分别是取自总体 $X$ 和 $Y$ 的样本,且两个样本相互独立.

设置信水平为 $1-\alpha$. 记

$$\bar{X}=\frac{1}{n_1}\sum_{i=1}^{n_1}X_i,\quad \bar{Y}=\frac{1}{n_2}\sum_{i=1}^{n_2}Y_i,\quad S_1^2=\frac{1}{n_1-1}\sum_{i=1}^{n_1}(X_i-\bar{X})^2,\quad S_2^2=\frac{1}{n_2-1}\sum_{i=1}^{n_2}(Y_i-\bar{Y})^2$$

**1. 当 $\sigma_1^2,\sigma_2^2$ 已知时,$\mu_1-\mu_2$ 的区间估计**

因为

$$E(\bar{X}-\bar{Y})=\mu_1-\mu_2,\quad D(\bar{X}-\bar{Y})=D\bar{X}+D\bar{Y}=\frac{\sigma_1^2}{n_1}+\frac{\sigma_2^2}{n_2}$$

所以

$$\bar{X}-\bar{Y}\sim N\left(\mu_1-\mu_2,\frac{\sigma_1^2}{n_1}+\frac{\sigma_2^2}{n_2}\right)$$

记

$$U=\frac{(\bar{X}-\bar{Y})-(\mu_1-\mu_2)}{\sqrt{\frac{\sigma_1^2}{n_1}+\frac{\sigma_2^2}{n_2}}}\sim N(0,1)$$

对给定的置信水平 $1-\alpha$,令 $P\{|U|<u_{\frac{\alpha}{2}}\}=1-\alpha$,即

$$P\left\{\left|\frac{(\overline{X}-\overline{Y})-(\mu_1-\mu_2)}{\sqrt{\frac{\sigma_1^2}{n_1}+\frac{\sigma_2^2}{n_2}}}\right|<u_{\frac{\alpha}{2}}\right\}=1-\alpha$$

$$P\left\{(\overline{X}-\overline{Y})-u_{\frac{\alpha}{2}}\sqrt{\frac{\sigma_1^2}{n_1}+\frac{\sigma_2^2}{n_2}}<\mu_1-\mu_2<(\overline{X}-\overline{Y})+u_{\frac{\alpha}{2}}\sqrt{\frac{\sigma_1^2}{n_1}+\frac{\sigma_2^2}{n_2}}\right\}=1-\alpha$$

因此，$\mu_1-\mu_2$ 的置信度为 $1-\alpha$ 的置信区间为

$$\left((\overline{X}-\overline{Y})-u_{\frac{\alpha}{2}}\sqrt{\frac{\sigma_1^2}{n_1}+\frac{\sigma_2^2}{n_2}},\ (\overline{X}-\overline{Y})+u_{\frac{\alpha}{2}}\sqrt{\frac{\sigma_1^2}{n_1}+\frac{\sigma_2^2}{n_2}}\right)$$

**2. 当 $\sigma_1^2=\sigma_2^2=\sigma^2$ 未知时，$\mu_1-\mu_2$ 的区间估计**

记

$$U=\frac{(\overline{X}-\overline{Y})-(\mu_1-\mu_2)}{\sigma\sqrt{\frac{1}{n_1}+\frac{1}{n_2}}}\sim N(0,1)$$

$$V_1=\frac{(n_1-1)S_1^2}{\sigma^2}\sim\chi^2(n_1-1),\quad V_2=\frac{(n_2-1)S_2^2}{\sigma^2}\sim\chi^2(n_2-1)$$

且 $V_1,V_2$ 独立，根据 $\chi^2$ 分布的可加性，有

$$V=V_1+V_2=\frac{(n_1-1)S_1^2+(n_2-1)S_2^2}{\sigma^2}\sim\chi^2(n_1+n_2-2)$$

且 $U,V$ 独立，因此

$$T=\frac{U}{\sqrt{\dfrac{V}{n_1+n_2-2}}}\sim t(n_1+n_2-2)$$

把 $U,V$ 代入上式，得到

$$\frac{(\overline{X}-\overline{Y})-(\mu_1-\mu_2)}{\sqrt{(n_1-1)S_1^2+(n_2-1)S_2^2}}\sqrt{\frac{n_1n_2(n_1+n_2-2)}{n_1+n_2}}\sim t(n_1+n_2-2)$$

令 $P\{|T|<t_{\frac{\alpha}{2}}(n_1+n_2-2)\}=1-\alpha$，即得到 $\mu_1-\mu_2$ 的置信度为 $1-\alpha$ 的置信区间

$$\left((\overline{X}-\overline{Y})-t_{\frac{\alpha}{2}}\frac{\sqrt{(n_1-1)S_1^2+(n_2-1)S_2^2}}{\sqrt{\dfrac{n_1n_2(n_1+n_2-2)}{n_1+n_2}}},\ (\overline{X}-\overline{Y})+t_{\frac{\alpha}{2}}\frac{\sqrt{(n_1-1)S_1^2+(n_2-1)S_2^2}}{\sqrt{\dfrac{n_1n_2(n_1+n_2-2)}{n_1+n_2}}}\right)$$

**3. 当 $\mu_1,\mu_2$ 未知时，方差比 $\dfrac{\sigma_1^2}{\sigma_2^2}$ 的区间估计**

由 7.2 节可知，$S_1^2=\dfrac{1}{n_1-1}\sum\limits_{i=1}^{n_1}(X_i-\overline{X})^2, S_2^2=\dfrac{1}{n_2-1}\sum\limits_{i=1}^{n_2}(Y_i-\overline{Y})^2$ 分别是 $\sigma_1^2,\sigma_2^2$ 的无偏估计，又因为

$$V_1=\frac{(n_1-1)S_1^2}{\sigma_1^2}\sim\chi^2(n_1-1),\quad V_2=\frac{(n_2-1)S_2^2}{\sigma_2^2}\sim\chi^2(n_2-1)$$

且 $V_1, V_2$ 独立,所以

$$F = \frac{\dfrac{V_1}{n_1 - 1}}{\dfrac{V_2}{n_2 - 1}} = \frac{\dfrac{S_1^2}{S_2^2}}{\dfrac{\sigma_1^2}{\sigma_2^2}} \sim F(n_1 - 1, n_2 - 1)$$

即

$$P\{F_{1-\frac{\alpha}{2}}(n_1 - 1, n_2 - 1) < F < F_{\frac{\alpha}{2}}(n_1 - 1, n_2 - 1)\} = 1 - \alpha$$

也就是

$$P\left\{\frac{\dfrac{S_1^2}{S_2^2}}{F_{\frac{\alpha}{2}}(n_1 - 1, n_2 - 1)} < \frac{\sigma_1^2}{\sigma_2^2} < \frac{\dfrac{S_1^2}{S_2^2}}{F_{1-\frac{\alpha}{2}}(n_1 - 1, n_2 - 1)}\right\} = 1 - \alpha$$

所以 $\dfrac{\sigma_1^2}{\sigma_2^2}$ 的置信度为 $1 - \alpha$ 的置信区间为

$$\left(\frac{\dfrac{S_1^2}{S_2^2}}{F_{\frac{\alpha}{2}}(n_1 - 1, n_2 - 1)}, \frac{\dfrac{S_1^2}{S_2^2}}{F_{1-\frac{\alpha}{2}}(n_1 - 1, n_2 - 1)}\right)$$

**例 7.19** 两正态总体 $X \sim N(\mu_1, \sigma_1^2), Y \sim N(\mu_2, \sigma_2^2)$ 的参数均未知,依次抽取容量为 13,10 的两独立样本,测得 $s_1^2 = 8.41, s_2^2 = 5.29$,求两总体方差比 $\dfrac{\sigma_1^2}{\sigma_2^2}$ 的置信区间. ($1 - \alpha = 0.9$)

**解** $n = 13, m = 10, \alpha = 0.1, \dfrac{\alpha}{2} = 0.05, 1 - \dfrac{\alpha}{2} = 0.95$.

查 $F$ 分布表,得

$$F_{0.05}(12, 9) = 3.07, \quad F_{0.95}(12, 9) = \frac{1}{F_{0.05}(9, 12)} = \frac{1}{2.80}$$

而 $\dfrac{s_1^2}{s_2^2} = 1.59$,所以 $\dfrac{\sigma_1^2}{\sigma_2^2}$ 的置信区间为

$$\left(\frac{1.59}{3.07}, 1.59 \times 2.80\right) = (0.52, 4.45)$$

# 习题七

1. 从某生产线生产的电容器中随机抽取 10 只,测得电容量(单位:$\mu F$)如下:

$$85 \quad 95 \quad 86 \quad 84 \quad 89 \quad 95 \quad 89 \quad 90 \quad 104 \quad 93$$

试分别用样本均值 $\overline{X}$ 和样本方差 $S^2$ 估计该生产线生产的电容器的平均电容量和电容量的方差.

2. 设总体 $X$ 的均值和方差分别为 $\mu$ 和 $\sigma^2$,且 $\sigma^2 > 0$. $X_1, X_2, X_3$ 为其样本. 总体均值 $\mu$ 的两个估计量分别为

$$\hat{\mu}_1 = \frac{1}{3}X_1 + \frac{1}{4}X_2 + \frac{5}{12}X_3, \quad \hat{\mu}_2 = \frac{1}{2}X_1 + \frac{1}{3}X_2 + \frac{1}{6}X_3$$

试证：(1) $\hat{\mu}_1$ 和 $\hat{\mu}_2$ 都是 $\mu$ 的无偏估计量. (2) $\hat{\mu}_1$ 较 $\hat{\mu}_2$ 有效.

3. 证明样本的二阶中心距 $B_2 = \frac{1}{n}\sum_{i=1}^{n}(X_i - \bar{X})^2$ 是总体方差 $\sigma^2$ 的有偏估计.

4. 设 $X_1, X_2, \cdots, X_n$ 为总体 $X \sim N(\mu, \sigma^2)$ 的样本. 试确定常数 $c$，使 $\hat{\sigma^2} = \sum_{i=1}^{n-1} c(X_{i+1} - X_i)^2$ 是 $\sigma^2$ 的无偏估计.

5. 设总体均值 $\mu$ 已知. 求证 $\hat{\sigma^2} = \frac{1}{n}\sum_{i=1}^{n}(X_i - \mu)^2$ 是总体方差 $\sigma^2$ 的无偏估计. 其中 $X_1, X_2, \cdots, X_n$ 为取自该总体的样本.

6. 设 $\hat{\theta}$ 是参数 $\theta$ 的无偏估计量. 证明 $\hat{\theta}$ 的任一线性函数 $g(\hat{\theta}) = m\hat{\theta} + b(m \neq 0)$ 是 $\theta$ 的同一线性函数 $g(\theta) = m\theta + b$ 的无偏估计量.

7. 设总体 $X \sim N(\mu, \sigma^2)$，$X_1, X_2, \cdots, X_n$ 为其样本.

(1) 设 $\mu = 0$. 分别求 $\sigma^2$ 及 $\sigma$ 的最大似然估计 $\hat{\sigma^2}$ 及 $\hat{\sigma}$，并证明 $\hat{\sigma^2}$ 是 $\sigma^2$ 的一致估计.

(2) 设 $\sigma^2 = 1$，求参数 $\mu$ 的最大似然估计 $\hat{\mu}$.

8. 设总体 $X$ 的概率密度为

$$f(x;\theta) = \begin{cases} \theta e^{-\theta x}, & x \geqslant 0 \\ 0, & x < 0 \end{cases}$$

其中 $\theta > 0$ 是参数. 从总体 $X$ 中抽取容量为 10 的样本，得数据如下：

$$\begin{array}{ccccc} 1050 & 1100 & 1080 & 1200 & 1300 \\ 1250 & 1340 & 1060 & 1150 & 1150 \end{array}$$

试用最大似然法估计参数 $\theta$ 的值.

9. 设总体 $X$ 的概率密度为

$$f(x;\theta) = \begin{cases} \theta x^{\theta-1}, & 0 < x < 1 \\ 0, & \text{其他} \end{cases}, \quad \theta > 0$$

$X_1, X_2, \cdots, X_n$ 为取自总体 $X$ 的样本. 试用最大似然法估计参数 $\theta$.

10. 设总体 $X$ 的概率密度为

$$f(x;\lambda) = \begin{cases} \lambda\alpha \cdot x^{\alpha-1}e^{-\lambda x^{\alpha}}, & x > 0 \\ 0, & x \leqslant 0 \end{cases}, \quad \lambda, \alpha > 0$$

$X_1, X_2, \cdots, X_n$ 为取自总体 $X$ 的样本. 若 $\alpha$ 为已知，求参数 $\lambda$ 的最大似然估计.

11. 设总体 $X$ 的概率密度为

$$f(x;\alpha) = \begin{cases} (\alpha+1)x^{\alpha}, & 0 < x < 1 \\ 0, & \text{其他} \end{cases}, \quad \alpha > -1$$

$X_1, X_2, \cdots, X_n$ 为取自总体 $X$ 的样本. 分别用最大似然法和矩法估计参数 $\alpha$.

12. 设 $X_1, X_2, \cdots, X_n$ 为总体的一个样本，$x_1, x_2, \cdots, x_n$ 为一相应的样本值. 求下述总体的概率密度或分布律中的未知参数的矩估计量.

(1) $f(x) = \begin{cases} \theta c^\theta x^{-(\theta+1)}, & x > c \\ 0, & \text{其他} \end{cases}$

其中 $c > 0$ 为已知，$\theta > 1$，$\theta$ 为未知参数.

(2) $f(x) = \begin{cases} \sqrt{\theta} x^{\sqrt{\theta}-1}, & 0 \leqslant x \leqslant 1 \\ 0, & \text{其他} \end{cases}$

其中 $\theta > 0$，$\theta$ 为未知参数.

(3) $P\{X = x\} = C_m^x p^x (1-p)^{m-x}, (x = 0, 1, 2, \cdots, m; 0 < p < 1)$，$p$ 为未知参数.

13. 求 12 题中各未知参数的最大似然估计量.

14. 设总体 $X$ 的数学期望为 $\mu$，$\hat{\mu}_1$ 与 $\hat{\mu}_2$ 为 $\mu$ 的两个无偏估计量，它们的方差分别为 $\sigma_1^2$ 与 $\sigma_2^2$，相关系数为 $\rho$. 设常数 $C_1 > 0, C_2 > 0$，且 $C_1 + C_2 = 1$，试确定 $C_1, C_2$，使 $C_1 \hat{\mu}_1 + C_2 \hat{\mu}_2$ 有最小方差.

15. 设总体 $X \sim U[0, \theta]$，$X_1, X_2, \cdots, X_n$ 为取自总体 $X$ 的样本. 分别用最大似然法和矩法估计参数 $\theta$. 若样本观测值为

$$0.53 \quad 0.69 \quad 0.40 \quad 0.90 \quad 1.10 \quad 1.90 \quad 1.16 \quad 0.63$$

求参数 $\theta$ 相应的估计值. 并比较两种方法得到的估计值的合理性.

16. 设总体 $X$ 在 $[\theta_1, \theta_2]$ 上服从均匀分布，$x_1, x_2, \cdots, x_n$ 为总体 $X$ 的样本的一次观测值. 求参数 $\theta_1, \theta_2$ 的最大似然估计.

17. 设总体 $X$ 在 $[\theta, 2\theta]$ 上服从均匀分布，$x_1, x_2, \cdots, x_n$ 为总体 $X$ 的样本观测值. 求参数 $\theta$ 的最大似然估计.

18. 为了估计某新药的有效率 $p$，临床观察了 300 例，其中 275 例有效. 试用最大似然法估计 $p$.

19. 设正态总体方差 $\sigma^2$ 已知，问需要抽取容量 $n$ 为多大的样本，才能使总体均值 $\mu$ 的置信度为 $1 - \alpha$ 的置信区间的长度不超过 $L(L > 0)$？

20. 设总体 $X$ 服从正态分布 $N(\mu, 2^2)$，若样本容量 $n = 36$，欲使总体均值 $\mu$ 的置信区间的长度不超过 1.1，问置信度 $1 - \alpha$ 最大是多少？

21. 设维尼纶的纤度 $X \sim N(\mu, \sigma^2)$. 由长期生产资料可知 $\sigma = 0.048$. 现从正常生产过程中随机抽取 9 个样品，测得纤度为

$$1.47 \quad 1.42 \quad 1.36 \quad 1.53 \quad 1.39 \quad 1.43 \quad 1.37 \quad 1.44 \quad 1.45$$

试求平均纤度 $\mu$ 的置信区间. ($1 - \alpha = 0.95$)

22. 从一批钉子中随机抽取 6 根，测量其长度（单位：cm）为

$$2.14 \quad 2.12 \quad 2.13 \quad 2.15 \quad 2.11 \quad 2.13$$

设钉子的长度 $X$ 服从正态分布 $N(\mu,\sigma^2)$. 在下面两种情况下分别求 $\mu$ 的置信区间,其中置信度为 0.90.

(1) 已知 $\sigma^2=0.01$; (2) $\sigma^2$ 未知.

23. 16 次测量铝的比重,得 16 个测量值的平均数为 $\bar{x}=2.705$,标准差 $s=0.029$. 设测量值 $X$ 服从正态分布 $N(\mu,\sigma^2)$. 给定置信度为 0.95. 求铝比重的均值 $\mu$ 的置信区间(测量无系统偏差).

24. 设某工业局所属各企业某年所得利润额服从正态分布 $N(\mu,\sigma^2)$,其中 $\mu,\sigma^2$ 未知. 现随机抽查 16 个企业调查年利润额,计算得平均利润额 $\bar{x}=4.3$ 万元,标准差 $s=2.8$ 万元. 试以 0.90 的置信度给出该工业局所属各企业年平均利润额的置信区间及利润额方差的置信区间.

25. 取某种牌号的香烟 8 支,测量每支尼古丁含量,得数据如下:

$$18.5 \quad 19.1 \quad 17.4 \quad 18.4 \quad 19.0 \quad 17.8 \quad 18.8 \quad 19.0$$

已知尼古丁含量 $X$ 服从正态分布 $N(\mu,\sigma^2)$,试求这种牌号香烟尼古丁含量标准差 $\sigma$ 的置信区间. 置信度分别取为 0.99 和 0.95.

26. 设总体 $X \sim N(\mu,\sigma^2)$,且 $\sigma^2$ 已知. 如果样本容量 $n$ 与置信度 $1-\alpha$ 都不变,对于不同的样本观测值,$\mu$ 的置信区间的长度是否改变? 置信上限 $\hat{\theta}_2$ 与置信下限 $\hat{\theta}_1$ 是否改变? 如果改变,将如何改变?

# 第8章

# 假 设 检 验

统计推断的另一类问题是假设检验. 假设检验的方法是根据实际问题的需要, 对总体 $X$ 的分布函数 $F(x;\theta)$, 或分布函数中所含参数 $\theta$ 提出某种假设, 然后利用样本信息对所作假设的真伪进行判断.

本章将介绍假设检验的基本理论与常用方法.

## 8.1 假设检验的基本思想与概念

### 8.1.1 假设检验的基本概念

先看几个简单的例子.

**例 8.1**  罐装可乐的容量按标准应在 350ml 和 360ml 之间. 生产流水线上罐装可乐不断地封装, 然后装箱外运. 从中任意抽取 9 罐测量, 计算出这 9 罐平均容量为 357ml. 用 $X$ 代表罐装可乐的容量, $X$ 是一个随机变量. 如果已知 $X$ 服从正态分布 $N(\mu, 2^2)$. 问这批罐装可乐的容量是否合格?

问题归结为: 首先假设总体 $X$ 的均值为 355. 然后依据一个容量为 9 的样本, 检验这个假设是否符合实际.

**例 8.2**  某厂有一批产品共 200 件, 须经检验合格才能出厂. 按国家标准, 次品率不得超过 1%, 现在其中任意抽取 50 件, 发现有 4 件次品. 问这批产品是否能出厂?

设这批产品的次品率是 $p$, 问题归结为: 首先假设这批产品的次品率 $p \leqslant 0.01$. 然后根据 50 件产品中有 4 件次品这一样本信息, 检验这批产品是否可以出厂, 即是否可以认为 $p \leqslant 0.01$ 这一假设属实.

**例 8.3**  某种建筑材料, 其抗断强度 $X$ 的分布以往一直符合正态分布, 现改变了配料方案并进行了新的生产流程. 从新材料中随机选取 100 件, 测其抗断强度. 问新材料的抗断强度 $Y$ 的分布是否仍然服从正态分布?

首先对新材料的抗断强度 $Y$ 的分布提出一个假设, 即 $Y$ 服从正态分布. 然后以一个容量为 100 的样本为依据, 推断这个假设是否属实.

这类问题实质上都是事先对总体某方面的特征提出一个假设,我们称之为原假设或零假设,用 $H_0$ 表示. 如例 8.1 中,$H_0: \mu = \mu_0$,这里 $\mu_0 = 355$. 然后根据样本提供的信息,按一定的方法对原假设作出尽可能合理的统计推断,或拒绝 $H_0$,或不能拒绝 $H_0$. 这种统计推断的方法称为假设检验.

将拒绝原假设时准备接受的假设称为备择假设,用 $H_1$ 表示. 若备择假设与原假设是对立的,称之为对立假设. 如果没有写出备择假设,则认为 $H_1$ 是对立假设. 如例 8.1 中,原假设 $H_0$ 的对立假设是 $H_1: \mu \neq \mu_0$. 备择假设还可以有下面两种形式:$H_1: \mu > \mu_0$ 或 $H_1: \mu < \mu_0$. 关于备择假设的设定,要视具体问题的要求而定.

如果假设是针对总体分布中未知参数提出的,则称之为参数检验;若假设是关于总体其他的统计特征,如总体分布、独立性等,则称之为非参数检验. 如例 8.1 与例 8.2 是参数检验,例 8.3 则是非参数检验.

如果一个假设检验的目的仅仅是判断原假设是否成立,这类检验问题称为显著性检验. 本章将主要讨论显著性检验方法,特别是正态总体的参数的显著性检验问题.

### 8.1.2　假设检验的基本思想与步骤

对于一个假设检验问题,首先是根据实际问题的要求提出统计假设,但这仅是第一步. 提出统计假设的目的是要进一步推断所提出的假设是否正确,这就是前面说过的"假设"的检验问题.

分析例 8.1,原假设为 $H_0: \mu = \mu_0 = 355$.

若原假设成立,即这批罐装可乐的容量合格,则样本均值 $\bar{X}$ 服从正态分布,且均值为 $\mu_0 = 355$. 因此,一般情况下,其观测值 $\bar{x}$ 与 $\mu_0$ 的差异不大. 如果 $\bar{x}$ 与 $\mu_0$ 有显著差异,我们有理由认为样本不是取自均值为 $\mu_0$ 的总体. 即认为这批罐装可乐的平均容量不是 $\mu_0$. 换言之,应当确定一个区间,例如 $(\mu_0 - k, \mu_0 + k)$,若样本是取自均值为 $\mu_0$ 的总体,则只要是简单随机抽样,样本均值 $\bar{X}$ 都应该以很大的概率落在此区间内. 即 $\bar{X}$ 落在此区间之外的概率应该很小. 如果一旦这个小概率事件 $\{|\bar{X} - \mu_0| > k\}$ 发生了,人们必然怀疑原假设 $H_0$ 的真实性. 因此在解决实际问题时,人们事先指定一个小概率 $\alpha$,如取 $\alpha$ 为 $0.1, 0.05, 0.25$ 等,使得当 $H_0$ 实际正确时拒绝 $H_0$ 的概率是 $\alpha$. 可由概率等式

$$P\{|\bar{X} - \mu_0| > k \mid H_0 \text{ 为真}\} = \alpha$$

确定常数 $k$.

称 $\alpha$ 为检验的显著性水平.

假设检验的基本思想是:首先假设 $H_0$ 成立,然后进行统计推理,如果导致了一个不合理现象的出现,即小概率事件在一次试验中发生了,则拒绝这个假设. 如果由此没有导出不合理的现象发生,则不能拒绝原来的假设,这时称原假设是相容的. 这里应用了小概率事件原理"概率很小的事件在一次试验(或观察)中是几乎不可能发生的".

下面给出例 8.1 的解.

提出原假设 $H_0: \mu = 355$.

由于统计量 $\dfrac{\overline{X} - \mu}{\sigma/\sqrt{n}} \sim N(0,1)$, 因此当原假设成立时, 统计量 $U = \dfrac{\overline{X} - 355}{2/\sqrt{9}} \sim N(0,1)$. 我们用统计量 $U$ 来检验这个假设.

称用来作检验的统计量为检验统计量.

若给定的显著性水平 $\alpha = 0.05$, 作概率等式

$$P\{|U| > \lambda\} = 0.05$$

查表 A2 得 $\lambda = 1.96$. 即有

$$P\left\{\left|\frac{\overline{X} - 355}{2/\sqrt{9}}\right| > 1.96\right\} = 0.05$$

根据样本观测值计算检验统计量 $U$ 的观测值. 若 $|U| > 1.96$, 即小概率事件 $\{|U| > 1.96\}$ 发生了, 则拒绝 $H_0$.

称拒绝 $H_0$ 的区域为检验的拒绝域(或否定域), 该检验的拒绝域为 $|U| > 1.96$, 作为拒绝域界限的数值 $-1.96$ 及 $1.96$ 称为临界值. 拒绝域见图 8-1.

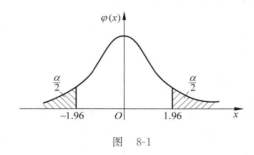

图 8-1

计算检验统计量的观测值得

$$u = \frac{357 - 355}{2/\sqrt{9}} = 3 > 1.96$$

$U$ 的观测值落入拒绝域, 所以拒绝 $H_0$. 即在显著性水平 $\alpha = 0.05$ 下, 认为这批罐装可乐的容量是不合格的.

通过前面的讨论, 可将假设检验的一般步骤归纳如下:

(1) 根据实际情况, 提出原假设 $H_0$ 及备择假设 $H_1$.

(2) 建立检验统计量. 在原假设成立的条件下确定检验统计量的分布.

(3) 确定检验的拒绝域. 构造小概率事件, 对给定的显著性水平 $\alpha$ 及检验统计量的分布, 查表确定临界值, 从而得到拒绝域.

(4) 对原假设 $H_0$ 作出统计推断. 如果检验统计量的观测值落入拒绝域, 则拒绝原假设 $H_0$.

### 8.1.3　两类错误

在假设检验中,由于我们作统计推断的依据是小概率原理,因此,都存在犯错误的可能. 检验可能犯的错误有两类:当原假设 $H_0$ 实际是正确的时候,拒绝了 $H_0$,这时犯了"弃真"的错误,称为第一类错误. 显著性水平 $\alpha$ 就是犯第一类错误的概率,即有

$$P\{拒绝\ H_0 \mid H_0\ 为真\} = \alpha$$

如在例 8.1 中,依据 $\overline{x} = 357$ 的样本信息,拒绝了 $\mu = 355$ 这一假设. 如果 $\mu = 355$ 实际上是正确的,这时我们就犯了第一类错误,其概率为 0.05.

如果原假设实际不正确,检验结果却接受 $H_0$,这时犯了"取伪"的错误,称之为第二类错误. 犯第二类错误的概率记为 $\beta$,即有

$$P\{接受\ H_0 \mid H_0\ 不真\} = \beta$$

由于 $\beta$ 的大小与参数的真值有关,因此一般是无法计算的.

在进行假设检验时,人们自然希望犯两类错误的概率都很小. 但是,研究表明,当样本容量 $n$ 固定时,一类错误概率的减少会导致另一类错误概率的增加,即 $\alpha$ 与 $\beta$ 不可能同时缩小. 因此,在实际应用中,通常是根据问题的具体要求,控制犯第一类错误的概率,即指定一个小概率 $\alpha$,使犯第一类错误的概率不超过 $\alpha$. 按这样的原则建立的检验法则称为统计假设的 $\alpha$ 水平显著性检验.

由中心极限定理可知,现实世界中许多随机变量都服从或近似服从正态分布. 因而有关正态分布的假设检验问题尤为重要. 本章主要讨论有关正态总体的假设检验.

## 8.2　一个正态总体参数的假设检验

设总体 $X$ 服从 $N(\mu, \sigma^2)$,$X_1, X_2, \cdots, X_n$ 是总体 $X$ 的样本.给定显著性水平 $\alpha(0 < \alpha < 1)$.

### 8.2.1　方差 $\sigma^2$ 已知时,正态总体均值 $\mu$ 的假设检验

**1. 已知方差 $\sigma^2 = \sigma_0^2$($\sigma_0^2$ 是已知常数),检验假设 $H_0: \mu = \mu_0$,其中 $\mu_0$ 为已知常数**

8.1 节中例 8.1 就是这种类型的假设检验,由例 8.1 可将假设检验的步骤归纳如下:

(1) 提出原假设 $H_0: \mu = \mu_0$.

(2) 选用统计量

$$U = \frac{\overline{X} - \mu_0}{\sigma_0 / \sqrt{n}}$$

作为检验统计量. 在原假设成立的条件下 $U \sim N(0, 1)$.

(3) 对给定的显著性水平 $\alpha$,作概率等式

$$P\{|U| > u_{\frac{\alpha}{2}}\} = \alpha$$

查表 A2 得临界值 $u_{\frac{\alpha}{2}}$. 由此可得拒绝域为 $|U|>u_{\frac{\alpha}{2}}$, 即 $(-\infty,-u_{\frac{\alpha}{2}})\bigcup(u_{\frac{\alpha}{2}},+\infty)$.

(4) 根据样本观测值 $x_1,x_2,\cdots,x_n$ 计算统计量 $U$ 的观测值. 若它落入拒绝域,则拒绝原假设 $H_0$,否则就不能拒绝 $H_0$.

我们把拒绝域取在两侧的检验称为双侧(双边)检验. 这种利用服从正态分布的统计量作为检验统计量的检验法通常称为 U-检验法.

**例 8.4**　食品厂用自动机器包装食盐,每袋标准重量为 500g,标准差为 6g. 为检验机器工作的情况,现从一批包装好的食盐中抽取 9 袋,测得平均重量为 502g,标准差不变. 设食盐重量服从正态分布,问机器工作是否正常?($\alpha=0.05$)

**解**　设食盐重量为 $X$. 依题意 $X\sim N(\mu,6^2)$. 因此问题归结为作如下假设检验:

假设 $H_0:\mu=500,H_1:\mu\neq500$,检验统计量 $U=\dfrac{\overline{X}-500}{6/\sqrt{9}}$,当 $H_0$ 成立时,$U\sim N(0,1)$.

对于给定的显著性水平 $\alpha=0.05$,令
$$P\{|U|>u_{\frac{\alpha}{2}}\}=0.05$$
查表 A2,得 $u_{\frac{\alpha}{2}}=1.96$. 因而检验的拒绝域为 $(-\infty,-1.96)\bigcup(1.96,+\infty)$.

计算检验统计量的观测值得
$$u=\frac{502-500}{6/\sqrt{9}}=1<1.96$$

检验统计量的观测值没有落入拒绝域,所以不能拒绝原假设. 即在显著性水平 $\alpha=0.05$ 下,认为机器工作正常.

**2. 已知方差 $\sigma^2=\sigma_0^2$($\sigma_0^2$ 是已知常数),检验假设 $H_0:\mu=\mu_0,H_1:\mu>\mu_0$(或 $\mu<\mu_0$),其中 $\mu_0$ 为已知常数**

该检验的备择假设不是对立假设. 但是,仍然要用 $U$ 作检验统计量. 由于当拒绝 $H_0$ 时准备接受的假设是 $\mu>\mu_0$,因而,考虑当 $H_0$ 成立时,$\overline{X}-\mu_0$ 很大的可能性较小. 即 $U=\dfrac{\overline{X}-\mu_0}{\sigma_0/\sqrt{n}}$ 大过某一临界值是一小概率事件. 所以,当 $U>u_\alpha$ 时拒绝 $H_0$,即对于给定的显著性水平 $\alpha$,令
$$P\{U>u_\alpha\}=\alpha$$
查表 A2 得临界值 $u_\alpha$,由此可得拒绝域为 $(u_\alpha,+\infty)$,见图 8-2.

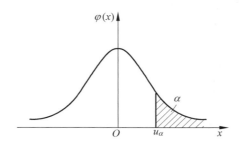

图　8-2

**例 8.5**　某织物强力指标 $X$ 的均值 $\mu_0 = 21\text{kg}$. 改进工艺后生产一批织物,今从中取 25 件,测得该织物平均强力为 21.65kg. 假设强力指标服从正态分布 $N(\mu, \sigma^2)$ 且已知 $\sigma = 1.2\text{kg}$,问在显著性水平 $\alpha = 0.01$ 下,新生产织物比过去的织物强力是否有提高?

**解**　假设 $H_0 : \mu = 21, H_1 : \mu > 21$. 用统计量 $U = \dfrac{\overline{X} - 21}{1.2/\sqrt{25}}$ 作为检验统计量. 当 $H_0$ 成立时,$U \sim N(0, 1)$.

对于给定的显著性水平 $\alpha = 0.01$,令

$$P\{U > u_\alpha\} = 0.01$$

查表 A2 得临界值 $u_\alpha = 2.33$. 由此可得拒绝域为 $(2.33, +\infty)$.

计算检验统计量的观测值

$$u = \frac{21.65 - 21}{1.2/\sqrt{25}} \approx 2.7 > 2.33$$

$U$ 的观测值落入拒绝域,故拒绝原假设 $H_0$. 即新生产织物比过去的织物强力有显著提高.

例 8.5 中拒绝域取在右侧,称它为右侧(右边)检验. 如果检验假设 $H_0 : \mu = \mu_0$,$H_1 : \mu < \mu_0$,则拒绝域取在左侧,即当 $U < -u_\alpha$ 时拒绝 $H_0$. 称这样的检验为左侧(左边)检验. 左侧检验与右侧检验统称为单侧(单边)检验.

## 8.2.2　总体方差 $\sigma^2$ 未知时,检验假设 $H_0 : \mu = \mu_0$

由于随机变量 $U = \dfrac{\overline{X} - \mu_0}{\sigma/\sqrt{n}}$ 中,包含未知参数 $\sigma$,因而不能用它作为检验统计量. 在总体方差未知时,通常用它的无偏估计量 $S^2$ 来代替. 于是得统计量

$$T = \frac{\overline{X} - \mu_0}{S/\sqrt{n}}$$

当 $H_0$ 成立时,$T \sim t(n-1)$. 因此,可用 $T$ 作为检验统计量. 如果 $H_0$ 成立,则样本是取自均值是 $\mu_0$ 的总体. 因而 $|\overline{X} - \mu_0|$ 很大的概率较小. 即统计量 $T$ 的绝对值大过某一临界值是一小概率事件. 因此,当 $T$ 的观测值的绝对值太大时拒绝 $H_0$.

通过以上分析,可将该检验步骤归纳如下:

(1) 提出原假设 $H_0 : \mu = \mu_0$.

(2) 选用统计量

$$T = \frac{\overline{X} - \mu_0}{S/\sqrt{n}}$$

作为检验统计量. 在原假设成立的条件下 $T \sim t(n-1)$.

(3) 对给定的显著性水平 $\alpha$,作概率等式

$$P\{|T| > t_{\frac{\alpha}{2}}(n-1)\} = \alpha$$

查表 A4 得临界值 $t_{\frac{\alpha}{2}}(n-1)$,检验的拒绝域为 $(-\infty, -t_{\frac{\alpha}{2}}(n-1)) \bigcup (t_{\frac{\alpha}{2}}(n-1), +\infty)$,见

图 8-3.

（4）根据样本观测值 $x_1, x_2, \cdots, x_n$ 计算统计量 $T$ 的观测值. 若它落入拒绝域,则拒绝原假设 $H_0$,否则不能拒绝 $H_0$.

**例 8.6** 设某次考试成绩服从正态分布,从中随机地抽取 36 位考生的成绩,算得平均成绩为 66.5 分,标准差为 15 分.问在显著性水平 $\alpha = 0.05$ 下,是否可以认为这次考试全体考生的平均成绩为 70 分?

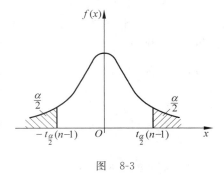

图 8-3

**解** 假设 $H_0 : \mu = 70$,因为 $\sigma^2$ 未知,当 $H_0$ 成立时,有

$$T = \frac{\overline{X} - \mu}{S / \sqrt{n}} \sim t(35)$$

令

$$P\{|T| > t_{\frac{\alpha}{2}}(35)\} = 0.05$$

查表 A4 得 $t_{\frac{\alpha}{2}}(35) = 2.03$,检验的拒绝域为 $(-\infty, -2.03) \bigcup (2.03, +\infty)$,将 $\overline{x} = 66.5$,$S = 15$ 代入,得

$$t = \frac{66.5 - 70}{15 / \sqrt{36}} = -1.4.$$

检验统计量的观测值没有落入拒绝域,不能拒绝原假设,即在显著性水平 $\alpha = 0.05$ 下,可以认为这次考试全体考生的平均成绩为 70 分.

### 8.2.3　总体均值 $\mu$ 未知时,检验假设 $H_0 : \sigma^2 = \sigma_0^2$,其中 $\sigma_0^2$ 是已知常数

由于样本方差 $S^2$ 是总体方差 $\sigma^2$ 的无偏估计量. 所以,当 $H_0$ 成立时,$S^2$ 的观测值与 $\sigma_0^2$ 应没有显著差异. 即比值 $S^2 / \sigma_0^2$ 应在 1 附近波动,比 1 大得多或小得多的概率很小. 但是统计量 $S^2 / \sigma_0^2$ 的分布是未知的. 由定理 6.2 可知,在 $H_0$ 成立时,统计量

$$\chi^2 = \frac{(n-1)S^2}{\sigma_0^2} = \frac{1}{\sigma_0^2} \sum_{i=1}^{n} (X_i - \overline{X})^2$$

服从自由度为 $n-1$ 的 $\chi^2$ 分布. 因此,可用 $\chi^2$ 作为检验统计量. 当 $\chi^2$ 的观测值太大或太小时拒绝 $H_0$.

通过以上分析,$\chi^2$ 检验的步骤如下:
（1）提出原假设 $H_0 : \sigma^2 = \sigma_0^2$,其中 $\sigma_0^2$ 是已知常数.
（2）选用统计量

$$\chi^2 = \frac{(n-1)S^2}{\sigma_0^2}$$

作为检验统计量. 在原假设成立的条件下 $\chi^2 \sim \chi^2(n-1)$.

（3）对给定的显著性水平 $\alpha$，作概率等式

$$P\{\chi^2 > \chi^2_{\frac{\alpha}{2}}(n-1)\} = \frac{\alpha}{2}$$

$$P\{\chi^2 < \chi^2_{1-\frac{\alpha}{2}}(n-1)\} = \frac{\alpha}{2}$$

查表 A3 得临界值 $\chi^2_{1-\frac{\alpha}{2}}(n-1)$ 和 $\chi^2_{\frac{\alpha}{2}}(n-1)$. 检验的拒绝域为

$$(0, \chi^2_{1-\frac{\alpha}{2}}(n-1)) \bigcup (\chi^2_{\frac{\alpha}{2}}(n-1), +\infty)$$

见图 8-4.

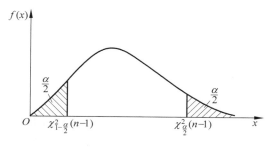

图　8-4

（4）根据样本观测值 $x_1, x_2, \cdots, x_n$ 计算统计量 $\chi^2$ 的观测值. 若它落入拒绝域，则拒绝原假设 $H_0$，否则不能拒绝 $H_0$.

**例 8.7**　某纺织车间生产的细纱支数服从正态分布. 规定标准差为 1.2. 从某日生产的细纱中随机抽取 16 根纱，测量其支数. 经计算标准差 $S$ 为 2.1. 问能否认为细纱支数的均匀度符合规定？（$\alpha = 0.1$）

**解**　设细纱支数为随机变量 $X$. 依题意 $X \sim N(\mu, \sigma^2)$，其中 $\mu$ 未知. 问题归结为作如下假设检验：

原假设 $H_0: \sigma^2 = 1.2^2$，用统计量 $\chi^2 = \dfrac{1}{1.2^2} \sum_{i=1}^{16} (X_i - \overline{X})^2$ 作为检验统计量. 当 $H_0$ 成立时，$\chi^2 \sim \chi^2(15)$.

对于给定的显著性水平 $\alpha = 0.1$，令

$$P\{\chi^2 > \chi^2_{0.05}(15)\} = 0.05$$

$$P\{\chi^2 < \chi^2_{0.95}(15)\} = 0.05$$

查表 A3 得临界值 $\chi^2_{0.95}(15) = 7.26$，$\chi^2_{0.05}(15) = 25$，由此可得拒绝域为 $(0, 7.26) \bigcup (25, x+\infty)$.

计算检验统计量的观测值

$$\chi^2 = \frac{2.1^2 \times 15}{1.2^2} = 46 > 25$$

$\chi^2$ 的观测值落入拒绝域,故拒绝原假设 $H_0$. 即认为细纱的均匀度不符合规定.

## 8.3　两个正态总体参数的假设检验

设总体 $X \sim N(\mu_1, \sigma_1^2)$,$Y \sim N(\mu_2, \sigma_2^2)$. $X_1, X_2, \cdots, X_{n_1}$ 与 $Y_1, Y_2, \cdots, Y_{n_2}$ 分别是取自总体 $X$ 与 $Y$ 的样本.并且两样本相互独立.

### 8.3.1　两个正态总体均值的假设检验

设两总体方差相等,记为 $\sigma^2$($\sigma^2$ 未知),检验假设 $H_0: \mu_1 = \mu_2$,$H_1: \mu_1 \neq \mu_2$.

当 $H_0 (\mu_1 = \mu_2)$ 成立时,由定理 6.4 知

$$T = \frac{\overline{X} - \overline{Y} - (\mu_1 - \mu_2)}{\sqrt{\dfrac{(n_1 - 1)S_1^2 + (n_2 - 1)S_2^2}{n_1 + n_2 - 2}} \sqrt{\dfrac{1}{n_1} + \dfrac{1}{n_2}}} \sim t(n_1 + n_2 - 2) \tag{8.1}$$

(8.1)式中 $\overline{X}$ 与 $\overline{Y}$ 分别是两个样本的均值,$S_1^2$ 与 $S_2^2$ 分别是两个样本的方差. 此时,(8.1)式已不带有未知参数,因而 $T$ 可作为 $H_0$ 的检验统计量. 对给出的显著性水平 $\alpha$,在 $H_0$ 为真时

$$P\{|T| > t_{\frac{\alpha}{2}}(n_1 + n_2 - 2)\} = \alpha$$

这里 $t_{\frac{\alpha}{2}}(n_1 + n_2 - 2)$ 可由自由度为 $n_1 + n_2 - 2$ 的 $t$ 分布表得到. 若由样本观测值 $x_1, \cdots, x_n$ 按 (8.1)式算得 $|t| > t_{\frac{\alpha}{2}}$,则拒绝原假设 $H_0: \mu_1 = \mu_2$,即认为两个总体的均值有显著的差异,否则,不能拒绝原假设,即可以认为这两个样本来自同一总体.

　　**例 8.8**　从甲、乙两车间生产的灯泡中分别抽 10 个、15 个,测得平均寿命分别为 1282h,1208h,样本标准差分别为 80h,94h. 设灯泡寿命是服从正态分布的,且方差相等. 给定显著性水平 $\alpha = 0.05$,问这两个车间所生产的灯泡平均寿命是否相同?

　　**解**　设甲、乙两车间生产的灯泡寿命分别为随机变量 $X$ 与 $Y$.依题意有

$$X \sim N(\mu_1, \sigma^2), \quad Y \sim N(\mu_2, \sigma^2)$$

其中 $\sigma^2$ 未知. 因此所提问题即是检验假设

$$H_0: \mu_1 = \mu_2$$

用(8.1)式作为检验统计量,其中 $n_1 = 10$,$n_2 = 15$. 因此,当 $H_0$ 成立时

$$T = \frac{\overline{X} - \overline{Y} - (\mu_1 - \mu_2)}{\sqrt{\dfrac{(n_1 - 1)S_1^2 + (n_2 - 1)S_2^2}{n_1 + n_2 - 2}} \sqrt{\dfrac{1}{n_1} + \dfrac{1}{n_2}}} \sim t(23)$$

对给定的显著性水平 $\alpha = 0.05$,令

$$P\{|T| > t_{\frac{\alpha}{2}}(23)\} = 0.05$$

查表 A4,得 $t_{0.025}(23) = 2.0687$,检验的拒绝域为

$$(-\infty, -2.0687) \bigcup (2.0687, +\infty)$$

计算 $T$ 的观测值得

$$t = \frac{1282 - 1208}{\sqrt{\dfrac{(10-1)80^2 + (15-1)94^2}{10+15-2}}\sqrt{\dfrac{1}{10} + \dfrac{1}{15}}} \approx 2.0416 < 2.0687$$

检验统计量的观测值没有落入拒绝域,故不能拒绝原假设,即认为两个车间生产的灯泡寿命没有显著差异.

当已知两总体方差 $\sigma_1^2$ 与 $\sigma_2^2$ 时,用 $U$ 检验法检验假设 $H_0: \mu_1 = \mu_2$.这时,检验统计量为

$$U = \frac{\overline{X} - \overline{Y}}{\sqrt{\dfrac{\sigma_1^2}{n_1} + \dfrac{\sigma_2^2}{n_2}}} \tag{8.2}$$

当 $H_0$ 成立时,$U$ 服从标准正态分布.

## 8.3.2　两个正态总体方差的假设检验

设两正态总体均值 $\mu_1, \mu_2$ 未知,检验假设

$$H_0: \sigma_1^2 = \sigma_2^2, \quad H_1: \sigma_1^2 \neq \sigma_2^2$$

要比较 $\sigma_1^2$ 与 $\sigma_2^2$,自然想到用两样本方差 $S_1^2$ 与 $S_2^2$ 作比较.在原假设 $H_0$ 成立下,比式 $\dfrac{S_1^2}{S_2^2}$ 的观测值应该在 1 附近随机地波动,太大或太小的概率很小.因此在 $\dfrac{S_1^2}{S_2^2}$ 的观测值过大或过小时拒绝 $H_0$.由定理 6.5 可知,当 $H_0$ 成立时有

$$F = \frac{S_1^2}{S_2^2} \sim F(n_1 - 1, n_2 - 1) \tag{8.3}$$

即 $F$ 服从第一自由度为 $n_1 - 1$,第二自由度为 $n_2 - 1$ 的 $F$ 分布,且不带有未知参数,因而它可作为 $H_0$ 的检验统计量.

关于两个正态总体方差相等的显著性检验为 $F$ 检验法.其步骤如下:

(1) 提出原假设 $H_0: \sigma_1^2 = \sigma_2^2$.

(2) 用(8.3)式作为检验统计量.当原假设 $H_0: \sigma_1^2 = \sigma_2^2$ 成立时,有

$$F = \frac{S_1^2}{S_2^2} \sim F(n_1 - 1, n_2 - 1)$$

(3) 对于给定的显著性水平 $\alpha$,作概率等式

$$P\{F > F_{\frac{\alpha}{2}}(n_1 - 1, n_2 - 1)\} = P\{F < F_{1-\frac{\alpha}{2}}(n_1 - 1, n_2 - 1)\} = \frac{\alpha}{2}$$

查表 A5,得临界值,$F_{\frac{\alpha}{2}}(n_1 - 1, n_2 - 1)$ 及 $F_{1-\frac{\alpha}{2}}(n_1 - 1, n_2 - 1)$.检验的拒绝域为

$$\left(0, F_{1-\frac{\alpha}{2}}(n_1 - 1, n_2 - 1)\right) \bigcup \left(F_{\frac{\alpha}{2}}(n_1 - 1, n_2 - 1), +\infty\right)$$

见图 8-5.

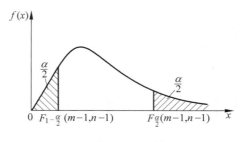

图 8-5

（4）根据所给定的样本值 $x_1,x_2,\cdots,x_{n_1}$ 及 $y_1,y_2,\cdots,y_{n_2}$ 计算检验统计量 $F$ 的观测值. 其落入拒绝域则拒绝 $H_0$，否则不能拒绝 $H_0$.

**例 8.9**  为比较甲乙两台自动机床的精度，分别取容量为 10 和 8 的两个样本，测量某个指标的尺寸（假定服从正态分布），得到下列结果：

车床甲  1.08  1.10  1.12  1.14  1.15  1.25  1.36  1.38  1.40  1.42

车床乙  1.11  1.12  1.18  1.22  1.33  1.35  1.36  1.38

在 $\alpha=0.1$ 时，问这两台车床是否有相同的精度？

**解**  设两台自动机床的方差分别为 $\sigma_1^2$ 与 $\sigma_2^2$，检验假设

$$H_0:\sigma_1^2=\sigma_2^2,\quad H_1:\sigma_1^2\neq\sigma_2^2$$

$H_0$ 成立时统计量

$$F=\frac{S_1^2}{S_2^2}\sim F(9,7)$$

其中 $S_1^2$ 与 $S_2^2$ 为两样本方差.

对给定的显著性水平 $\alpha=0.1$，令

$$P\{F>F_{\frac{\alpha}{2}}(9,7)\}=0.05$$

$$P\{F<F_{1-\frac{\alpha}{2}}(9,7)\}=0.05$$

查表 A5 得临界值

$$F_{\frac{\alpha}{2}}(9,7)=F_{0.05}(9,7)=3.68$$

$$F_{1-\frac{\alpha}{2}}(9,7)=F_{0.95}(9,7)=\frac{1}{F_{0.05}(7,9)}=\frac{1}{3.29}\approx0.304$$

检验的拒绝域为 $(0,0.304)\bigcup(3.68,+\infty)$.

由样本计算得

$$n_1=10,\quad \overline{x}=1.24,\quad s_1^2=\frac{1}{9}\sum_{i=1}^{10}(x_i-\overline{x})^2\approx0.0189$$

$$n_2=8,\quad \overline{y}\approx1.26,\quad s_2^2=\frac{1}{7}\sum_{j=1}^{8}(y_j-\overline{y})^2\approx0.0134$$

代入(8.3)式有

$$f \approx 1.41$$

检验统计量的观测值没有落入拒绝域,故不能拒绝原假设,故认为两台机床有同样的精度.

**例 8.10**　质检部门先后两次到某家食品厂抽检某种食品中人工添加剂的含量(单位:%).分别随机地抽查了容量为 7 和 8 的样本.由样本数据计算出两样本均值和方差分别为 $\bar{x}=1.47, \bar{y}=1.49, s_1^2=0.2036, s_2^2=0.1987$.若该食品中人工添加剂的含量服从正态分布,问这两次抽检结果有无显著差异?($\alpha=0.01$)

**解**　设两次抽检时该食品中人工添加剂的含量分别为随机变量 $X$ 与 $Y$.依题意,$X \sim N(\mu_1, \sigma_1^2), Y \sim N(\mu_2, \sigma_2^2)$.其中 $\mu_1, \mu_2, \sigma_1^2, \sigma_2^2$ 均未知.问题归结为检验两总体均值有无显著差异.为此,首先要检验假设 $\sigma_1^2=\sigma_2^2$.如果 $\sigma_1^2$ 与 $\sigma_2^2$ 无显著差异,则可以认为 $\sigma_1^2=\sigma_2^2$.这时,再用检验统计量 $T$ 检验假设 $H_0: \mu_1=\mu_2$.

(1) 先检验假设 $H_0: \sigma_1^2=\sigma_2^2$,检验统计量为 $F=\dfrac{S_1^2}{S_2^2}$.当 $H_0$ 成立时统计量 $F=\dfrac{S_1^2}{S_2^2} \sim F(6,7)$.

对于给定的显著性水平 $\alpha=0.01$,令

$$P\{F > F_{\frac{\alpha}{2}}(6,7)\} = 0.005$$
$$P\{F < F_{1-\frac{\alpha}{2}}(6,7)\} = 0.005$$

查表 A5 得临界值

$$F_{\frac{\alpha}{2}}(6,7) = F_{0.005}(6,7) = 9.16$$

$$F_{1-\frac{\alpha}{2}}(6,7) = F_{0.995}(6,7) = \frac{1}{F_{0.005}(7,6)} = \frac{1}{10.79} \approx 0.093$$

检验的拒绝域为 $(0, 0.093) \bigcup (9.16, +\infty)$.

由样本数据计算出检验统计量 $F$ 的观测值为

$$f = \frac{0.2036}{0.1987} \approx 1.025$$

它没有落入拒绝域,故不能拒绝 $H_0$.即认为两总体方差相等.

(2) 原假设 $H_0: \mu_1=\mu_2$.检验统计量为

$$T = \frac{\bar{X} - \bar{Y} - (\mu_1 - \mu_2)}{\sqrt{\dfrac{(n_1-1)S_1^2 + (n_2-1)S_2^2}{n_1 + n_2 - 2}} \sqrt{\dfrac{1}{n_1} + \dfrac{1}{n_2}}}$$

当 $H_0$ 成立时,$T \sim t(13)$.

对给定的显著性水平 $\alpha=0.01$,令

$$P\{|T| > t_{\frac{\alpha}{2}}(13)\} = 0.01$$

查表 A4,得 $t_{0.005}(13)=3.012$.检验的拒绝域为 $(-\infty, -3.012) \bigcup (3.012, +\infty)$.

由样本数据计算检验统计量 $T$ 的观测值

$$t = \frac{1.47 - 1.49}{\sqrt{\dfrac{(7-1)0.2036 + (8-1)0.1987}{7+8-2}}\sqrt{\dfrac{1}{7} + \dfrac{1}{8}}}$$

$$\approx 0.0862 < 3.012$$

检验统计量的观测值没有落入拒绝域,故不能拒绝原假设,即显著性水平 $\alpha = 0.01$ 下,可以认为两次抽检结果没有显著差异.

## 8.4* 总体比率的假设检验

总体比率是指总体中具有某种特征的个体所占的比例. 例如,总体的次品率就是总体中次品所占的比例. 用随机变量 $X$ 表示个体指标,当个体指标具有该特征时,$X = 1$;不具有该特征时,$X = 0$. 若总体比率为 $p$,则有

$$P\{X = 1\} = p, \quad P\{X = 0\} = 1 - p$$

因此,总体均值 $E(X) = p$,设 $X_1, X_2, \cdots, X_n$ 是总体 $X$ 的样本,则 $X_i$ 服从 $(0\text{-}1)$ 分布$(i = 1, 2, \cdots, n)$. 而 $\sum\limits_{i=1}^{n} X_i$ 就是样本中具有该特征的个体的数目. 样本均值 $\dfrac{1}{n}\sum\limits_{i=1}^{n} X_i$ 便是样本比率,记为 $\bar{P}$. 我们的问题是检验假设 $H_0 : p = p_0$($p_0$ 是已知常数). 由于 $\sum\limits_{i=1}^{n} X_i$ 服从二项分布 $B(n, p)$,又由中心极限定理可知,当样本容量 $n$ 较大(实际取 $n \geqslant 30$),$np > 5$,$n(1-p) > 5$,且 $H_0 : p = p_0$ 成立时,

$$U = \frac{\sum\limits_{i=1}^{n} X_i - np_0}{\sqrt{np_0(1-p_0)}} = \frac{\bar{P} - p_0}{\sqrt{\dfrac{p_0(1-p_0)}{n}}} \tag{8.4}$$

近似服从标准正态分布. 因此,当样本容量 $n$ 较大时,对总体比率的检验可用 $(8.4)$ 式作为检验统计量.

**例 8.11** 某药品广告上声称该药品对某种疾病的治愈率是 $90\%$. 一家医院对该药品临床使用 $120$ 例,治愈 $85$ 人. 问根据这家医院的统计结果能否认为该药品广告所称的治愈率属实?($\alpha = 0.02$)

**解** 提出原假设 $H_0 : p = 0.9$. 这里 $n = 120$,$np = 98 > 5$,$n(1-p) = 12 > 5$. 所以用 $U$ 检验法,$(8.4)$ 式为检验统计量.

对给定的显著性水平 $\alpha = 0.02$,令

$$P\{|U| > u_{\frac{\alpha}{2}}\} = 0.02$$

查表 A2,得 $u_{\frac{\alpha}{2}} = 2.33$. 因而检验的拒绝域为 $(-\infty, -2.33) \cup (2.33, +\infty)$.

已知 $p_0 = 0.9$,由样本数据计算出 $\bar{p} = \dfrac{85}{120} \approx 0.71$. 于是检验统计量 $U$ 的观测值为

$$u = \frac{0.71 - 0.9}{\sqrt{\dfrac{0.9 \times 0.1}{120}}} \approx -7.04 < -2.33$$

检验统计量 $U$ 的观测值落入拒绝域,所以在显著性水平 $\alpha = 0.02$ 下拒绝 $H_0$. 即认为该药品广告所声称的治愈率与实际有显著差异.

**例 8.12**  环保部门接到举报称某地区工业企业中不执行环保条例的厂家不低于 40%. 环保部门认为该说法与实际情况有出入,于是在该地区的工厂中随机抽查了 60 家,结果发现 17 家未执行环保条例. 那么根据调查结果能否证明举报属实?($\alpha = 0.05$)

**解**  环保部门想证明"$p \geqslant 0.4$"这一说法不符合实际. 因此作假设

$$H_0: p = 0.4, \quad H_1: p < 0.4$$

选 $U = \dfrac{\bar{P} - p_0}{\sqrt{\dfrac{p_0(1 - p_0)}{n}}}$ 为检验统计量. 其中 $p_0 = 0.4, n = 60$. 当 $H_0$ 成立时,$U$ 近似服从标准正态分布.

对给定的显著性水平 $\alpha = 0.05$,令

$$P\{U < -u_\alpha\} = 0.05$$

查表 A2,得 $u_\alpha = 1.645$. 因而检验的拒绝域为 $(-\infty, -1.645)$.

由样本数据计算出 $\bar{p} = \dfrac{17}{60} \approx 0.28$. 于是检验统计量 $U$ 的观测值为

$$u = \frac{0.28 - 0.4}{\sqrt{\dfrac{0.6 \times 0.4}{60}}} \approx -1.9 < -1.645$$

检验统计量 $U$ 的观测值落入拒绝域,所以在显著性水平 $\alpha = 0.05$ 下拒绝 $H_0$,即认为该举报所反映问题与实际情况有显著差异.

# 8.5*  总体分布函数的假设检验

在前几节中我们总是假定总体服从正态分布,而对其数字特征(期望、方差等)进行检验. 怎么知道一个总体的概率分布是正态分布呢? 更一般地,如何知道一个总体 $X$ 的分布函数是某个给定的函数 $F_0(x)$ 呢? 数理统计解决这类问题的方法是,根据经验或对大量统计数据的分析对总体的分布形式作出某种假设,然后再对该假设进行检验.

本节介绍一种最常用的检验总体分布函数为某一已知函数 $F_0(x)$ 的方法——皮尔逊 $\chi^2$ 检验法.

### 8.5.1　频率直方图

设 $x_1, x_2, \cdots, x_n$ 是总体 $X$ 的样本. 其最小值记为 $a$, 最大值记为 $b$. 又设 $a_0$ 是小于 $a$ 的最大整数, $a_m$ 是大于 $b$ 的最小整数. 将区间 $[a_0, a_m]$ 等分成 $m$ 个小区间

$$[a_0, a_1], (a_1, a_2], \cdots, (a_{m-1}, a_m]$$

显然, 各小区间的长度均为 $\Delta x = \dfrac{a_m - a_0}{m}$. 然后统计出样本观测值落入各小区间的频数 $f_i$, 并计算频率 $\dfrac{f_i}{n}(i = 1, 2, \cdots, m)$. 以每个小区间为底, 以 $\dfrac{f_i/n}{\Delta x}$ 为高在平面直角坐标系内作小矩形. 这些小矩形组成的图形称为频率直方图. 显然第 $i$ 个小矩形的面积恰好是样本观测值落入第 $i$ 个小区间内的频率 $\dfrac{f_i}{n}$. 若总体 $X$ 的概率密度为 $f(x)$, 则 $X$ 的观测值落入第 $i$ 个小区间内的概率为 $P\{a_{i-1} < X \leqslant a_i\}$. 其几何意义是以 $\Delta x_i$ 为底, 概率密度曲线 $f(x)$ 为顶的曲边梯形的面积. 于是有

$$P\{a_{i-1} < X \leqslant a_i\} \approx \frac{f_i}{n}$$

因此, 当样本容量 $n$ 无限增大时, 频率直方图的阶梯形折线将逼近于概率密度曲线. 也就是说, 当 $n$ 充分大时, 频率直方图近似地反映了概率密度曲线的大致形状. 在统计推断中常常由此提出对总体分布形式的假设.

**例 8.13**　某地区连续 50 年中四月份平均气温资料如下(单位: ℃):

$$
\begin{array}{cccccccccc}
6.9 & 4.1 & 6.6 & 5.2 & 6.4 & 7.9 & 8.6 & 3.0 & 4.4 & 6.7 \\
7.1 & 4.7 & 9.1 & 6.8 & 8.6 & 5.2 & 5.8 & 7.9 & 5.6 & 8.8 \\
8.1 & 5.7 & 8.4 & 4.1 & 6.4 & 6.2 & 5.2 & 6.8 & 5.6 & 5.6 \\
6.8 & 8.2 & 6.4 & 4.8 & 6.9 & 7.1 & 9.7 & 6.4 & 7.3 & 6.8 \\
7.1 & 4.8 & 5.8 & 6.5 & 5.9 & 7.3 & 5.5 & 7.4 & 6.2 & 7.7
\end{array}
$$

以上述资料为依据, 推断该地区四月份平均气温的分布类型.

**解**　样本观测值中最小值 $a = 3.0$, 最大值 $b = 9.7$, 取 $a_0 = 3.0, a_m = 10$. 将区间 $[3, 10]$ 等分为 7 个小区间, 区间长度为 1. 计算样本观测值落入各小区间的频数与频率, 见表 8-1.

表　8-1

| 区间 | 频数 $f_i$ | 频率 $f_i/50$ |
|---|---|---|
| $[3, 4]$ | 1 | 1/50 |
| $(4, 5]$ | 6 | 6/50 |
| $(5, 6]$ | 11 | 11/50 |
| $(6, 7]$ | 15 | 15/50 |
| $(7, 8]$ | 9 | 9/50 |
| $(8, 9]$ | 6 | 6/50 |
| $(9, 10]$ | 2 | 2/50 |

根据表 8-1 作出频率直方图,见图 8-6.由直方图可见,该地区四月份平均气温近似服从正态分布.

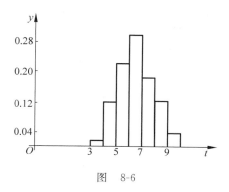

图　8-6

这个结论仅仅是对样本数据的统计分析,对总体分布形式提出了一个假设.它是否符合实际,还要进行检验.

## 8.5.2　皮尔逊$\chi^2$检验

设总体分布未知,其分布函数记为 $F(x)$,检验假设

$$H_0:F(x) = F_0(x), \quad H_1:F(x) \neq F_0(x)$$

其中 $F_0(x)$ 是一已知的分布函数,不含未知参数.如果 $F_0(x)$ 中含未知参数,则要用最大似然法先估计这些参数,将估计值代入 $F_0(x)$ 中.

$\chi^2$ 检验法的基本思想是:从总体 $X$ 中抽取容量为 $n$ 的样本,$x_1,x_2,\cdots,x_n$ 是样本观测值,用 $m-1$ 个分点把数轴分为 $m$ 个区间

$$(-\infty,a_1],(a_1,a_2],\cdots,(a_{m-1},+\infty)$$

统计出样本观测值落在各区间里的频数 $f_i(i=1,2,\cdots,m)$,称 $f_i$ 为实际频数.

如果假设 $H_0$ 为真,即总分布函数是 $F_0(x)$,则可以计算出总体 $X$ 在各区间内取值的概率

$$p_i = P\{a_{i-1} < X \leqslant a_i\} = F_0(a_i) - F_0(a_{i-1}), \quad i = 1,2,\cdots,m$$

这里 $a_0 = -\infty,a_m = +\infty$,称 $np_i$ 为理论频数.

由于事件的频率依概率收敛于它的概率.所以当 $H_0$ 成立时,频率 $\dfrac{f_i}{n}$ 与概率 $p_i$ 应当相差不大,因而偏差平方和 $\sum\limits_{i=1}^{n}\left(\dfrac{f_i}{n} - p_i\right)^2$ 应当较小,但由于频率 $\dfrac{f_i}{n}$ 与概率 $p_i$ 本身就已经很小,即使两者有相对较大的差距,和式 $\sum\limits_{i=1}^{n}\left(\dfrac{f_i}{n} - p_i\right)^2$ 也不会太大.因此考虑统计量

$$\chi^2 = \sum_{i=1}^m \left(\frac{f_i}{n} - p_i\right)^2 \frac{n}{p_i} = \sum_{i=1}^m \frac{(f_i - np_i)^2}{np_i} \tag{8.5}$$

皮尔逊证明了当 $n$ 充分大时,统计量(8.5)近似服从自由度为 $m-r-1$ 的 $\chi^2$ 分布. 其中 $m$ 是所分区间的个数,$r$ 是 $F_0(x)$ 中被估参数的个数.

若 $H_0$ 成立,对于给定的显著性水平 $\alpha$,可由

$$P\{\chi^2 > \chi^2(m-r-1)\} = \alpha$$

确定临界值 $\chi^2(m-r-1)$. 当 $\chi^2 > \chi^2(m-r-1)$ 时拒绝 $H_0$.

由以上讨论可以看出,皮尔逊 $\chi^2$ 检验可以检验总体服从任何分布的假设. 因此,应用范围广,精度也比较高. 但是,由于统计量 $\chi^2$ 是在样本容量无限增大时渐近服从 $\chi^2$ 分布,因此在使用这个检验法时,样本容量 $n$ 必须足够大,一般要 $n \geqslant 50$,而且所分区间个数 $m$ 较大,各理论频数 $np_i$ 应不小于 5. 若 $np_i$ 小于 5,则要适当合并区间使之不小于 5.

**例 8.14**  某厂生产一种 220V25W 的白炽灯,其光通量是一个随机变量 $X$. 现随机抽取 120 个灯泡,测得光通量为表 8-2 的 120 个数据. 试问光通量 $X$ 是否服从正态分布?($\alpha = 0.05$)

表 8-2

| | | | | | | | | | |
|---|---|---|---|---|---|---|---|---|---|
| 216 | 203 | 197 | 208 | 206 | 209 | 206 | 208 | 202 | 203 |
| 206 | 213 | 218 | 207 | 208 | 202 | 194 | 203 | 213 | 211 |
| 193 | 213 | 208 | 208 | 204 | 206 | 204 | 206 | 206 | 209 |
| 213 | 203 | 206 | 196 | 201 | 208 | 207 | 213 | 213 | 207 |
| 210 | 208 | 211 | 211 | 214 | 220 | 211 | 203 | 203 | 224 |
| 211 | 209 | 218 | 214 | 219 | 211 | 208 | 221 | 221 | 218 |
| 218 | 190 | 219 | 211 | 208 | 199 | 214 | 207 | 207 | 214 |
| 206 | 217 | 214 | 201 | 212 | 213 | 211 | 212 | 212 | 206 |
| 210 | 216 | 204 | 221 | 208 | 209 | 214 | 214 | 214 | 204 |
| 211 | 201 | 216 | 211 | 209 | 208 | 209 | 202 | 202 | 207 |
| 205 | 202 | 206 | 216 | 206 | 213 | 206 | 207 | 207 | 198 |
| 200 | 202 | 203 | 208 | 216 | 206 | 222 | 213 | 213 | 219 |

**解**  总体 $X$ 的分布函数记为 $F(x)$. 提出原假设 $H_0: F(x) = F_0(x)$,其中 $F_0(x)$ 为正态分布函数,即

$$F_0(x) = \frac{1}{\sqrt{2\pi}\sigma} \int_{-\infty}^x e^{-\frac{(t-\mu)^2}{2\sigma^2}} \, dt$$

式中 $\mu,\sigma^2$ 是未知参数.

先用最大似然法估计参数 $\mu,\sigma^2$ 得

$$\hat{\mu} = \bar{x} = 209, \quad \hat{\sigma} = \sqrt{\frac{1}{n}\sum_{i=1}^n (x_i - \bar{x})^2} \approx 6.5$$

将样本观测值整理分组,再统计出样本观测值落入各区间内的个数,见表 8-3.

计算总体 $X$ 在各区间内取值的概率 $p_i$. 当 $H_0$ 成立时,$X \sim N(209, 6.5^2)$,则

$$p_1 = P\{X \leqslant 192.5\} = \Phi\left(\frac{192.5 - 209}{6.5}\right) = \Phi(-2.54) = 0.0055$$

$$p_2 = P\{192.5 < X \leqslant 195.5\} = \Phi\left(\frac{195.5 - 209}{6.5}\right) - \Phi(-2.54)$$

$$= 0.0188 - 0.0055 = 0.0133$$

$$p_3 = P\{195.5 < X \leqslant 198.5\} = 0.0337$$

同样方法可计算得

$$p_4 = 0.0725, \quad p_5 = 0.1200, \quad p_6 = 0.1657, \quad p_7 = 0.1820, \quad p_8 = 0.1639,$$

$$p_9 = 0.1200, \quad p_{10} = 0.0725, \quad p_{11} = 0.0338, \quad p_{12} = 0.0188$$

列表计算检验统计量 $\chi^2$ 的观测值见表 8-3.

表　8-3

| 区间 | $f_i$ | $f_i^2$ | $p_i$ | $np_i$ | $f_i^2/np_i$ |
|---|---|---|---|---|---|
| $(-\infty, 192.5]$ | 1 ⎱ | | 0.0055 | 0.66 ⎱ | |
| $(192.5, 195.5]$ | 2 ⎰ 6 | | 0.0133 | 1.596 ⎰ 6.312 | 5.703 |
| $(195.5, 198.5]$ | 3 ⎰ | 36 | 0.0338 | 4.056 ⎰ | |
| $(198.5, 201.5]$ | 9 | | 0.0725 | 8.70 | 9.310 |
| $(201.5, 204.5]$ | 13 | 81 | 0.1200 | 14.40 | 11.736 |
| $(204.5, 207.5]$ | 20 | 169 | 0.1675 | 20.10 | 19.90 |
| $(207.5, 210.5]$ | 23 | 400 | 0.1820 | 21.84 | 24.222 |
| $(210.5, 213.5]$ | 22 | 529 | 0.1639 | 19.668 | 24.609 |
| $(210.5, 216.5]$ | 14 | 484 | 0.1200 | 14.40 | 13.611 |
| $(216.5, 219.5]$ | 8 | 196 | 0.0725 | 8.70 | 7.356 |
| $(219.5, 222.5]$ | 4 ⎱ | 64 | 0.0338 | 4.056 ⎱ | |
| $(222.5, +\infty]$ | 1 ⎰ 5 | | 0.0188 | 2.256 ⎰ 6.312 | |
| | | 25 | | | 3.961 |
| $\sum$ | 120 | | 1 | | 120.408 |

在表 8-3 中,$np_1 = 0.66$,$np_2 = 1.596$,$np_3 = 4.056$ 都小于 5. 因此将第一、二、三个区间合并成一个区间. 同理将最后两个区间合并为一个区间. 因此,实际所分区间的个数 $m = 9$,被估参数为 $r = 2$.

当 $H_0$ 成立时,$\chi^2 \sim \chi^2(6)$. 对于给定的显著性水平 $\alpha = 0.05$,令

$$P\{\chi^2 > \chi^2_{0.05}(6)\} = 0.05$$

查表 A3 得临界值 $\chi^2_{0.05}(6) = 12.59$,故拒绝域为 $(12.59, +\infty)$.

计算检验统计量 $\chi^2$ 的观测值

$$\chi^2 = \sum_{i=1}^{m} \frac{f_i^2}{np_i} - n = 120.408 - 120 = 0.408 < 12.59$$

所以在 $\alpha = 0.05$ 水平下不能拒绝 $H_0$，即认为 $X$ 的分布与正态分布 $X \sim N(209, 6.5^2)$ 无显著性差异.

# 习题八

1. 某鸡场用饲料养肉鸡 3 个月，平均体重为 2.6kg，标准差为 0.5kg. 现改用复合饲料饲养 64 只，3 个月平均体重为 2.4kg，标准差不变. 假设肉鸡体重服从正态分布，问是否可以认为复合饲料与原饲料相比同样有利于肉鸡生长？（$\alpha = 0.05$）

2. 设某车床生产的零件，据经验其直径服从正态分布 $N(\mu, \sigma_0^2)$，$\sigma_0 = 5.2$. 为了检验这一车床生产是否正常，现抽取容量 $n = 100$ 的样本，并由此算得样本均值 $\bar{x} = 26.56$，问该车床生产的零件平均直径为"$\mu = 26$"这个结论是否成立？（$\alpha = 0.05$）

3. 某工厂生产的固体燃料推进器的燃烧率服从正态分布 $N(40, 2^2)$. 现在用新方法生产了一批推进器. 从中随机取出 25 只，测得燃烧率的样本均值 $\bar{x} = 41.25$. 设在新方法下总体的方差不变，问这批推进器的燃烧率是否有显著提高？（$\alpha = 0.05$）

4. 某厂生产的一种日光灯，其使用寿命服从正态分布 $N(1500, 20^2)$. 现采用新的生产工艺. 从新工艺下生产的日光灯中随机抽取 25 只，测得平均使用寿命为 1675h，且方差不变. 问采用新工艺后，日光灯的平均寿命是否有显著提高？（$\alpha = 0.05$）

5. 正常人的脉搏平均为 72 次/分. 某医生测得 10 例慢性铅中毒患者的脉搏如下（单位：次/分）

$$54 \quad 67 \quad 68 \quad 74 \quad 70 \quad 66 \quad 67 \quad 70 \quad 65 \quad 69$$

已知慢性铅中毒患者的脉搏服从正态分布. 问慢性铅中毒患者和正常人的脉搏有无显著性差异？（$\alpha = 0.01$ 及 $\alpha = 0.05$）

6. 某铁厂铁水含碳量在正常情况下为 4.2. 现对操作工艺进行改进，改进后抽查 5 炉铁水，测得含碳量为

$$4.421 \quad 4.052 \quad 4.287 \quad 4.683 \quad 4.357$$

若铁水含碳量 $X$ 服从正态分布. 试问改进工艺后铁水含碳量有无显著变化？（$\alpha = 0.05$）

7. 已知维尼纶的纤度 $X$ 服从正态分布. 生产稳定时，标准差 $\sigma = 0.048$. 某日抽取 5 个样品，测得纤度为

$$1.32 \quad 1.55 \quad 1.36 \quad 1.40 \quad 1.42$$

试问生产是否正常？（$\alpha = 0.1$）

8. 从一批保险丝中随机抽取 10 根做熔化试验. 结果为（单位：s）

$$42 \quad 64 \quad 74 \quad 76 \quad 71 \quad 59 \quad 57 \quad 68 \quad 54 \quad 55$$

设保险丝的熔化时间服从正态分布. 问是否可以认为这批保险丝的熔化时间的标准差为 8s? ($\alpha=0.05$)

9. 为测定新发现的甲、乙两锌矿矿石的含锌量,分别取容量为 9 与 8 的样本,分析测定后得两样本锌含量的平均值与方差如下:

$$甲 \quad \bar{x}=0.23, s_1^2=0.1337$$
$$乙 \quad \bar{y}=0.269, s_2^2=0.1736$$

若甲、乙两矿矿石的含锌量都服从正态分布,且方差相同. 问甲、乙两矿矿石的含锌量是否有显著性差异? ($\alpha=0.05$)

10. 两台机床加工同种零件,分别从两台车床加工的零件中抽取 6 个和 8 个,测量其直径. 经计算得两样本方差分别为 0.345 和 0.375. 假定零件直径服从正态分布. 试比较两台车床的加工精度有无显著差异? ($\alpha=0.1$)

11. 某卷烟厂生产两种香烟. 化验室分别对两种烟的尼古丁含量进行 6 次测量,结果为

$$甲 \quad 25 \quad 28 \quad 23 \quad 27 \quad 29 \quad 24$$
$$乙 \quad 28 \quad 25 \quad 30 \quad 35 \quad 23 \quad 27$$

若香烟尼古丁含量服从正态分布. 试问这两种香烟尼古丁含量是否有显著性差异? ($\alpha=0.05$)

12. 在某路口观察 50min,记录下每 15s 通过的汽车数量,得频数分布如下表所示.

| 通过汽车数量 | 0 | 1 | 2 | 3 | 4 | $\geq 5$ |
|---|---|---|---|---|---|---|
| 频数 | 92 | 68 | 28 | 11 | 1 | 0 |

试问能否认为每 15s 通过该路口的汽车数辆服从泊松分布? ($\alpha=0.1$)

13. 对某汽车零件制造厂生产的汽罐螺栓口径进行 100 次抽样检验,得 100 个数据,分组列如下表所示.

| 组　　限 | 频　　数 | 组　　限 | 频　　数 |
|---|---|---|---|
| $10.93\sim10.95$ | 5 | $11.01\sim11.03$ | 17 |
| $10.95\sim10.97$ | 8 | $11.03\sim11.05$ | 6 |
| $10.97\sim10.99$ | 20 | $11.05\sim11.07$ | 6 |
| $10.99\sim11.01$ | 34 | $11.07\sim11.09$ | 4 |

试问螺栓口径是否服从正态分布? ($\alpha=0.05$)

# 第 **9** 章

# 回 归 分 析

回归分析是研究变量与变量之间相关关系的统计方法,它的应用非常广泛.

本章着重介绍一元与多元线性回归模型的估计、检验、预测和控制等问题,对非线性回归模型只作简要的介绍.

## 9.1 一元线性回归

### 9.1.1 变量间的关系

在实际问题中,我们经常会遇到多个变量同处于一个共同过程之中,它们是相互联系、相互制约的. 一般来说,变量之间的关系大致可以分成两类.

一种类型是:各变量之间存在着完全确定性的关系,即我们熟知的函数关系. 例如,圆的半径 $r$ 与周长 $L$ 之间有函数关系 $L=2\pi r$.

另一种类型是:变量之间虽然也有一定的依赖关系,但这种关系并不完全确定. 例如,人的身高与体重之间的关系. 一般而言,身高者,体也重,但是人的"身高"并不能确定"体重",它们之间不能用一个确定的函数关系式表达出来. 又如,某企业资金的投入量与产出量,通常资金投入越多产出也越多,但是由于生产过程中受到各种条件因素的影响,使得不同时间内同样的资金投入量也会有不同的产出量,因而它们之间的关系具有不确定性,不能用一个函数关系式来表达. 我们称这些变量之间的关系为相关关系.

回归分析就是要研究具有相关关系的变量之间的统计规律性,它是处理多个变量之间相关关系的一种数学方法. 回归分析方法得到越来越广泛的应用,而方法本身也在不断丰富、发展.

在回归分析中,当变量只有两个时,称为一元回归分析;当变量有两个以上时,称为多元回归分析;变量间成线性关系时,称为线性回归;变量间不具有线性关系时,称为非线性回归.

本节主要讨论一元线性回归,它虽然比较简单,但可以从中了解到回归分析的基本思想、方法及其应用.

### 9.1.2　一元线性回归模型

下面通过例子来说明如何建立一元线性回归模型.

**例 9.1**　某公司生产一种汽车零件,加工零件所需的工时数除随产量的多少而变化外,还受一些其他随机因素的影响,表 9-1 给出了近 10 个月的汽车零件产量 $x$ 和所需工时数 $y$ 的资料,试分析工时数 $x$ 与产量 $y$ 之间相关关系.

表 9-1　汽车零件产量和工时数的资料

| 生产顺序 $i$ | 汽车零件产量 $x$/万件 | 工时数 $y$/h |
| --- | --- | --- |
| 1 | 30 | 73 |
| 2 | 20 | 50 |
| 3 | 60 | 128 |
| 4 | 80 | 170 |
| 5 | 40 | 87 |
| 6 | 50 | 108 |
| 7 | 60 | 135 |
| 8 | 30 | 69 |
| 9 | 70 | 148 |
| 10 | 60 | 132 |

首先,将每对实际观测数据 $(x_i,y_i)(i=1,2,\cdots,10)$ 看成平面上的一个点,在直角坐标系中画出,得散点图 9-1.

从图 9-1 看到,这些点散布在某一条直线附近. 也就是说,工时数 $y$ 与产量 $x$ 之间具有线性相关关系. 但这些点又不完全落在一条直线上,所以 $y$ 与 $x$ 之间不存在确定的线性关系. 引起这些点与直线偏离的原因是由于在生产过程中还存在着一些不可控的因素,它们都在影响着试验的结果. 这样,我们可以认为 $y$ 与 $x$ 之间的关系可以由两部分叠加而成,一部分是由 $x$ 的线性函数 $a+bx$ 引起的;另一部分是由随机因素 $\varepsilon$ 引起的,即

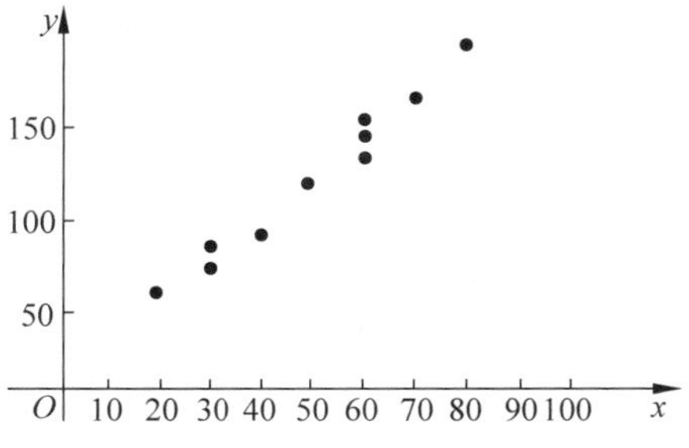

图　9-1

$$y = a + bx + \varepsilon \tag{9.1}$$

称 $y$ 为反应变量(或因变量),$x$ 为解释变量(或自变量). 其中 $x$ 是可以精确测量或可以控制的一般变量,$a,b$ 为未知参数(也称为回归系数),$\varepsilon$ 是随机误差项. 通常假定 $\varepsilon \sim N(0,\sigma^2)$,则有 $y \sim N(a+bx,\sigma^2)$.

显然,这时 $y$ 的数学期望 $E(y)=a+bx$ 是 $x$ 的线性函数,称其为 $y$ 关于 $x$ 的一元线性

回归函数,它在 $xOy$ 平面上的图形是一条直线.

为了研究 $y$ 与 $x$ 之间的关系,对 $x$ 和 $y$ 作 $n$ 次独立观测,得 $n$ 对数据

$$(x_1,y_1),(x_2,y_2),\cdots,(x_n,y_n)$$

根据(9.1)式,有

$$y_i = a + bx_i + \varepsilon_i, \quad i = 1,2,\cdots,n \tag{9.2}$$

其中 $\varepsilon_i$ 表示第 $i$ 次观测时的随机误差,$\varepsilon_1,\varepsilon_2,\cdots,\varepsilon_n$ 相互独立,且 $\varepsilon_i \sim N(0,\sigma^2)(i=1,2,\cdots,n)$.

由(9.2)式可知,$y_i \sim N(a+bx_i,\sigma^2)(i=1,2,\cdots,n)$,且 $y_1,y_2,\cdots,y_n$ 相互独立. 这里 $y_i$ 既表示随机变量,又表示其观测值.

称(9.1)式及(9.2)式为一元线性回归模型.

由观测数据 $(x_i,y_i)(i=1,2,\cdots,n)$,可以求出待估参数 $a,b$ 的估计值 $\hat{a},\hat{b}$,称方程

$$\hat{y} = \hat{a} + \hat{b}x \tag{9.3}$$

为 $y$ 关于 $x$ 的一元线性回归方程,回归方程所对应的直线称为回归直线.

对每个 $x_i$,由(9.3)式可确定相应 $y_i$ 的估计值,即

$$\hat{y}_i = \hat{a} + \hat{b}x_i, \quad i = 1,2,\cdots,n \tag{9.4}$$

称 $\hat{y}_i$ 为 $y_i$ 的回归值.

### 9.1.3 参数估计

一元线性回归要解决的首要问题是:如何利用数据 $(x_1,y_1),(x_2,y_2),\cdots,(x_n,y_n)$ 给出待估参数 $a,b$ 的估计值 $\hat{a},\hat{b}$,并用得到的回归直线 $\hat{y}=\hat{a}+\hat{b}x$ 来近似地表示 $y$ 与 $x$ 之间的关系. 为了得到回归直线,我们自然希望该直线总的来看最"接近"平面上的这 $n$ 个点 $(x_1,y_1),(x_2,y_2),\cdots,(x_n,y_n)$,即要求 $y_i$ 与其数学期望 $a+bx_i$ 的偏差越小越好,为了避免正负偏差相互抵消,考虑偏差平方和

$$Q(a,b) = \sum_{i=1}^{n}[y_i-(a+bx_i)]^2 \tag{9.5}$$

常用的估计参数 $a,b$ 的方法是最小二乘法,所谓最小二乘法就是使得偏差平方和 $Q(a,b)$ 达到最小的一种确定 $\hat{a},\hat{b}$ 的方法,即 $\hat{a},\hat{b}$ 应满足

$$Q(\hat{a},\hat{b}) = \min_{a,b} Q(a,b)$$

由于 $Q(a,b)$ 是 $a,b$ 的非负函数,且关于 $a,b$ 可微,根据多元函数求极值的方法,只需解方程组

$$\begin{cases} \dfrac{\partial Q}{\partial a} = -2\sum_{i=1}^{n}(y_i-a-bx_i) = 0 \\[2mm] \dfrac{\partial Q}{\partial b} = -2\sum_{i=1}^{n}(y_i-a-bx_i)x_i = 0 \end{cases} \tag{9.6}$$

整理后得

$$\begin{cases} \sum_{i=1}^{n} y_i - na - \sum_{i=1}^{n} x_i b = 0 \\ \sum_{i=1}^{n} x_i y_i - \sum_{i=1}^{n} x_i a - \sum_{i=1}^{n} x_i^2 b = 0 \end{cases} \tag{9.7}$$

称方程组(9.7)为正规方程组.

为了便于计算,记

$$\bar{x} = \frac{1}{n} \sum_{i=1}^{n} x_i, \quad \bar{y} = \frac{1}{n} \sum_{i=1}^{n} y_i$$

$$L_{xx} = \sum_{i=1}^{n} (x_i - \bar{x})^2 = \sum_{i=1}^{n} x_i^2 - n\bar{x}^2$$

$$L_{yy} = \sum_{i=1}^{n} (y_i - \bar{y})^2 = \sum_{i=1}^{n} y_i^2 - n\bar{y}^2$$

$$L_{xy} = \sum_{i=1}^{n} (x_i - \bar{x})(y_i - \bar{y}) = \sum_{i=1}^{n} x_i y_i - n\bar{x}\,\bar{y}$$

则(9.7)式化为

$$\begin{cases} a + \bar{x}b = \bar{y} \\ n\bar{x}a + \left( \sum_{i=1}^{n} x_i^2 \right) b = \sum_{i=1}^{n} x_i y_i \end{cases} \tag{9.8}$$

只要 $x_1, x_2, \cdots, x_n$ 不全相等,则 $L_{xx} \neq 0$,解正规方程组(9.8),得

$$\begin{cases} \hat{b} = \dfrac{\sum_{i=1}^{n} x_i y_i - n\bar{x}\,\bar{y}}{\sum_{i=1}^{n} x_i^2 - n\bar{x}^2} = \dfrac{\sum_{i=1}^{n} (x_i - \bar{x})(y_i - \bar{y})}{\sum_{i=1}^{n} (x_i - \bar{x})^2} = \dfrac{L_{xy}}{L_{xx}} \\ \hat{a} = \bar{y} - \hat{b}\bar{x} \end{cases} \tag{9.9}$$

称 $\hat{a}, \hat{b}$ 分别为 $a, b$ 的最小二乘估计,从而得到回归直线

$$\hat{y} = \hat{a} + \hat{b}x$$

或

$$\hat{y} = \bar{y} + \hat{b}(x - \bar{x})$$

由此可见,回归直线一定通过 $(\bar{x}, \bar{y})$ 和 $(0, \hat{a})$ 两点,明确这一点,对回归直线的作图是有帮助的.

**例 9.2**　求例 9.1 中 $y$ 关于 $x$ 的回归方程.

**解**　由表 9-1 的数据,可得

$$n = 10, \quad \bar{x} = 50, \quad \bar{y} = 110$$

$$L_{xx} = \sum_{i=1}^{n} x_i{}^2 - n\,\bar{x}^2 = 28400 - 10 \times 50^2 = 3400$$

$$L_{xy} = \sum_{i=1}^{n} x_i y_i - n\,\bar{x}\,\bar{y} = 61800 - 10 \times 50 \times 110 = 6800$$

从而有

$$\hat{b} = \frac{L_{xy}}{L_{xx}} = \frac{6800}{3400} = 2$$

$$\hat{a} = \bar{y} - \hat{b}\,\bar{x} = 110 - 2 \times 50 = 10$$

所求回归方程为

$$\hat{y} = 10 + 2x$$

这里 $\hat{b} = 2$ 的含义是：汽车零件产量每增加 1 万件，所需工时数平均增加 2h。

### 9.1.4　最小二乘估计的性质

**定理 9.1**　在模型(9.2)下，有

(1) $\hat{b} \sim N\left(b, \dfrac{\sigma^2}{L_{xx}}\right)$；　　　　　　　　　　　　　　　　　　　　(9.10)

(2) $\hat{a} \sim N\left(a, \left(\dfrac{1}{n} + \dfrac{\bar{x}^2}{L_{xx}}\right)\sigma^2\right)$；　　　　　　　　　　　　　　(9.11)

(3) $\mathrm{Cov}(\hat{a}, \hat{b}) = -\dfrac{\bar{X}}{L_{xx}}\sigma^2$。　　　　　　　　　　　　　　　　　(9.12)

**证**　利用 $\sum_{i=1}^{n}(x_i - \bar{x}) = 0$，可以分别把 $\hat{a}, \hat{b}$ 改写成

$$\hat{b} = \frac{\sum_{i=1}^{n}(x_i - \bar{x})(y_i - \bar{y})}{\sum_{i=1}^{n}(x_i - \bar{x})^2} = \frac{\sum_{i=1}^{n}(x_i - \bar{x})y_i - \bar{y}\sum_{i=1}^{n}(x_i - \bar{x})}{\sum_{i=1}^{n}(x_i - \bar{x})^2} = \sum_{i=1}^{n}\frac{x_i - \bar{x}}{L_{xx}}y_i \quad (9.13)$$

$$\hat{a} = \bar{y} - \hat{b}\,\bar{x} = \sum_{i=1}^{n}\left[\frac{1}{n} - \frac{(x_i - \bar{x})\,\bar{x}}{L_{xx}}\right]y_i \tag{9.14}$$

即 $\hat{a}, \hat{b}$ 都是相互独立的正态变量 $y_1, y_2, \cdots, y_n$ 的线性组合，均服从正态分布。下面分别求它们的数学期望与方差。

$$E(\hat{b}) = \sum_{i=1}^{n}\frac{x_i - \bar{x}}{L_{xx}}E(y_i) = \sum_{i=1}^{n}\frac{x_i - \bar{x}}{L_{xx}}(a + bx_i) = b\sum_{i=1}^{n}\frac{x_i - \bar{x}}{L_{xx}}x_i = b$$

$$D(\hat{b}) = \sum_{i=1}^{n}\left(\frac{x_i - \bar{x}}{L_{xx}}\right)^2 D(y_i) = \sum_{i=1}^{n}\frac{(x_i - \bar{x})^2}{L_{xx}^2}\sigma^2 = \frac{\sigma^2}{L_{xx}}$$

$$E(\hat{a}) = E(\bar{y} - \hat{b}\,\bar{x}) = E(\bar{y}) - E(\hat{b})\,\bar{x} = a + b\bar{x} - b\bar{x} = a$$

$$D(\hat{a}) = \sum_{i=1}^{n} \left[ \frac{1}{n} - \frac{(x_i - \bar{x})\,\bar{x}}{L_{xx}} \right]^2 D(y_i) = \left( \frac{1}{n} + \frac{\bar{x}^2}{L_{xx}} \right) \sigma^2$$

则有

$$\hat{b} \sim N\left(b, \frac{\sigma^2}{L_{xx}}\right), \quad \hat{a} \sim N\left(a, \left(\frac{1}{n} + \frac{\bar{x}^2}{L_{xx}}\right)\sigma^2\right)$$

进一步,考虑到 $y_1, y_2, \cdots, y_n$ 之间的独立性及协方差的性质,可得

$$\mathrm{Cov}(\hat{a}, \hat{b}) = \mathrm{Cov}\left( \sum_{i=1}^{n} \left[ \frac{1}{n} - \frac{(x_i - \bar{x})\,\bar{x}}{L_{xx}} \right] y_i, \ \sum_{i=1}^{n} \frac{x_i - \bar{x}}{L_{xx}} y_i \right)$$

$$= \sum_{i=1}^{n} \left[ \frac{1}{n} - \frac{(x_i - \bar{x})\,\bar{x}}{L_{xx}} \right] \frac{x_i - \bar{x}}{L_{xx}} D(y_i) = -\frac{\bar{x}}{L_{xx}} \sigma^2$$

由定理 9.1 的证明可知,$\hat{a}, \hat{b}$ 分别是 $a, b$ 的无偏估计,而且它们都是 $y_1, y_2, \cdots, y_n$ 的线性函数. 在模型(9.2)中,若进一步假定 $\mathrm{Cov}(\varepsilon_i, \varepsilon_j) = 0,\ (i \neq j;\ i, j = 1, 2, \cdots, n)$,则可以证明,在 $a, b$ 的所有线性无偏估计中,最小二乘估计 $\hat{a}, \hat{b}$ 的方差最小,即最小二乘估计 $\hat{a}, \hat{b}$ 分别是 $a, b$ 的最佳线性无偏估计.

## 9.2　回归方程的显著性检验

从前面所述的求回归方程的过程来看,对任意 $n$ 对数据 $(x_1, y_1), (x_2, y_2), \cdots,$ $(x_n, y_n)$,不管 $y$ 与 $x$ 之间是否存在线性相关关系,我们用最小二乘法都可以求得 $y$ 关于 $x$ 的回归方程. 但是这样得到的回归方程不一定有意义. 因此,有必要对 $y$ 与 $x$ 之间是否具有线性相关关系进行检验. 下面我们将介绍一些有关的概念与检验方法.

### 9.2.1　总离差平方和分解公式

首先我们来导出一个具有统计意义的平方和分解公式.

**平方和分解公式**　对于任意 $n$ 对数据 $(x_1, y_1), (x_2, y_2), \cdots, (x_n, y_n)$,恒有

$$\sum_{i=1}^{n} (y_i - \bar{y})^2 = \sum_{i=1}^{n} (y_i - \hat{y}_i)^2 + \sum_{i=1}^{n} (\hat{y}_i - \bar{y})^2 \tag{9.15}$$

其中 $\hat{y}_i = \hat{a} + \hat{b} x_i (i = 1, 2, \cdots, n)$.

**证**　因为

$$\sum_{i=1}^{n} (y_i - \bar{y})^2 = \sum_{i=1}^{n} (y_i - \hat{y}_i + \hat{y}_i - \bar{y})^2$$

$$= \sum_{i=1}^{n} (y_i - \hat{y}_i)^2 + \sum_{i=1}^{n} (\hat{y}_i - \bar{y})^2 + 2 \sum_{i=1}^{n} (y_i - \hat{y}_i)(\hat{y}_i - \bar{y})$$

而

$$\sum_{i=1}^{n}(y_i-\hat{y}_i)(\hat{y}_i-\bar{y})=\sum_{i=1}^{n}\big[(y_i-\hat{a}-\hat{b}x_i)(\hat{a}+\hat{b}x_i-\hat{a}-\hat{b}\bar{x})\big]$$

$$=\hat{b}\sum_{i=1}^{n}\big[(y_i-\bar{y})-\hat{b}(x_i-\bar{x})\big](x_i-\bar{x})$$

$$=\hat{b}\sum_{i=1}^{n}\big[(y_i-\bar{y})(x_i-\bar{x})-\hat{b}(x_i-\bar{x})^2\big]$$

$$=\hat{b}\Big[L_{xy}-\frac{L_{xy}}{L_{xx}}L_{xx}\Big]=0$$

所以

$$\sum_{i=1}^{n}(y_i-\bar{y})^2=\sum_{i=1}^{n}(y_i-\hat{y}_i)^2+\sum_{i=1}^{n}(\hat{y}_i-\bar{y})^2$$

为了说明平方和分解公式(9.15)的统计意义,先对该式中三个平方和作如下解释.

$\sum_{i=1}^{n}(y_i-\bar{y})^2$ 是 $y_1,y_2,\cdots,y_n$ 这 $n$ 个观测值的离差平方和,它的大小刻画了这 $n$ 个观测值的分散程度,称 $L_{yy}=\sum_{i=1}^{n}(y_i-\bar{y})^2$ 为总离差平方和.

因为

$$\frac{1}{n}\sum_{i=1}^{n}\hat{y}_i=\frac{1}{n}\sum_{i=1}^{n}(\hat{a}+\hat{b}x_i)=\hat{a}+\hat{b}\frac{1}{n}\sum_{i=1}^{n}x_i=\hat{a}+\hat{b}\bar{x}=\bar{y}$$

所以 $\hat{y}_1,\hat{y}_2,\cdots,\hat{y}_n$ 的平均值也是 $\bar{y}$.

由此可知,$\sum_{i=1}^{n}(\hat{y}_i-\bar{y})^2$ 是 $\hat{y}_1,\hat{y}_2,\cdots,\hat{y}_n$ 这 $n$ 个回归值的离差平方和,它描述了 $\hat{y}_1,\hat{y}_2,\cdots,\hat{y}_n$ 的 分散程度. $\hat{y}_i$ 的几何意义是:回归直线 $\hat{y}=\hat{a}+\hat{b}x$ 上,其横坐标为 $x_i$ 的点的纵坐标(见图 9-2),因此 $\hat{y}_1,\hat{y}_2,\cdots,\hat{y}_n$ 的分散性来源于 $x_1,x_2,\cdots,x_n$ 的分散性,而且是通过 $x$ 对 $y$ 的线性相关关系引起的. 关于这一点,从以下的推导结果看得更清楚.

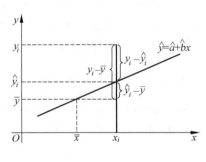

图  9-2

$$\sum_{i=1}^{n}(\hat{y}_i-\bar{y})^2=\sum_{i=1}^{n}(\hat{a}+\hat{b}x_i-\hat{a}-\hat{b}\bar{x})^2$$

$$=\sum_{i=1}^{n}\big[\hat{b}(x_i-\bar{x})\big]^2=\hat{b}^2\sum_{i=1}^{n}(x_i-\bar{x})^2$$

$$=\hat{b}^2L_{xx}$$

称 $\sum_{i=1}^{n}(\hat{y}_i-\bar{y})^2$ 为回归平方和,记为 $S_R$.

对于 $\sum_{i=1}^{n}(y_i-\hat{y}_i)^2$，它是除了 $x$ 对 $y$ 的线性影响之外的剩余因素对 $y_1,y_2,\cdots,y_n$ 分散性的作用，包括随机误差及 $x$ 对 $y$ 的非线性影响等. 称 $\sum_{i=1}^{n}(y_i-\hat{y}_i)^2$ 为剩余平方和，记为 $S_e$. 也称 $\sum_{i=1}^{n}(y_i-\hat{y}_i)^2$ 为残差平方和，记 $\sum_{i=1}^{n}e_i^2=\sum_{i=1}^{n}(y_i-\hat{y}_i)^2$，其中称 $e_i=y_i-\hat{y}_i(i=1,2,\cdots,n)$ 为残差.

至此，总离差平方和分解公式(9.15)可表示为
$$L_{yy}=S_e+S_R$$
它表明，$y_1,y_2,\cdots,y_n$ 的分散程度，一方面是来自于 $x$ 对 $y$ 的线性影响，另一方面是受到其他随机因素影响所致.

## 9.2.2　F 检验

在模型
$$y=a+bx+\varepsilon,\quad \varepsilon\sim N(0,\sigma^2)$$
中，当且仅当 $b\neq 0$ 时，$y$ 与 $x$ 之间存在线性相关关系. 所以，为了判断 $y$ 与 $x$ 之间的线性相关关系是否显著，只需要检验假设
$$H_0:b=0 \tag{9.16}$$
是否成立.

**定理 9.2**　设 $y_1,y_2,\cdots,y_n$ 相互独立，且 $y_i\sim N(a+bx_i,\sigma^2)(i=1,2,\cdots,n)$，则有

(1) $\dfrac{S_e}{\sigma^2}\sim\chi^2(n-2)$；

(2) 若 $H_0$ 成立，有 $\dfrac{S_R}{\sigma^2}\sim\chi^2(1)$；

(3) $S_R$ 与 $S_e$ 相互独立.

证明略.

由定理 9.2 可知，在 $H_0:b=0$ 成立时，统计量 $F$ 可以表示为
$$F=\frac{(S_R/\sigma^2)/1}{(S_e/\sigma^2)/(n-2)}=\frac{S_R}{S_e/(n-2)}\sim F(1,n-2)$$

如果 $y$ 与 $x$ 之间的线性相关关系显著，则 $S_R$ 的值较大，因而统计量 $F$ 的值也较大；反之，$F$ 的值较小. 所以，可以根据 $F$ 值的大小来检验假设 $H_0$，即 $F$ 值较大时拒绝假设 $H_0$.

对给定的显著性水平 $\alpha$，可查 $F$ 分布表得临界值 $F_\alpha(1,n-2)$，由样本观测值求出统计量 $F$ 的值，当 $F>F_\alpha(1,n-2)$ 时，则拒绝 $H_0$，即认为 $y$ 与 $x$ 之间的线性相关关系显著；否则没有理由认为 $y$ 与 $x$ 之间存在线性相关关系.

**例 9.3**　对例 9.2 中所求的一元线性回归方程进行 $F$ 检验.($\alpha=0.05$)

**解**　假设 $H_0:b=0$. 若 $H_0$ 成立，则统计量 $F=\dfrac{S_R}{S_e/8}\sim F(1,8)$. 对给定的 $\alpha=0.05$，查

$F$ 分布表得 $F_{0.05}(1,8)=5.32$.

由于

$$S_R = \sum_{i=1}^n (\hat{y}_i - \bar{y})^2 = \hat{b}^2 L_{xx} = \hat{b} \frac{L_{xy}}{L_{xx}} L_{xx}$$

$$= \hat{b} L_{xy} = 2 \times 6800 = 13\,600$$

$$L_{yy} = \sum_{i=1}^n (y_i - \bar{y})^2 = \sum_{i=1}^n y_i^2 - n \bar{y}^2$$

$$= 134\,660 - 10 \times 110^2 = 13\,660$$

$$S_e = L_{yy} - S_R = 13\,660 - 13\,600 = 60$$

$$F = \frac{S_R}{S_e/(n-2)} = \frac{13\,600}{60/8} = 1813.33 > 5.32 = F_{0.05}(1,8)$$

所以,在显著性水平 $\alpha = 0.05$ 下拒绝 $H_0$,即认为所需工时数 $y$ 与汽车零件产量 $x$ 之间线性相关关系显著;也称回归方程是显著的.

### 9.2.3 相关系数检验

由总离差平方和分解公式

$$L_{yy} = S_e + S_R$$

可知,$S_R$ 在 $L_{yy}$ 中所占的比例 $S_R/L_{yy}$ 也能反映 $x$ 对 $y$ 线性影响的大小. $S_R/L_{yy}$ 越大,表明 $y$ 与 $x$ 的线性相关关系越密切. 若记

$$r^2 = \frac{S_R}{L_{yy}}$$

则有

$$r^2 = \frac{\hat{b}^2 L_{xx}}{L_{yy}} = \frac{L_{xy}^2}{L_{xx} L_{yy}} = \left[ \frac{\sum_{i=1}^n (x_i - \bar{x})(y_i - \bar{y})}{\sqrt{\sum_{i=1}^n (x_i - \bar{x})^2 \sum_{i=1}^n (y_i - \bar{y})^2}} \right]^2$$

称

$$r = \frac{\sum_{i=1}^n (x_i - \bar{x})(y_i - \bar{y})}{\sqrt{\sum_{i=1}^n (x_i - \bar{x})^2 \sum_{i=1}^n (y_i - \bar{y})^2}} \tag{9.17}$$

为样本相关系数. 样本相关系数 $r$ 可以用来刻画变量 $y$ 与 $x$ 之间的线性相关程度.

由于 $\frac{1}{n} \sum_{i=1}^n (x_i - \bar{x})(y_i - \bar{y})$,$\frac{1}{n} \sum_{i=1}^n (x_i - \bar{x})^2$,$\frac{1}{n} \sum_{i=1}^n (y_i - \bar{y})^2$ 分别是 $\text{Cov}(x,y)$,$D(x)$,$D(y)$ 的矩估计,因此样本相关系数是总体相关系数的矩估计. 易见 $r^2 \leqslant 1$,即 $|r| \leqslant 1$. $r$ 的

绝对值越接近 1,$y$ 与 $x$ 之间的线性相关关系越密切.

在给定的显著性水平 $\alpha$ 下,$r$ 的绝对值究竟多大,才能认为 $y$ 与 $x$ 之间的线性相关关系显著呢? 实际上,统计量 $F$ 与 $r^2$ 之间存在下列关系:

$$F = (n-2) \frac{r^2}{1-r^2}$$

这是因为

$$F = \frac{S_R}{S_e/(n-2)} = (n-2) \frac{S_R}{L_{yy} - S_R} = (n-2) \frac{r^2}{1-r^2} \tag{9.18}$$

从(9.18)式可得

$$|r| = \sqrt{\frac{F}{F + n - 2}}$$

由 $F$ 的临界值 $F_\alpha(1, n-2)$ 可以计算得到相关系数 $r$ 的临界值 $r_\alpha(n-2)$,因此也可以看出相关系数检验与 $F$ 检验实则一回事,只是形式不同而已. 为方便起见,人们已制成相关系数临界值表,见表 A6.

当 $|r| > r_\alpha(n-2)$ 时,拒绝 $H_0$,即认为 $y$ 与 $x$ 之间的线性相关关系显著;否则没有理由认为 $y$ 与 $x$ 之间存在线性相关关系.

**例 9.4** 利用相关系数检验法对例 9.2 中所求的一元线性回归方程进行检验.($\alpha = 0.05$)

**解** 假设 $H_0: b = 0$. 对 $\alpha = 0.05$,由相关系数表查得临界值 $r_{0.05}(8) = 0.632$.

因为

$$r^2 = \frac{S_R}{L_{yy}} = \frac{13\,600}{13\,660} = 0.9956$$

$$|r| = \sqrt{0.9956} = 0.9978 > 0.632 = r_{0.05}(8)$$

所以拒绝 $H_0$,认为回归方程是显著的.

# 9.3 预测和控制

当所求的一元线性回归方程经过检验是显著的,则可利用它进行预测与控制.

## 9.3.1 预测问题

所谓预测,是指对给定的 $x$ 的值 $x_0$,预测 $y$ 的值 $y_0$. 与参数估计中有点估计及区间估计类似,对 $y_0$ 的预测也分为点预测与区间预测.

### 1. 点预测

当 $x = x_0$ 时,对应的 $y_0$ 为

$$y_0 = a + bx_0 + \varepsilon_0$$

其中 $\varepsilon_0$ 是随机误差，$\varepsilon_0 \sim N(0, \sigma^2)$，这里 $y_0$ 是随机变量.

由于 $E(y_0) = a + bx_0$，并且 $\hat{a}, \hat{b}$ 是 $a, b$ 的良好估计，因此可用

$$\hat{y}_0 = \hat{a} + \hat{b} x_0$$

作为 $y_0$ 的点预测. 显然，$\hat{y}_0$ 是 $E(y_0)$ 的无偏估计.

点预测的具体方法是：将 $x = x_0$ 代入回归方程 $\hat{y} = \hat{a} + \hat{b}x$ 中，求得 $\hat{y}_0 = \hat{a} + \hat{b}x_0$，将 $\hat{y}_0$ 作为 $y_0$ 的预测值.

**2. 区间预测**

在 $x = x_0$ 时，随机变量 $y_0$ 的取值与预测值 $\hat{y}_0$ 之间总会有一定的偏差. 与参数的区间估计相似，对于给定的置信度 $1 - \alpha$，要求 $\delta$，使得

$$P\{|y_0 - \hat{y}_0| < \delta\} = 1 - \alpha$$

即

$$P\{\hat{y}_0 - \delta < y_0 < \hat{y}_0 + \delta\} = 1 - \alpha$$

其中 $0 < \alpha < 1$，称区间 $(\hat{y}_0 - \delta, \hat{y}_0 + \delta)$ 为 $y_0$ 的置信度为 $1 - \alpha$ 的预测区间.

如何求 $\delta$ 呢？首先注意到 $y_0$ 与 $y_1, y_2, \cdots, y_n$ 是相互独立、同方差的正态变量. 由(9.13)式可知，$y_0 - \hat{y}_0$ 是 $y_0, y_1, y_2, \cdots, y_n$ 的线性函数.

$$y_0 - \hat{y}_0 = y_0 - [\bar{y} + \hat{b}(x_0 - \bar{x})] = y_0 - \sum_{i=1}^{n} \left[ \frac{1}{n} + \frac{(x_i - \bar{x})(x_0 - \bar{x})}{L_{xx}} \right] y_i$$

因此 $y_0 - \hat{y}_0$ 服从正态分布，由 $E(y_0) = a + bx_0$ 可得

$$E(y_0 - \hat{y}_0) = E(y_0) - E(\hat{y}_0) = (a + bx_0) - (a + bx_0) = 0$$

由方差的性质及 $D(y_0) = \sigma^2$ 知

$$\begin{aligned}
D(y_0 - \hat{y}_0) &= D(y_0) + D(\hat{y}_0) = \sigma^2 + D(\hat{a} + \hat{b}x_0) \\
&= \sigma^2 + D(\hat{a}) + x_0^2 D(\hat{b}) + 2x_0 \text{Cov}(\hat{a}, \hat{b}) \\
&= \sigma^2 + \left( \frac{1}{n} + \frac{\bar{x}^2}{L_{xx}} \right)\sigma^2 + x_0^2 \frac{\sigma^2}{L_{xx}} - 2x_0 \frac{\bar{x}}{L_{xx}}\sigma^2 \\
&= \left[ 1 + \frac{1}{n} + \frac{(x_0 - \bar{x})^2}{L_{xx}} \right]\sigma^2
\end{aligned}$$

从而

$$y_0 - \hat{y}_0 \sim N\left( 0, \left[ 1 + \frac{1}{n} + \frac{(x_0 - \bar{x})^2}{L_{xx}} \right]\sigma^2 \right)$$

又由 $\dfrac{S_e}{\sigma^2} \sim \chi^2(n-2)$，可知 $E\left( \dfrac{S_e}{\sigma^2} \right) = n - 2$，这样就得到了 $\sigma^2$ 的无偏估计

$$\hat{\sigma}^2 = \frac{S_e}{n-2}$$

所以，有

$$\frac{S_e}{\sigma^2} = \frac{\hat{\sigma}^2(n-2)}{\sigma^2} \sim \chi^2(n-2)$$

于是

$$t = \frac{y_0 - \hat{y}_0}{\sqrt{\sigma^2\left[1 + \frac{1}{n} + \frac{(x_0 - \bar{x})^2}{L_{xx}}\right]}} \Bigg/ \sqrt{\frac{\frac{\hat{\sigma}^2(n-2)}{\sigma^2}}{(n-2)}} = \frac{y_0 - \hat{y}_0}{\hat{\sigma}\sqrt{1 + \frac{1}{n} + \frac{(x_0 - \bar{x})^2}{L_{xx}}}} \sim t(n-2)$$

其中 $\hat{\sigma} = \sqrt{\dfrac{S_e}{n-2}}$.

对给定的置信度 $1-\alpha$, 令

$$P\{|t| \leqslant t_{\frac{\alpha}{2}}(n-2)\} = 1-\alpha$$

由 $t$ 分布表查得临界值 $t_{\frac{\alpha}{2}}(n-2)$, 可得 $y_0$ 的置信度为 $1-\alpha$ 的置信区间, 即 $y_0$ 的预测区间为

$$\left(\hat{y}_0 - t_{\frac{\alpha}{2}}(n-2)\hat{\sigma}\sqrt{1 + \frac{1}{n} + \frac{(x_0 - \bar{x})^2}{L_{xx}}}, \hat{y}_0 + t_{\frac{\alpha}{2}}(n-2)\hat{\sigma}\sqrt{1 + \frac{1}{n} + \frac{(x_0 - \bar{x})^2}{L_{xx}}}\right)$$

$$(9.19)$$

该区间以 $\hat{y}_0$ 为中心, 半径为

$$\delta = \delta(x_0) = t_{\frac{\alpha}{2}}(n-2)\hat{\sigma}\sqrt{1 + \frac{1}{n} + \frac{(x_0 - \bar{x})^2}{L_{xx}}}$$

从 (9.19) 式可以看出, $y_0$ 的置信度为 $1-\alpha$ 预测区间的长度 $2\delta$ 与 $n, L_{xx}, x_0$ 到 $\bar{x}$ 的距离 $|x_0 - \bar{x}|$ 有关. $n$ 越大, $L_{xx}$ 越大, $x_0$ 越接近于 $\bar{x}$, 则预测区间越短, 此时预测精度较高. 因此, 为提高预测精度, $n$ 应足够大, $x_1, x_2, \cdots, x_n$ 不能太集中, 应在靠近 $\bar{x}$ 处进行预测.

若记

$$\delta(x) = t_{\frac{\alpha}{2}}(n-2)\hat{\sigma}\sqrt{1 + \frac{1}{n} + \frac{(x - \bar{x})^2}{L_{xx}}}$$

$$y_1(x) = \hat{y} - \delta(x), \quad y_2(x) = \hat{y} + \delta(x) \quad (9.20)$$

则在 $xOy$ 平面上, 两条曲线 $y_1(x) = \hat{y} - \delta(x)$ 和 $y_2(x) = \hat{y} + \delta(x)$ 对称的落在回归直线 $\hat{y} = \hat{a} + \hat{b}x$ 的两侧, 图形呈喇叭状, 如图 9-3 所示.

从图 9-3 可以看出, 在 $x = \bar{x}$ 处预测区间最窄, 远离 $\bar{x}$ 的预测区间越来越长.

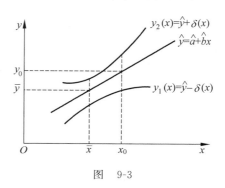

图 9-3

**例 9.5** 在例 9.1 中, 当汽车零件产量为 55 万件时, 预测所需工时数的范围. $(1-\alpha=0.9)$

**解** 将 $x_0=55$ 代入回归方程 $\hat{y}=10+2x$ 中, 得

$$\hat{y}_0 = 10 + 2 \times 55 = 120$$

对给定的置信度 0.9,查 $t$ 分布表得临界值 $t_{0.05}(8)=1.8595$. 又有

$$\hat{\sigma}=\sqrt{\frac{S_e}{n-2}}=\sqrt{\frac{60}{8}}$$

$$\sqrt{1+\frac{1}{n}+\frac{(x_0-\bar{x})^2}{L_{xx}}}=\sqrt{1+\frac{1}{10}+\frac{5^2}{3400}}=\sqrt{\frac{753}{680}}$$

$$t_{\frac{\alpha}{2}}(n-2)\hat{\sigma}\sqrt{1+\frac{1}{n}+\frac{(x_0-\bar{x})^2}{L_{xx}}}=1.8595\sqrt{\frac{60}{8}}\sqrt{\frac{753}{680}}=5.36$$

将它们代入(9.19)式,得 $y_0$ 的置信度为 0.9 的预测区间为

$$(120-5.36,120+5.36)=(114.64,125.36)$$

即当产量为 55 万件时,预测所需工时数落入区间 $(114.64,125.36)$ 内的概率为 0.9.

在实际问题中,当 $n$ 较大(一般 $n\geqslant30$),且 $x_0$ 比较靠近 $\bar{x}$ 时,由于

$$\sqrt{1+\frac{1}{n}+\frac{(x_0-\bar{x})^2}{L_{xx}}}\approx1$$

并且 $t$ 分布近似于标准正态分布,故临界值 $t_{\frac{\alpha}{2}}(n-2)$ 可用 $u_{\frac{\alpha}{2}}$ 近似,这里的 $u_{\frac{\alpha}{2}}$ 可查标准正态分布函数值表得到. 于是(9.19)式接近于

$$(\hat{y}_0-u_{\frac{\alpha}{2}}\hat{\sigma},\hat{y}_0+u_{\frac{\alpha}{2}}\hat{\sigma}) \tag{9.21}$$

若记

$$y_1(x)=\hat{y}-u_{\frac{\alpha}{2}}\hat{\sigma},\quad y_2(x)=\hat{y}+u_{\frac{\alpha}{2}}\hat{\sigma}$$

则在 $xOy$ 平面上,$y_1(x)$ 与 $y_2(x)$ 是平行于回归直线 $\hat{y}=\hat{a}+\hat{b}x$ 且与回归直线等距的两条直线,如图 9-4 所示.

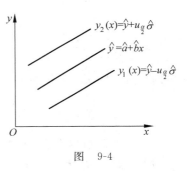

图 9-4

### 9.3.2 控制问题

控制问题实际上可以看作是预测问题的反问题. 例如,在例 9.1 中,若希望所需工时数 $y$ 在 $y_1$ 与 $y_2$ 之间,那么汽车零件产量 $x$ 应该控制在什么范围内?也就是说,对于给定的置信度 $1-\alpha$,利用回归方程,要求出相应的 $x_1,x_2$,使得 $x_1<x<x_2$ 时,$y$ 落在 $(y_1,y_2)$ 内的概率不小于 $1-\alpha$. 这里只讨论 $n$ 较大时的情形.

由(9.21)式,令

$$\begin{cases}y_1=\hat{a}+\hat{b}x_1-u_{\frac{\alpha}{2}}\hat{\sigma}\\y_2=\hat{a}+\hat{b}x_2+u_{\frac{\alpha}{2}}\hat{\sigma}\end{cases} \tag{9.22}$$

解方程组(9.22),可得

$$x_1=\frac{y_1-\hat{a}+u_{\frac{\alpha}{2}}\hat{\sigma}}{\hat{b}},\quad x_2=\frac{y_2-\hat{a}-u_{\frac{\alpha}{2}}\hat{\sigma}}{\hat{b}}$$

从而确定 $x$ 值的控制范围.

解释变量 $x$ 的控制区间 $(x_1, x_2)$ 的两个端点 $x_1, x_2$,也可以通过图解法得到,如图 9-5 所示.

需要指出的是,要实现控制,控制区间 $(x_1, x_2)$ 的长度应该满足 $y_2 - y_1 > 2u_{\frac{\alpha}{2}}\hat{\sigma}$.

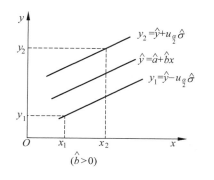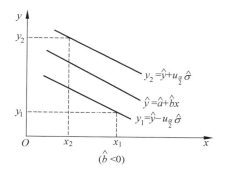

图  9-5

## 9.4  可化为线性回归的曲线回归

在实际问题中,变量间的关系并不都是线性的,常常会遇到这种情形,散点图上由每对实际观测数据 $(x_i, y_i)$ $(i = 1, 2, \cdots, n)$ 画出的 $n$ 个散点明显地不在一条直线附近,而是分布在一条曲线周围,此时如果直接用线性回归分析的方法来处理,往往会发现回归效果并不理想.对变量间的非线性关系,应作曲线回归.但在某些情况下,可以通过一些简单的变量替换将曲线回归问题转化为线性回归问题来处理,即所谓的非线性回归的线性化.对这类问题我们只作简要的介绍.

为应用方便起见,将常见的几种可通过变量替换线性化的函数列入表 9-2 中,它们的图形见图 9-6～图 9-11.

表  9-2

| 函数名称 | 函数表达式 | 变 换 形 式 | 变换后的线性方程 |
|---|---|---|---|
| 幂函数 | $y = ax^b$ | $y' = \ln y, x' = \ln x, A = \ln a$ | $y' = A + bx'$ |
| 双曲线函数 | $\dfrac{1}{y} = a + \dfrac{b}{x}$ | $y' = \dfrac{1}{y}, x' = \dfrac{1}{x}$ | $y' = a + bx'$ |
| 指数函数 | $y = ae^{bx}$ | $y' = \ln y, A = \ln a$ | $y' = A + bx$ |
| | $y = ae^{\frac{b}{x}}$ | $y' = \ln y, x' = \dfrac{1}{x}, A = \ln a$ | $y' = A + bx'$ |
| 对数函数 | $y = a + b\ln x$ | $x' = \ln x$ | $y' = a + bx'$ |
| Logistic 函数 | $y = \dfrac{1}{a + be^{-x}}$ | $y' = \dfrac{1}{y}, x' = e^{-x}$ | $y' = a + bx'$ |

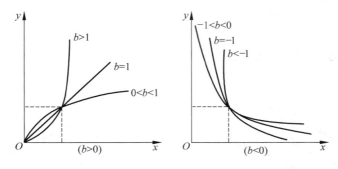

图 9-6　幂函数 $y=ax^b$ 的曲线

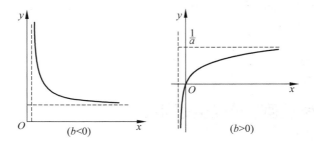

图 9-7　双曲线函数 $\dfrac{1}{y}=a+\dfrac{b}{x}$ 的曲线

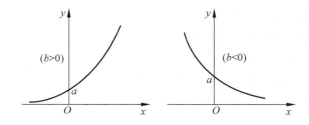

图 9-8　指数函数 $y=ae^{bx}$ 的曲线

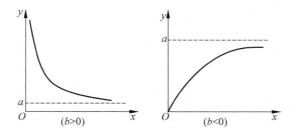

图 9-9　指数函数 $y=ae^{\frac{b}{x}}$ 的曲线

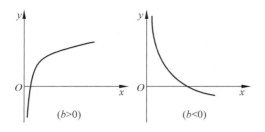

图 9-10　对数函数 $y = a + b\ln x$ 的曲线

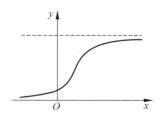

图 9-11　Logistic 函数 $y = \dfrac{1}{a + be^{-x}}$ 的曲线

下面通过一个例子来说明非线性回归的线性化方法.

**例 9.6**　在彩色显像中,我们需要考察形成染料光学密度 $y$ 与析出银的光学密度 $x$ 之间的关系. 测得试验数据见表 9-3.

表　9-3

| $x$ | 0.05 | 0.06 | 0.07 | 0.10 | 0.14 | 0.20 | 0.25 | 0.31 | 0.38 | 0.43 | 0.47 |
|---|---|---|---|---|---|---|---|---|---|---|---|
| $y$ | 0.10 | 0.14 | 0.23 | 0.37 | 0.59 | 0.79 | 1.00 | 1.12 | 1.19 | 1.25 | 1.29 |

求 $y$ 关于 $x$ 的回归方程.

**解**　为了解 $y$ 与 $x$ 之间的关系,先由试验数据 $(x_i, y_i)$ $(i = 1, 2, \cdots, 11)$ 画出散点图,见图 9-12.

从散点图 9-12 可以看出,这些点基本上分布在一条曲线附近,结合散点图并根据经验知:形成染料光学密度 $y$ 与析出银的光学密度 $x$ 之间的关系,可由指数函数 $y = ae^{\frac{b}{x}}$ $(b < 0)$ 来描述. 对 $y = ae^{\frac{b}{x}}$ 式两边取对数,得

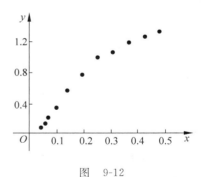

图　9-12

$$\ln y = \ln a + \frac{b}{x}$$

令

$$y' = \ln y, \quad x' = \frac{1}{x}, \quad A = \ln a \qquad (9.23)$$

则有

$$y' = A + bx'$$

由数据表 9-3 及变换公式 (9.23),得通过变量替换后的 $x'$ 与 $y'$ 的数据见表 9-4.

表　9-4

| $x'$ | 20.00 | 16.667 | 14.286 | 10.000 | 7.143 | 5.00 | 4.00 | 3.226 | 2.632 | 2.326 | 2.128 |
|---|---|---|---|---|---|---|---|---|---|---|---|
| $y'$ | $-2.303$ | $-1.966$ | $-1.470$ | $-0.994$ | $-0.528$ | $-0.236$ | 0.000 | 0.113 | 0.174 | 0.223 | 0.255 |

利用数据表 9-4,可计算得到

$$\overline{x'} = 7.946, \quad \overline{y'} = -0.612, \quad L_{x'x'} = 406.614, \quad L_{y'y'} = 8.69$$

$$L_{x'y'} = -112.835 - 11 \times 7.946 \times (-0.612) = -59.343$$

从而有

$$\hat{b} = \frac{L_{x'y'}}{L_{x'x'}} = \frac{-59.343}{406.614} = -0.146$$

$$\hat{A} = \overline{y'} - \hat{b}\,\overline{x'} = -0.612 + 0.146 \times 7.946 = 0.548$$

于是,$y'$ 关于 $x'$ 的回归方程为

$$\widehat{y'} = 0.518 - 0.146x'$$

下面利用相关系数检验法对此回归方程进行显著性检验($\alpha = 0.01$).查相关系数表得临界值 $r_{0.01}(9) = 0.735$.

$$r = \frac{L_{x'y'}}{\sqrt{L_{x'x'}L_{y'y'}}} = \frac{-59.343}{\sqrt{406.614 \times 8.69}} = -0.998$$

因为 $|r| = 0.998 > 0.735 = r_{0.01}(9)$,所以 $y'$ 与 $x'$ 之间的线性相关关系显著.

带回原变量,得

$$\ln \hat{y} = 0.548 - \frac{0.146}{x}$$

即

$$\hat{y} = e^{0.548 - \frac{0.146}{x}} = 1.73e^{-\frac{0.146}{x}}$$

为所求回归曲线方程.

由上例可看出,要将一个曲线回归问题转化为线性回归问题,首先需要根据以往的实践经验及专业知识,并利用散点图,选择适当的曲线回归方程

$$y = f(x; a, b)$$

来描述两个变量 $y$ 与 $x$ 之间的关系,其中 $a, b$ 为未知参数.为了得到 $a, b$ 的估计值,往往可以通过变量替换,把非线性回归转化为线性回归,然后用线性回归分析的方法,求出回归曲线方程.

# 9.5* 多元线性回归

一元线性回归主要讨论一个自变量 $x$ 与一个因变量 $y$ 之间的相关关系,但是,由于实际问题的复杂性,一个因变量 $y$ 可能会受到其他多种因素的影响,与多个变量相关联.例如,某一消费品的销售量不仅受到该种商品价格的影响,而且还与居民的收入、储蓄余额等因素有关.这就提出了多元回归的问题,而多元回归中最简单的是多元线性回归.

多元线性回归是一元线性回归的推广,无论是模型本身,还是未知参数的估计、模型的

检验,都与一元线性回归相似,但计算较为复杂,更具有实用价值.

### 9.5.1　多元线性回归模型

设 $y$ 为反应变量(或因变量),$x_1,x_2,\cdots,x_k$ 为解释变量(或自变量),$y$ 与 $x_1,x_2,\cdots,x_k$ 之间具有关系式

$$y = \beta_0 + \beta_1 x_1 + \beta_2 x_2 + \cdots + \beta_k x_k + \varepsilon \tag{9.24}$$

其中 $x_1,x_2,\cdots,x_k$ 是 $k$ 个可以精确测量或可以控制的一般变量,$\beta_0,\beta_1,\cdots,\beta_k$ 为未知参数,$\varepsilon$ 是随机误差项.

为了研究 $y$ 与 $x_1,x_2,\cdots,x_k$ 之间的关系,对 $x_1,x_2,\cdots,x_k$ 和 $y$ 作 $n$ 次独立观测,得 $n$ 组数据

$$(x_{11},x_{21},\cdots,x_{k1}\,;y_1),(x_{12},x_{22},\cdots,x_{k2}\,;y_2),\cdots,(x_{1n},x_{2n},\cdots,x_{kn}\,;y_n)$$

根据(9.24)式,有

$$y_i = \beta_0 + \beta_1 x_{1i} + \beta_2 x_{2i} + \cdots + \beta_k x_{ki} + \varepsilon_i, \quad i = 1,2,\cdots,n \tag{9.25}$$

称(9.24)式及(9.25)式为多元线性回归模型;$\beta_0,\beta_1,\cdots,\beta_k$ 为回归系数或偏回归系数. $\varepsilon_i$ 表示第 $i$ 次观测时的随机误差.

在多元线性回归中,为了寻找有效的估计方法及对模型进行检验,也需对模型作一些基本假设.

**假设 1**　$E(\varepsilon_i)=0,i=1,2,\cdots,n$;

**假设 2**　$D(\varepsilon_i)=\sigma^2,i=1,2,\cdots,n$;

**假设 3**　$\mathrm{Cov}(\varepsilon_i,\varepsilon_j)=0,i\neq j,i,j=1,2,\cdots,n$;

**假设 4**　$\varepsilon_i$ 服从正态分布 $N(0,\sigma^2),i=1,2,\cdots,n$.

对于多元线性回归模型,为了方便起见,可将(9.25)式写成矩阵的形式

$$Y = X\beta + \varepsilon \tag{9.26}$$

其中

$$Y = \begin{bmatrix} y_1 \\ y_2 \\ \vdots \\ y_n \end{bmatrix}, \quad X = \begin{bmatrix} 1 & x_{11} & x_{21} & \cdots & x_{k1} \\ 1 & x_{12} & x_{22} & \cdots & x_{k2} \\ \vdots & \vdots & \vdots & & \vdots \\ 1 & x_{1n} & x_{2n} & \cdots & x_{kn} \end{bmatrix}, \quad \beta = \begin{bmatrix} \beta_0 \\ \beta_1 \\ \vdots \\ \beta_k \end{bmatrix}, \quad \varepsilon = \begin{bmatrix} \varepsilon_1 \\ \varepsilon_2 \\ \vdots \\ \varepsilon_n \end{bmatrix}$$

则有

$\varepsilon$ 的数学期望为 $E(\varepsilon)=O$,这里 $O$ 为 $n$ 维零向量;协方差矩阵为 $\mathrm{Cov}(\varepsilon,\varepsilon)=\sigma^2 I$,这里 $I$ 为 $n$ 阶单位矩阵.

与一元线性回归分析类似,多元线性回归也需要对模型中的未知参数 $\beta_0,\beta_1,\cdots,\beta_k,\sigma^2$ 进行估计,对模型及回归系数进行检验,并利用回归模型进行预测等.

### 9.5.2　参数估计

我们依然用最小二乘法,利用有限样本对模型中的未知参数 $\beta_0,\beta_1,\cdots,\beta_k$ 进行估计. 根据最小二乘法,参数估计值应使得偏差平方和

$$Q(\beta_0,\beta_1,\cdots,\beta_k) = \sum_{i=1}^{n}\left[y_i - (\beta_0 + \beta_1 x_{1i} + \beta_2 x_{2i} + \cdots + \beta_k x_{ki})\right]^2$$

达到最小值,即

$$Q(\hat{\beta}_0,\hat{\beta}_1,\cdots,\hat{\beta}_k) = \min_{\beta_0,\beta_1,\cdots,\beta_k} Q(\beta_0,\beta_1,\cdots,\beta_k)$$

由多元函数极值原理,$\hat{\beta}_0,\hat{\beta}_1,\cdots,\hat{\beta}_k$ 应满足方程组

$$\begin{cases}
\dfrac{\partial Q}{\partial \beta_0} = -2\sum_{i=1}^{n}\left[y_i - (\beta_0 + \beta_1 x_{1i} + \beta_2 x_{2i} + \cdots + \beta_k x_{ki})\right] = 0 \\[2mm]
\dfrac{\partial Q}{\partial \beta_1} = -2\sum_{i=1}^{n}\left[y_i - (\beta_0 + \beta_1 x_{1i} + \beta_2 x_{2i} + \cdots + \beta_k x_{ki})\right]x_{1i} = 0 \\[2mm]
\vdots \\[2mm]
\dfrac{\partial Q}{\partial \beta_k} = -2\sum_{i=1}^{n}\left[y_i - (\beta_0 + \beta_1 x_{1i} + \beta_2 x_{2i} + \cdots + \beta_k x_{ki})\right]x_{ki} = 0
\end{cases}$$

整理后为

$$\begin{cases}
n\beta_0 + \left(\sum_{i=1}^{n} x_{1i}\right)\beta_1 + \cdots + \left(\sum_{i=1}^{n} x_{ki}\right)\beta_k = \sum_{i=1}^{n} y_i \\[2mm]
\left(\sum_{i=1}^{n} x_{1i}\right)\beta_0 + \left(\sum_{i=1}^{n} x_{1i}^2\right)\beta_1 + \cdots + \left(\sum_{i=1}^{n} x_{1i}x_{ki}\right)\beta_k = \sum_{i=1}^{n} x_{1i} y_i \\[2mm]
\vdots \\[2mm]
\left(\sum_{i=1}^{n} x_{ki}\right)\beta_0 + \left(\sum_{i=1}^{n} x_{1i}x_{ki}\right)\beta_1 + \cdots + \left(\sum_{i=1}^{n} x_{ki}^2\right)\beta_k = \sum_{i=1}^{n} x_{ki} y_i
\end{cases} \tag{9.27}$$

称方程组(9.27)为正规方程组.

若记

$$\bar{x}_i = \frac{1}{n}\sum_{t=1}^{n} x_{it}, \quad i = 1,2,\cdots,k$$

$$\bar{y} = \frac{1}{n}\sum_{t=1}^{n} y_t$$

$$L_{ij} = L_{ji} = \sum_{t=1}^{n}(x_{it} - \bar{x}_i)(x_{jt} - \bar{x}_j) = \sum_{t=1}^{n} x_{it}x_{jt} - n\bar{x}_i\bar{x}_j, \quad i,j = 1,2,\cdots,k$$

$$L_{iy} = \sum_{t=1}^{n}(x_{it} - \bar{x}_i)(y_t - \bar{y}) = \sum_{t=1}^{n} x_{it}y_t - n\bar{x}_i\bar{y}, \quad i = 1,2,\cdots,k$$

则正规方程组(9.27)的第一个方程可化为

$$\beta_0 = \bar{y} - \beta_1 \bar{x}_1 - \beta_2 \bar{x}_2 - \cdots - \beta_k \bar{x}_k \tag{9.28}$$

将(9.28)式代入(9.27)式的其余各方程,经整理后可得

$$\begin{cases} L_{11}\beta_1 + L_{12}\beta_2 + \cdots + L_{1k}\beta_k = L_{1y} \\ L_{21}\beta_1 + L_{22}\beta_2 + \cdots + L_{2k}\beta_k = L_{2y} \\ \vdots \\ L_{k1}\beta_1 + L_{k2}\beta_2 + \cdots + L_{kk}\beta_k = L_{ky} \end{cases} \tag{9.29}$$

于是,我们可以先从方程组(9.29)中解出 $\hat{\beta}_1, \hat{\beta}_2, \cdots, \hat{\beta}_k$,然后再代入(9.28)式中便可得

$$\hat{\beta}_0 = \bar{y} - \hat{\beta}_1 \bar{x}_1 - \hat{\beta}_2 \bar{x}_2 - \cdots - \hat{\beta}_k \bar{x}_k \tag{9.30}$$

称 $\hat{\beta}_0, \hat{\beta}_1, \cdots, \hat{\beta}_k$ 为参数 $\beta_0, \beta_1, \cdots, \beta_k$ 的最小二乘估计.

因为

$$X'X = \begin{pmatrix} 1 & 1 & \cdots & 1 \\ x_{11} & x_{12} & \cdots & x_{1n} \\ x_{21} & x_{22} & \cdots & x_{2n} \\ \vdots & \vdots & & \vdots \\ x_{k1} & x_{k2} & \cdots & x_{kn} \end{pmatrix} \begin{pmatrix} 1 & x_{11} & x_{21} & \cdots & x_{k1} \\ 1 & x_{12} & x_{22} & \cdots & x_{k2} \\ \vdots & \vdots & \vdots & & \vdots \\ 1 & x_{1n} & x_{2n} & \cdots & x_{kn} \end{pmatrix}$$

$$= \begin{pmatrix} n & \sum\limits_{i=1}^{n} x_{1i} & \sum\limits_{i=1}^{n} x_{2i} & \cdots & \sum\limits_{i=1}^{n} x_{ki} \\ \sum\limits_{i=1}^{n} x_{1i} & \sum\limits_{i=1}^{n} x_{1i}^2 & \sum\limits_{i=1}^{n} x_{1i}x_{2i} & \cdots & \sum\limits_{i=1}^{n} x_{1i}x_{ki} \\ \vdots & \vdots & \vdots & & \vdots \\ \sum\limits_{i=1}^{n} x_{ki} & \sum\limits_{i=1}^{n} x_{1i}x_{ki} & \sum\limits_{i=1}^{n} x_{2i}x_{ki} & \cdots & \sum\limits_{i=1}^{n} x_{ki}^2 \end{pmatrix}$$

$$X'Y = \begin{pmatrix} 1 & 1 & \cdots & 1 \\ x_{11} & x_{12} & \cdots & x_{1n} \\ x_{21} & x_{22} & \cdots & x_{2n} \\ \vdots & \vdots & & \vdots \\ x_{k1} & x_{k2} & \cdots & x_{kn} \end{pmatrix} \begin{pmatrix} y_1 \\ y_2 \\ \vdots \\ y_n \end{pmatrix} = \begin{pmatrix} \sum\limits_{i=1}^{n} y_i \\ \sum\limits_{i=1}^{n} x_{1i}y_i \\ \vdots \\ \sum\limits_{i=1}^{n} x_{ki}y_i \end{pmatrix}$$

所以,正规方程组(9.27)式可用矩阵形式表示为

$$X'X\beta = X'Y \tag{9.31}$$

其中 $X'$ 为矩阵 $X$ 的转置矩阵. 如果正规方程组(9.31)的系数矩阵 $X'X$ 满秩,则其逆矩阵 $(X'X)^{-1}$ 存在,正规方程组有唯一解,其解为

$$\hat{\beta} = (X'X)^{-1}X'Y \tag{9.32}$$

称 $\hat{\beta}$ 为 $\beta$ 的最小二乘估计. 从而得到多元线性回归方程

$$\hat{y}_i = \hat{\beta}_0 + \hat{\beta}_1 x_{1i} + \hat{\beta}_2 x_{2i} + \cdots + \hat{\beta}_k x_{ki}, \quad i = 1, 2, \cdots, n \tag{9.33}$$

其矩阵形式为

$$\hat{Y} = X\hat{\beta} \tag{9.34}$$

其中

$$\hat{Y} = \begin{pmatrix} \hat{y}_1 \\ \hat{y}_2 \\ \vdots \\ \hat{y}_n \end{pmatrix}, \quad \hat{\beta} = \begin{pmatrix} \hat{\beta}_0 \\ \hat{\beta}_1 \\ \vdots \\ \hat{\beta}_k \end{pmatrix}$$

不难证明,最小二乘估计 $\hat{\beta}$ 是 $\beta$ 的线性无偏估计. 事实上,由(9.32)式可知 $\hat{\beta}$ 是 $y_1$, $y_2, \cdots, y_n$ 的线性组合,而

$$\begin{aligned} E(\hat{\beta}) &= E[(X'X)^{-1}X'Y] = E[(X'X)^{-1}X'(X\beta + \varepsilon)] \\ &= E[\beta + (X'X)^{-1}X'\varepsilon] \\ &= E(\beta) + (X'X)^{-1}X'E(\varepsilon) = \beta \end{aligned}$$

所以,$\hat{\beta}$ 是 $\beta$ 的线性无偏估计.

另外,在多元线性回归模型的基本假设下,可以证明 $\hat{\beta}$ 在 $\beta$ 的所有线性无偏估计中方差最小. 这就是说,最小二乘估计 $\hat{\beta}$ 是 $\beta$ 的最佳线性无偏估计.

$\hat{\beta}$ 的协方差矩阵为

$$\begin{aligned} \text{Cov}(\hat{\beta}, \hat{\beta}) &= E\{[\hat{\beta} - E(\beta)][\hat{\beta} - E(\beta)]'\} \\ &= E[(\hat{\beta} - \beta)(\hat{\beta} - \beta)'] \\ &= E\{[(X'X)^{-1}X'\varepsilon][(X'X)^{-1}X'\varepsilon]'\} \\ &= (X'X)^{-1}X'E(\varepsilon\varepsilon')X(X'X)^{-1} \\ &= (X'X)^{-1}X'(\sigma^2 I)X(X'X)^{-1} \\ &= \sigma^2(X'X)^{-1}X'X(X'X)^{-1} \\ &= \sigma^2(X'X)^{-1} \end{aligned}$$

$\hat{\beta}_j$ 的方差为

$$D(\hat{\beta}_j) = \sigma^2 c_{jj}, \quad j = 0,1,\cdots,k \tag{9.35}$$

$\hat{\beta}_j$ 的标准差为

$$Se(\hat{\beta}_j) = \sigma \sqrt{c_{jj}}, \quad j = 0,1,\cdots,k \tag{9.36}$$

其中 $c_{jj}$ 是位于矩阵 $(X'X)^{-1}$ 中第 $j+1$ 行第 $j+1$ 列上的元素. 于是,在多元线性回归模型的基本假设下,有

$$\hat{\beta}_j \sim N(\beta_j, \sigma^2 c_{jj}) \tag{9.37}$$

由于在判断参数估计的可靠性时,需要用到参数估计的方差 $D(\hat{\beta}_j) = \sigma^2 c_{jj}$,而 $\sigma^2$ 是未知的,故需要对 $\sigma^2$ 进行估计.

在有了估计 $\hat{\beta}$ 后,便可计算残差向量 $e = Y - \hat{Y} = Y - X\hat{\beta}$,其中

$$e = \begin{pmatrix} e_1 \\ e_2 \\ \vdots \\ e_n \end{pmatrix}, \quad e_i = y_i - \hat{y}_i, \quad i = 1,2,\cdots,n$$

据此可得残差平方和 $\sum\limits_{i=1}^{n} e_i^2 = e'e$.

可以证明,残差平方和具有如下性质:

$$E\left( \sum_{i=1}^{n} e_i^2 \right) = E(e'e) = (n-k-1)\sigma^2$$

即

$$E\left[ \frac{\sum\limits_{i=1}^{n} e_i^2}{n-k-1} \right] = \sigma^2$$

若记

$$\widehat{\sigma^2} = \frac{\sum\limits_{i=1}^{n} e_i^2}{n-k-1} \tag{9.38}$$

则 $\widehat{\sigma^2}$ 是 $\sigma^2$ 的无偏估计. 于是, $\hat{\beta}_j$ 的方差 $D(\hat{\beta}_j)$ 具有估计式

$$\widehat{D(\hat{\beta}_j)} = \widehat{\sigma^2} c_{jj} = \left( \frac{\sum\limits_{i=1}^{n} e_i^2}{n-k-1} \right) c_{jj}, \quad j = 0,1,\cdots,k \tag{9.39}$$

**例 9.7**　为了对西部大开发中的电力供应做好安排,研究西部地区各省区电力消费的变化与各地区国内生产总值 GDP 及电力价格水平变动因素之间的关系,从《中国统计年鉴》中取得西部地区 2002 年的相关数据,其中电力价格变动以水电燃料价格指数代表,数据见表 9-5.

表 9-5　2002 年西部各地区电力消费数据

| 地区 | 电力消费量 $y$/亿 kW·h | 国内生产总值 $x_1$/亿元 | 水电燃料价格指数 $x_2$/% |
|------|------|------|------|
| 内蒙古 | 320.43 | 1734.31 | 104.7 |
| 广西 | 356.95 | 2455.36 | 101.7 |
| 重庆 | 248.01 | 1971.30 | 109.0 |
| 四川 | 660.51 | 4875.12 | 103.4 |
| 贵州 | 366.63 | 1185.04 | 99.3 |
| 云南 | 353.20 | 2232.32 | 102.9 |
| 陕西 | 355.97 | 2035.96 | 103.2 |
| 甘肃 | 339.66 | 1161.42 | 102.6 |
| 青海 | 125.51 | 341.11 | 107.3 |
| 宁夏 | 178.76 | 329.28 | 105.2 |
| 新疆 | 214.60 | 1598.28 | 109.6 |

注：由于某些数据缺失，西藏未列入，但不影响样本的代表性.

**解**　设线性回归模型为

$$y_i = \beta_0 + \beta_1 x_{1i} + \beta_2 x_{2i} + \varepsilon_i, \quad i = 1, 2, \cdots, 11$$

将

$$Y = \begin{pmatrix} 320.43 \\ 356.95 \\ \vdots \\ 214.60 \end{pmatrix}, \quad X = \begin{pmatrix} 1 & 1734.31 & 104.7 \\ 1 & 2455.36 & 101.7 \\ \vdots & \vdots & \vdots \\ 1 & 1598.28 & 109.6 \end{pmatrix}$$

代入 $\hat{\beta} = (X'X)^{-1} X'Y$ 式中，可求得

$$\hat{\beta} = \begin{pmatrix} \hat{\beta}_0 \\ \hat{\beta}_1 \\ \hat{\beta}_2 \end{pmatrix} = \begin{pmatrix} 1941.837 \\ 0.0936 \\ -17.1507 \end{pmatrix}$$

及二元线性回归方程

$$\hat{y}_i = 1941.837 + 0.0936 x_{1i} - 17.1507 x_{2i}$$

并可计算出

$$\hat{\sigma}^2 = \frac{\sum_{i=1}^{n} e_i^2}{n - k - 1} = \frac{10\,428.85}{11 - 2 - 1} = 1303.6063$$

由(9.39)式可得

$$\widehat{D(\hat{\beta}_0)} = 152\,271.1801, \quad \widehat{D(\hat{\beta}_1)} = 0.000\,088, \quad \widehat{D(\hat{\beta}_2)} = 12.6977$$

### 9.5.3　多元线性回归模型的显著性检验

**1. 回归方程的显著性检验（F 检验）**

在实际问题中，我们事先并不能断定 $y$ 与 $x_1, x_2, \cdots, x_k$ 之间是否存在线性相关关系，所以需要对回归方程作显著性检验. 为此，可提出如下假设

$$H_0 : \beta_1 = \beta_2 = \cdots = \beta_k = 0 \tag{9.40}$$

若经过检验拒绝了假设 $H_0$，则认为 $y$ 与 $x_1, x_2, \cdots, x_k$ 之间存在线性相关关系，即回归方程是显著的.

与一元线性回归相似，我们仍采用平方和分解法，将总离差平方和 $L_{yy}$ 分解成残差平方和 $S_e$ 与回归平方和 $S_R$ 两部分，即

$$
\begin{aligned}
L_{yy} &= \sum_{i=1}^{n} (Y_i - \overline{Y})^2 = \sum_{i=1}^{n} \left[ (y_i - \hat{y}_i) + (\hat{y}_i - \overline{y}) \right]^2 \\
&= \sum_{i=1}^{n} (y_i - \hat{y}_i)^2 + \sum_{i=1}^{n} (\hat{y}_i - \overline{y})^2 \\
&= \sum_{i=1}^{n} e_i^2 + \sum_{i=1}^{n} (\hat{y}_i - \overline{y})^2 = S_e + S_R
\end{aligned}
$$

可以证明，在矩阵 $X$ 列满秩与 $H_0$ 成立的条件下，有

(1) $\dfrac{S_e}{\sigma^2} \sim \chi^2(n-k-1)$;

(2) $\dfrac{S_R}{\sigma^2} \sim \chi^2(k)$;

(3) $S_R$ 与 $S_e$ 独立.

由此可知，在 $H_0$ 成立时，统计量 $F$ 满足

$$F = \frac{S_R / k}{S_e / (n-k-1)} \sim F(k, n-k-1) \tag{9.41}$$

于是，对于给定的显著性水平 $\alpha$，查表可得临界值 $F_\alpha(k, n-k-1)$，由样本观测值求出统计量 $F$ 的值，若 $F > F_\alpha(k, n-k-1)$，则拒绝假设 $H_0$，认为回归方程是显著的. 否则认为回归方程不显著.

**例 9.8**　对例 9.7 中所求的二元线性回归方程进行显著性检验（$\alpha = 0.05$）. 先提出假设

$$H_0 : \beta_1 = \beta_2 = 0$$

利用表 9-5 中数据，可计算得

$$S_e = \sum_{i=1}^{n} e_i^2 = 10\,428.85$$

$$L_{yy} = \sum_{i=1}^{n} (Y_i - \overline{Y})^2 = 196\,400.19$$

并有

$$S_R = L_{yy} - S_e = 185\ 971.34$$

对于给定的 $\alpha=0.05$，查 $F$ 分布表得 $F_{0.05}(2,8)=4.46$，统计量 $F$ 的观测值

$$F = \frac{S_R/k}{S_e/(n-k-1)} = \frac{185\ 971.34/2}{10\ 428.85/(11-3)} = 71.32$$

因为 $F=71.32 > F_{0.05}(2,8)=4.46$，所以在显著性水平 $\alpha=0.05$ 下拒绝 $H_0$，认为回归方程是显著的.

**2. 回归系数的显著性检验($t$ 检验)**

在多元线性回归中，回归方程经过检验是显著的，这并不意味着每个解释变量对 $y$ 的影响都显著. 我们总是希望从回归方程中剔除那些不显著的，可有可无的变量，以便重新建立更为简单的线性回归模型. 为此，需要对每个解释变量对 $y$ 的影响是否显著作出判断. 多元回归分析中对各个回归参数的显著性检验，目的在于分别检验当其他解释变量不变时，该回归参数对应的解释变量是否对 $y$ 有显著影响.

若"$\beta_j=0$"，就说明变量 $x_j$ 对 $y$ 的作用不显著. 所以，只要检验假设

$$H_0 : \beta_j = 0, \quad j=1,2,\cdots,k$$

由 $\hat{\beta}_j \sim N(\beta_j, \sigma^2 c_{jj})$ 及 $\dfrac{S_e}{\sigma^2} \sim \chi^2(n-k-1)$ 知，当 $H_0$ 成立时，统计量 $t$ 满足

$$t = \frac{\dfrac{\hat{\beta}_j - \beta_j}{\sqrt{\sigma^2 c_{jj}}}}{\sqrt{\dfrac{\dfrac{e'e}{\sigma^2}}{n-k-1}}} = \frac{\hat{\beta}_j - \beta_j}{\sqrt{\dfrac{e'e}{n-k-1}c_{jj}}} = \frac{\hat{\beta}_j - \beta_j}{\sqrt{\widehat{\sigma^2} c_{jj}}}$$

$$= \frac{\hat{\beta}_j}{\hat{\sigma}\sqrt{c_{jj}}} \sim t(n-k-1) \tag{9.42}$$

其中 $\hat{\sigma} = \sqrt{\dfrac{\sum\limits_{i=1}^{n} e_i^2}{n-k-1}}$，$c_{jj}$ 是位于矩阵 $(X'X)^{-1}$ 中第 $j+1$ 行第 $j+1$ 列上的元素.

于是，对于给定的显著性水平 $\alpha$，查 $t$ 分布表可得临界值 $t_{\frac{\alpha}{2}}(n-k-1)$，由样本观测值求出统计量 $t$ 的值，若 $|t| > t_{\frac{\alpha}{2}}(n-k-1)$，则拒绝假设 $H_0$，表明在其他解释变量不变的条件下，解释变量 $x_j$ 对 $y$ 的影响是显著的.

**例 9.9** 对例 9.7 中的回归参数 $\beta_1, \beta_2$ 分别进行显著性检验.($\alpha=0.05$)

**解** 先提出假设

$$H_0 : \beta_j = 0, \quad j=1,2$$

已知 $\hat{\sigma} = \sqrt{\widehat{\sigma^2}} = \sqrt{1303.6063} = 36.1055$，计算得

$$t_{\beta_1} = \frac{\hat{\beta}_1}{\hat{\sigma} \sqrt{c_{11}}} = \frac{0.0936}{36.1055 \times 0.000\,26} = 9.9708$$

$$t_{\beta_2} = \frac{\hat{\beta}_2}{\hat{\sigma} \sqrt{c_{22}}} = \frac{-17.1507}{36.1055 \times 0.098\,96} = -4.8132$$

对于给定的 $\alpha = 0.05$，查 $t$ 分布表得 $t_{\frac{\alpha}{2}}(n-k-1) = t_{0.025}(8) = 2.306$. 可以看出，这两个参数的 $t$ 统计量观测值的绝对值均大于临界值 2.306，所以在显著性水平 $\alpha = 0.05$ 下，分别拒绝各个 $H_0$，认为在其他解释变量不变的条件下，国内生产总值 $x_1$、水电燃料价格指数 $x_2$ 对 $y$ 的影响都是显著的.

### 9.5.4 预测

建立线性回归模型的一个重要目的是利用所估计的、理想的回归方程进行预测. 预测是指，对给定的各解释变量的某一组具体值 $X_0 = (1, x_{10}, x_{20}, \cdots, x_{k0})$，预测 $y$ 的值 $y_0$. 这里预测也分为点预测与区间预测.

**1. 点预测**

设多元线性回归模型为

$$y_i = \beta_0 + \beta_1 x_{1i} + \beta_2 x_{2i} + \cdots + \beta_k x_{ki} + \varepsilon_i = X_i \beta + \varepsilon_i, \quad i = 1, 2, \cdots, n$$

其中

$$X_i = (1, x_{1i}, x_{2i}, \cdots, x_{ki}), \quad \beta = \begin{pmatrix} \beta_0 \\ \beta_1 \\ \vdots \\ \beta_k \end{pmatrix}$$

利用最小二乘法可得

$$\hat{y}_i = \hat{\beta}_0 + \hat{\beta}_1 x_{1i} + \hat{\beta}_2 x_{2i} + \cdots + \hat{\beta}_k x_{ki} = X_i \hat{\beta} \tag{9.43}$$

把 $X_0 = (1, x_{10}, x_{20}, \cdots, x_{k0})$ 代入 (9.43) 式得

$$\hat{y}_0 = \hat{\beta}_0 + \hat{\beta}_1 x_{10} + \hat{\beta}_2 x_{20} + \cdots + \hat{\beta}_k x_{k0} = X_0 \hat{\beta} \tag{9.44}$$

将回归值 $\hat{y}_0$ 作为 $y_0$ 的估计值，称 $\hat{y}_0$ 为 $y_0$ 的点预测值.

例如，对于例 9.7，当西部地区的 GDP 达到 3500 亿元，且水电燃料价格不变（指数为 100%）时，电力消费量的预测值为

$$\hat{y}_0 = 1941.837 + 0.0936 \times 3500 - 17.1507 \times 100$$
$$= 554.367 (\text{亿 kW} \cdot \text{h})$$

**2. 区间预测**

对于给定的各解释变量 $x_1, x_2, \cdots, x_k$ 的一组具体值 $X_0 = (1, x_{10}, x_{20}, \cdots, x_{k0})$，由

$$y_i = \beta_0 + \beta_1 x_{1i} + \beta_2 x_{2i} + \cdots + \beta_k x_{ki} + \varepsilon_i = X_i \beta + \varepsilon_i, \quad i = 1, 2, \cdots, n$$

有

$$\hat{y}_0 = \hat{\beta}_0 + \hat{\beta}_1 x_{10} + \hat{\beta}_2 x_{20} + \cdots + \hat{\beta}_k x_{k0} = X_0 \hat{\beta}$$

其中

$$x_i = (1, x_{1i}, x_{2i}, \cdots, x_{ki}), \quad \beta = \begin{pmatrix} \beta_0 \\ \beta_1 \\ \vdots \\ \beta_k \end{pmatrix}$$

用回归值 $\hat{y}_0$ 作为 $y_0$ 的估计值时,它们的预测误差为

$$e_0 = y_0 - \hat{y}_0 = X_0 \beta + \varepsilon_0 - X_0 \hat{\beta} = X_0(\beta - \hat{\beta}) + \varepsilon_0$$

因为 $y_0$ 与 $\hat{y}_0$ 均服从正态分布,所以 $e_0$ 也服从正态分布,而且

$$\begin{aligned}
E(e_0) &= E[X_0(\beta - \hat{\beta}) + \varepsilon_0] \\
&= X_0 E(\beta - \hat{\beta}) + E(\varepsilon_0) = 0 \\
D(\hat{y}_0) &= E[\hat{y}_0 - E(\hat{y}_0)]^2 = E[X_0 \hat{\beta} - X_0 \beta]^2 \\
&= E[X_0(\hat{\beta} - \beta) X_0(\hat{\beta} - \beta)] \\
&= E\{X_0(\hat{\beta} - \beta)[X_0(\hat{\beta} - \beta)]'\} \\
&= E[X_0(\hat{\beta} - \beta)(\hat{\beta} - \beta)' X_0'] \\
&= X_0 E[(\hat{\beta} - \beta)(\hat{\beta} - \beta)'] X_0' \\
&= X_0 \mathrm{Cov}(\hat{\beta}, \hat{\beta}) X_0' \\
&= \sigma^2 X_0 (X'X)^{-1} X_0' \\
D(e_0) &= D(y_0 - \hat{y}_0) = D(y_0) + D(\hat{y}_0) \\
&= D(\varepsilon_0) + D(\hat{y}_0) = \sigma^2 + \sigma^2 X_0 (X'X)^{-1} X_0'
\end{aligned}$$

即

$$e_0 \sim N(0, \sigma^2(1 + X_0(X'X)^{-1} X_0'))$$

构造统计量

$$t = \frac{\dfrac{y_0 - \hat{y}_0}{\sqrt{\sigma^2(1 + X_0(X'X)^{-1} X_0')}}}{\sqrt{\dfrac{\dfrac{ee'}{\sigma^2}}{n-k-1}}}$$

$$= \frac{y_0 - \hat{y}_0}{\hat{\sigma} \sqrt{1 + X_0(X'X)^{-1} X_0'}} \sim t(n-k-1) \tag{9.45}$$

其中 $\hat{\sigma} = \sqrt{\dfrac{\sum\limits_{i=1}^{n} e_i^2}{n-k-1}}.$

对于给定的置信度 $1-\alpha$，查 $t$ 分布表可得临界值 $t_{\frac{\alpha}{2}}(n-k-1)$，令

$$P\{\,|\,t\,|<t_{\frac{\alpha}{2}}(n-k-1)\}=1-\alpha$$

即

$$P\{-t_{\alpha/2}(n-k-1)<t<t_{\alpha/2}(n-k-1)\}=1-\alpha$$

得 $y_0$ 的置信度为 $1-\alpha$ 的预测区间为

$$\left(\hat{y}_0-t_{\frac{\alpha}{2}}(n-k-1)\hat{\sigma}\sqrt{1+X_0(X'X)^{-1}X_0'},\ \hat{y}_0+t_{\frac{\alpha}{2}}(n-k-1)\hat{\sigma}\sqrt{1+X_0(X'X)^{-1}X_0'}\right)$$

$$(9.46)$$

# 习题九

1. 随机抽取 5 个家庭的年收入与年储蓄资料（单位：千元），如下表所示.

| 年收入 $x$ | 8 | 11 | 9 | 6 | 6 |
| --- | --- | --- | --- | --- | --- |
| 年储蓄 $y$ | 0.6 | 1.2 | 1.0 | 0.7 | 0.3 |

求 $y$ 对 $x$ 的线性回归方程.

2. 从炼铝厂测得所产铸模用的铝的硬度 $x$ 与抗张强度 $y$ 的数据，如下表所示.

| 铝的硬度 $x$ | 68 | 53 | 70 | 84 | 60 | 72 | 51 | 83 | 70 | 64 |
| --- | --- | --- | --- | --- | --- | --- | --- | --- | --- | --- |
| 抗张强度 $y$ | 288 | 293 | 349 | 343 | 290 | 354 | 283 | 324 | 340 | 286 |

（1）求 $y$ 关于 $x$ 的一元线性回归方程；

（2）在显著性水平 $\alpha=0.05$ 下，检验回归方程的显著性.

3. 某种金属表面的腐蚀深度 $y$ 与腐蚀时间 $x$ 对应的一组数据，如下表所示.

| 腐蚀时间 $x/s$ | 5 | 5 | 10 | 20 | 30 | 40 | 50 | 60 | 65 | 90 | 120 |
| --- | --- | --- | --- | --- | --- | --- | --- | --- | --- | --- | --- |
| 腐蚀深度 $y/\mu m$ | 4 | 6 | 8 | 13 | 16 | 17 | 19 | 25 | 25 | 29 | 46 |

（1）求 $y$ 关于 $x$ 的一元线性回归方程；

（2）检验 $y$ 与 $x$ 之间是否存在线性相关关系；（$\alpha=0.01$）

（3）当腐蚀时间为 75s 时，预测腐蚀深度的范围.（$\alpha=0.05$）

4. 企业的利润水平和研发费用的一组调查数据（单位：万元），如下表所示.

| 研发费用 $x$ | 10 | 10 | 8 | 8 | 8 | 12 | 12 | 12 | 11 | 11 |
|---|---|---|---|---|---|---|---|---|---|---|
| 利润 $y$ | 100 | 150 | 200 | 180 | 250 | 300 | 280 | 310 | 320 | 300 |

判断利润水平和研发费用之间是否存在线性相关关系？（$\alpha=0.05$）

5. 为研究某一化学反应过程中，温度 $x$（℃）对产品得率 $y$（%）的影响，测得数据，如下表所示.

| 温度 $x$/℃ | 100 | 110 | 120 | 130 | 140 | 150 | 160 | 170 | 180 | 190 |
|---|---|---|---|---|---|---|---|---|---|---|
| 产品得率 $y$/% | 45 | 51 | 54 | 61 | 66 | 70 | 74 | 78 | 85 | 89 |

当温度 $x_0=125$ 时，求产品得率 $y_0$ 的置信度为 0.95 的预测区间.

6. 为了解商场销售额 $x$ 与流通费率（指每元商品流转额所分摊的流通费用）$y$ 之间的关系，收集了 9 个商场的有关数据，如下表所示.

| 序号 $i$ | 1 | 2 | 3 | 4 | 5 | 6 | 7 | 8 | 9 |
|---|---|---|---|---|---|---|---|---|---|
| 销售额 $x$/万元 | 1.5 | 4.5 | 7.5 | 10.5 | 13.5 | 16.5 | 19.5 | 22.5 | 25.5 |
| 流通费率 $y$/% | 7.0 | 4.8 | 3.6 | 3.1 | 2.7 | 2.5 | 2.4 | 2.3 | 2.2 |

求 $y$ 关于 $x$ 的曲线回归方程.

7. 某种产品的收缩量 $y$ 与处理压力 $x_1$ 及温度 $x_2$ 有关，测得试验数据，如下表所示.

| $i$ | 处理压力 $x_1$ | 温度 $x_2$ | 收缩量 $y$ | $i$ | 处理压力 $x_1$ | 温度 $x_2$ | 收缩量 $y$ |
|---|---|---|---|---|---|---|---|
| 1 | 6.8 | 665 | 40 | 9 | 9.1 | 700 | 65 |
| 2 | 7.2 | 685 | 49 | 10 | 9.3 | 680 | 58 |
| 3 | 7.6 | 690 | 55 | 11 | 9.5 | 685 | 59 |
| 4 | 8.0 | 700 | 63 | 12 | 9.7 | 700 | 67 |
| 5 | 8.2 | 695 | 65 | 13 | 10.0 | 650 | 56 |
| 6 | 8.4 | 670 | 57 | 14 | 10.3 | 690 | 72 |
| 7 | 8.6 | 675 | 58 | 15 | 10.5 | 670 | 68 |
| 8 | 8.8 | 690 | 62 | | | | |

（1）求 $y$ 关于 $x_1$，$x_2$ 的二元线性回归方程；

（2）检验回归方程的显著性.（$\alpha=0.01$）

8. 考察中国城镇居民 2006 年人均可支配收入与消费支出的关系，下表给出了中国内地 31 个省区按当年价测算的 2006 年及 2005 年城镇居民家庭年人均可支配收入 $x_1$，$x_2$ 与 2006 年人均消费支出 $y$ 三组数据（单位：元）.

| 地区 | 2006 年消费支出 $y$ | 2006 年可支配收入 $x_1$ | 2005 年可支配收入 $x_2$ | 地区 | 2006 年消费支出 $y$ | 2006 年可支配收入 $x_1$ | 2005 年可支配收入 $x_2$ |
|------|------|------|------|------|------|------|------|
| 北京 | 14 825.4 | 19 977.5 | 13 244.2 | 湖北 | 7397.3 | 9802.7 | 6736.6 |
| 天津 | 10 548.1 | 14 283.1 | 9653.3 | 河南 | 8169.3 | 10 504.7 | 7505.0 |
| 河北 | 7343.5 | 10 304.6 | 6699.7 | 广东 | 12 432.2 | 16 015.6 | 11 809.9 |
| 山西 | 7170.9 | 10 027.7 | 6342.6 | 广西 | 6792.0 | 9898.8 | 7032.8 |
| 内蒙古 | 7666.6 | 10 358.0 | 6928.6 | 海南 | 7126.8 | 9395.1 | 5928.8 |
| 辽宁 | 7987.5 | 10 369.6 | 7369.3 | 重庆 | 9398.7 | 11 569.7 | 8623.3 |
| 吉林 | 7352.6 | 9775.1 | 6794.7 | 四川 | 7524.8 | 9350.1 | 6891.3 |
| 黑龙江 | 6655.4 | 9182.3 | 6178.0 | 贵州 | 6848.4 | 9116.6 | 6159.3 |
| 上海 | 14 761.8 | 20 667.9 | 13 773.4 | 云南 | 7379.8 | 10 069.9 | 6996.9 |
| 江苏 | 9628.6 | 14 084.3 | 8621.8 | 西藏 | 6192.6 | 8941.1 | 8617.1 |
| 浙江 | 13 348.5 | 18 265.1 | 12 253.7 | 陕西 | 7553.3 | 9267.7 | 6656.5 |
| 安徽 | 7294.7 | 9771.1 | 6367.7 | 甘肃 | 6974.2 | 8920.6 | 6529.2 |
| 福建 | 9807.7 | 13 753.3 | 8794.4 | 青海 | 6530.1 | 9000.4 | 6245.3 |
| 江西 | 6645.5 | 9551.1 | 6109.4 | 宁夏 | 7205.6 | 9177.3 | 6404.3 |
| 山东 | 8468.4 | 12 192.2 | 7457.3 | 新疆 | 6730.0 | 8871.3 | 6207.5 |
| 河南 | 6685.2 | 9810.3 | 6038.0 | | | | |

资料来源：根据《中国统计年鉴》(2006,2007)整理.

(1) 求 $y$ 关于 $x_1, x_2$ 的二元线性回归方程及随机误差项方差的估计值 $\widehat{\sigma^2}$；

(2) 分别对回归方程及回归参数进行显著性检验；($\alpha = 0.05$)

(3) 假设某城镇居民家庭 2006 年人均可支配收入为 20 000 元,2005 年人均可支配收入为 14 000 元,求该家庭 2006 年人均消费支出的预测值及预测区间.($1 - \alpha = 0.95$)

# 习题参考答案

## 习题一

### （A）

1. (1) $\Omega=\{3,4,\cdots,10\}$；

    (2) $\Omega=\{3,4,\cdots,17,18\}$；

    (3) $\Omega=\{10,11,\cdots\}$；

    (4) $\Omega=\{t\,|\,0<t\leqslant5\}$；

    (5) $\Omega=\{白白,红白,红红\}$.

2. (1) $A\bar{B}=\{\omega_1,\omega_2,\omega_3\}$；

    (2) $\overline{\overline{A}\,\overline{B}}=A\bigcup B=\{\omega_1,\omega_2,\cdots,\omega_9\}$；

    (3) $\overline{A\bigcup B}=\bar{A}\bar{B}=\{\omega_{10},\omega_{11},\omega_{12}\}$；

    (4) $\overline{AB}=\bar{A}\bigcup \bar{B}=\{\omega_1,\omega_2,\omega_3,\omega_7,\cdots,\omega_{12}\}$.

3. (1) $AB\bar{C}$ 或 $AB-C$；

    (2) $A\bigcup B\bigcup C$；

    (3) $ABC$；

    (4) $\overline{A}\overline{B}\overline{C}$；

    (5) $A\bar{B}\bar{C}\bigcup\bar{A}B\bar{C}\bigcup\bar{A}\bar{B}C$；

    (6) $\overline{A}\overline{B}\overline{C}\bigcup A\bar{B}\bar{C}\bigcup\bar{A}B\bar{C}\bigcup\bar{A}\bar{B}C$；

    (7) $AB\bar{C}\bigcup A\bar{B}C\bigcup\bar{A}BC\bigcup ABC$ 或 $AB\bigcup AC\bigcup BC$；

    (8) $\bar{A}\bigcup\bar{B}\bigcup\bar{C}$ 或 $\overline{ABC}$.

4. $D\subset A,D\subset C$；$B$ 与 $D$ 互不相容，$A$ 与 $B$ 互不相容；$A$ 与 $B$ 为对立事件.

5. (1) $\bigcup\limits_{i=1}^{5}A_i$ 与 $\bigcup\limits_{i=1}^{5}B_i$ 均为 5 次射击中至少击中一次，二者相等；

    (2) $\bigcup\limits_{i=2}^{5}A_i$ 为第二次至第五次射击中至少击中一次，$\bigcup\limits_{i=2}^{5}B_i$ 为 5 次射击中至少击中

    两次，二者不相等；

(3) $\bigcup_{i=1}^{2} A_i$ 为前两次至少击中一次，$\bigcup_{i=3}^{5} A_i$ 为后三次至少击中一次，二者没有关系；

(4) $\bigcup_{i=1}^{2} B_i$ 为 5 次射击中至少击中一次，至多击中两次，$\bigcup_{i=3}^{5} B_i$ 为 5 次射击中至少击中三次，至多击中五次，二者互斥.

6. 否.

7. $P(A) = \dfrac{7}{15}$；$P(B) = \dfrac{7}{30}$.

8. 0.1377.

9. 有放回抽样 0.288；无放回抽样 0.3.

10. 0.1055.

11. $\dfrac{7}{16}$.

12. $\dfrac{1}{4}$.

13. 0.1811.

14. $\dfrac{18}{23}$.

15. $\dfrac{3}{5}$.

16. 0.18.

17. 0.3.

18. (1)0.24；　(2)0.424.

19. (1)$\dfrac{28}{45}$；　(2)$\dfrac{1}{45}$；　(3)$\dfrac{16}{45}$.

20. 0.25.

21. 0.00002.

22. (1)0.45；　(2)0.56；　(3)0.44；　(4)0.8.

23. 略.

24. (1)0.612；　(2)0.388.

25. $p_1 = 0.4536$；$p_2 = 0.392$.

26. (1)0.9984；　(2)3.

27. (1)0.9733；　(2)0.25.

28. $\dfrac{11}{24}$.

29. (1)0.9432；　(2)0.8482.

30. 0.284.

31. (1) $p=\dfrac{29}{90}$; (2) $q=\dfrac{20}{61}$.

32. 0.0944.

33. 0.104.

34. (1)0.4096; (2)0.7373.

## (B)

1. 正确的是(2)、(3)、(5)、(9);其余均不正确.

2. (1) 0.625.

(2) ① 0.3; ② 0.5.

(3) ① 0.1; ② 0.3; ③ 0.4.

(4) 0.7.

(5) $\dfrac{2}{3}$.

(6) 0.6.

3. (1) D; (2) A; (3) B; (4) D; (5) B; (6) D.

# 习题二

## (A)

1. $X$ 的分布律如下:

| $X$ | 1 | 2 | 3 | 4 |
| --- | --- | --- | --- | --- |
| $P$ | 0.6 | 0.1 | 0.2 | 0.1 |

2. (1) $X$ 的分布律如下:

| $X$ | 2 | 3 | 4 |
| --- | --- | --- | --- |
| $P$ | 0.4 | 0.4 | 0.2 |

(2) $Y$ 的分布律如下:

| $Y$ | 0 | 1 | 2 |
| --- | --- | --- | --- |
| $P$ | $\dfrac{2}{3}$ | $\dfrac{4}{15}$ | $\dfrac{1}{15}$ |

3. (1) $P\{X_1=k\}=((1-p_1)(1-p_2))^{k-1}(p_1+p_2-p_1p_2)$,　$k=1,2,3,\cdots$

　　$P\{X_2=0\}=p_1$

　　$P\{X_2=k\}=(1-p_1)^k(1-p_2)^{k-1}(p_1+p_2-p_1p_2)$,　$k=1,2,3,\cdots$

　　(2) $P\{X=k\}=\begin{cases}(1-p_1)^{n-1}(1-p_2)^{n-1}p_1,&k=2n-1\\(1-p_1)^n(1-p_2)^{n-1}p_2,&k=2n\end{cases}$,　$n=1,2,3,\cdots$

4. (1) 0.1631;　(2) 0.3529.

5. (1) 0.009;　(2) 0.9984;　(3) $k=7$.

6. (1) 0.2424;　(2) $n\geqslant 5$.

7. 0.96.

8. 0.0175; 0.0091.

9. $P\{X=i\}=\dfrac{10}{13}\left(\dfrac{3}{13}\right)^{i-1}$,　$i=1,2,3,\cdots$

10. (1) $P\{X_1=k\}=\dfrac{C_3^k C_7^{2-k}}{C_{10}^2}$,　$k=0,1,2$

　　(2) $P\{X_2=k\}=\dfrac{C_3^k C_7^{4-k}}{C_{10}^4}$,　$k=0,1,2,3$

　　(3) $P\{X_3=k\}=\dfrac{C_3^k C_7^{8-k}}{C_{10}^8}$,　$k=1,2,3$

此时

$$P\{X_3\leqslant 1\}=P\{X_3=1\}=\frac{1}{15}.$$

11. $F(x)=\begin{cases}0,&x<0\\\dfrac{1}{4}x^2,&0\leqslant x<2\\1,&x\geqslant 2\end{cases}$

12. (1) 分布函数如下:

$$F(x)=\begin{cases}0,&x<0\\0.2,&0\leqslant x<1\\0.6,&1\leqslant x<2\\1,&x\geqslant 2\end{cases}$$

　　图略.

　　(2) 0.2; 0.8; 0.4.

13. 分布律如下：

| $X$ | $-1$ | 1 | 1.5 |
|---|---|---|---|
| $P$ | 0.3 | 0.5 | 0.2 |

14. (1) $a=\dfrac{1}{3}, b=-\dfrac{1}{6}$；　(2) $\dfrac{5}{8}$.

15. (1) 0.25；　(2) $P\{X=0.5\}=0$；　(3) $F(x)=\begin{cases}0, & x<0 \\ x^2, & 0\leqslant x<1 \\ 1, & x\geqslant 1\end{cases}$ 图略.

16. (1) $A=\dfrac{1}{2}$；　(2) $\dfrac{1}{2}-\dfrac{1}{2}e^{-1}$；　(3) $F(x)=\begin{cases}\dfrac{e^x}{2}, & x<0 \\ 1-\dfrac{e^{-x}}{2}, & x\geqslant 0\end{cases}$.

17. (1) $A=1, B=-1$；　(2) 0.4711；　(3) $f(x)=\begin{cases}xe^{-\frac{x^2}{2}}, & x>0 \\ 0, & x\leqslant 0\end{cases}$.

18. $F(x)=\begin{cases}1-e^{-\lambda x}, & x>0 \\ 0, & x\leqslant 0\end{cases}$.

19. (1) 0.6；　(2) 0.6826.

20. $3e^{-1}-2e^{-\frac{3}{2}}=0.6574$.

21. $1-e^{-2}=0.8647$.

22. (1) 0.5199；　(2) 0.0062；　(3) $x\approx 2.56$.

23. (1) 0.8665；　(2) 0.3446；　(3) 0.4931.

24. 79.6.

25. 第二条路线较好；第一条路线较好.

26. (1)

| $Y=X^2-2X$ | $-1$ | 0 | 3 |
|---|---|---|---|
| $P$ | 0.28 | 0.5 | 0.22 |

（2）

| $Y=\lvert X\rvert+2$ | 2 | 3 | 4 | 5 |
|---|---|---|---|---|
| $P$ | 0.3 | 0.4 | 0.2 | 0.1 |

27. $f_Y(y)=\dfrac{2\mathrm{e}^y}{\pi(1+\mathrm{e}^{2y})}$.

28. $f_Y(y)=\begin{cases}\dfrac{1}{\sqrt{2y}}, & 0<y<1\\[2mm] 0, & 其他\end{cases}$.

29. 对于 $y\in(0,1)$，有

$$F_Y(y)=P\{Y\leqslant y\}=P\{1-\mathrm{e}^{-\lambda X}\leqslant y\}$$

$$=P\left\{X\geqslant-\frac{1}{\lambda}\ln(1-y)\right\}$$

$$=\int_{-\frac{1}{\lambda}\ln(1-y)}^{+\infty}\lambda\mathrm{e}^{-\lambda x}\,\mathrm{d}x=y$$

即 $Y$ 服从 $(0,1)$ 上的均匀分布.

## （B）

1. （1）×；　（2）×；　（3）×；　（4）×.

2. （1）$\dfrac{1}{7}$；　（2）$\dfrac{2}{3}$；　（3）$\dfrac{1}{2}-\mathrm{e}^{-1}$；　（4）$(-\infty,0)$；　（5）$\sqrt[4]{\pi^2\mathrm{e}}$；　（6）5；

（7）10.34.

3. （1）B；　（2）B；　（3）C；　（4）A；　（5）A；　（6）C；　（7）A；　（8）D.

# 习题三

## （A）

1. （1）有放回抽样

| X \ Y | 0 | 1 | $p_i\cdot$ |
|---|---|---|---|
| 0 | $\dfrac{25}{36}$ | $\dfrac{5}{36}$ | $\dfrac{5}{6}$ |
| 1 | $\dfrac{5}{36}$ | $\dfrac{1}{36}$ | $\dfrac{1}{6}$ |
| $p\cdot_j$ | $\dfrac{5}{6}$ | $\dfrac{1}{6}$ | |

（2）不放回抽样

| X \ Y | 0 | 1 | $p_i.$ |
|---|---|---|---|
| 0 | $\frac{15}{22}$ | $\frac{5}{33}$ | $\frac{5}{6}$ |
| 1 | $\frac{5}{33}$ | $\frac{1}{66}$ | $\frac{1}{6}$ |
| $p._j$ | $\frac{5}{6}$ | $\frac{1}{6}$ | |

（3）显然,有放回抽样时,$X$ 与 $Y$ 相互独立;不放回抽样时,$X$ 与 $Y$ 不独立.

2.

| X \ Y | 0 | 1 | 2 |
|---|---|---|---|
| 0 | $\frac{1}{4}$ | $\frac{1}{3}$ | $\frac{1}{9}$ |
| 1 | $\frac{1}{6}$ | $\frac{1}{9}$ | 0 |
| 2 | $\frac{1}{36}$ | 0 | 0 |

3.

| U \ V | 0 | 1 | $p_i.$ |
|---|---|---|---|
| 0 | $\frac{1}{2}$ | 0 | $\frac{1}{2}$ |
| 1 | $\frac{1}{6}$ | $\frac{1}{3}$ | $\frac{1}{2}$ |
| $p._j$ | $\frac{2}{3}$ | $\frac{1}{3}$ | |

4. （1）$k=12$;

（2）$F(x,y)=\begin{cases}(1-e^{-3x})(1-e^{-4y}), & x>0,y>0 \\ 0, & 其他\end{cases}$;

（3）$(1-e^{-3})(1-e^{-8})$;　（4）$1-4e^{-3}$.

5. （1）$\frac{1}{8}$;　（2）$\frac{7}{8},\frac{1}{2}$;　（3）$\frac{3}{4}$.

6. $f(x,y)=\begin{cases}6\mathrm{e}^{-(2x+3y)}, & x\geqslant 0,y\geqslant 0 \\ 0, & \text{其他}\end{cases}$.

7. (1) $f_X(x)=\begin{cases}6(x^2-x^5), & 0\leqslant x\leqslant 1 \\ 0, & \text{其他}\end{cases}$, $f_Y(y)=\begin{cases}6(y^2-y^5), & 0\leqslant y\leqslant 1 \\ 0, & \text{其他}\end{cases}$;

(2) 因为 $f(x,y)\neq f_X(x)f_Y(y)$,所以 $X$ 与 $Y$ 不独立.

8. (1) $A=15$;

(2) $f_X(x)=\begin{cases}\dfrac{15}{2}x^2(1-x^2), & 0<x<1 \\ 0, & \text{其他}\end{cases}$, $f_Y(y)=\begin{cases}5y^4, & 0<y<1 \\ 0, & \text{其他}\end{cases}$;

(3) $\dfrac{17}{64},\dfrac{59}{64}$.

9. $f_X(x)=\begin{cases}x, & 0\leqslant x\leqslant 1 \\ 2-x, & 1<x\leqslant 2 \\ 0, & \text{其他}\end{cases}$, $f_Y(x)=\begin{cases}2(1-y), & 0\leqslant y\leqslant 1 \\ 0, & \text{其他}\end{cases}$

10.

| X \ Y | 0 | 1 |
|---|---|---|
| $-1$ | $\dfrac{1}{4}$ | 0 |
| 0 | 0 | $\dfrac{1}{2}$ |
| 1 | $\dfrac{1}{4}$ | 0 |

不独立.

11. 略.

12. $f(x,y)=\begin{cases}\mathrm{e}^{-(x+y)}, & x\geqslant 0,y\geqslant 0 \\ 0, & \text{其他}\end{cases}$.

13. $a=\dfrac{1}{6},b=\dfrac{1}{9},c=\dfrac{2}{9}$;

| $Y\,|\,X=0$ | 1 | 2 | 3 |
|---|---|---|---|
| $P$ | $\dfrac{1}{2}$ | $\dfrac{1}{3}$ | $\dfrac{1}{6}$ |

| $X\mid Y=2$ | 0 | 1 |
|---|---|---|
| $P$ | $\dfrac{1}{3}$ | $\dfrac{2}{3}$ |

14. $0<x<1$ 时，$f_{Y\mid X}(y\mid x)=\begin{cases}\dfrac{1}{x}, & 0<y<x \\ 0, & \text{其他}\end{cases}$；

$0<y<1$ 时，$f_{X\mid Y}(x\mid y)=\begin{cases}\dfrac{2x}{1-y^2}, & y<x<1 \\ 0, & \text{其他}\end{cases}$.

15. 当 $-1\leqslant x\leqslant 1$ 时，$f(y\mid x)=\begin{cases}\dfrac{2y}{1-x^4} & x^2\leqslant y\leqslant 1 \\ 0, & \text{其他}\end{cases}$；$\dfrac{7}{15}$.

16. $f(x,y)=\begin{cases}15x^2y, & 0<x<y<1 \\ 0, & \text{其他}\end{cases}$；$\dfrac{47}{64}$.

17. $X+Y\sim B(n+m,p)$.

18. $f_Z(z)=\begin{cases}0, & z<0 \\ 1-\mathrm{e}^{-z}, & 0\leqslant z\leqslant 1. \\ \mathrm{e}^{-z}(\mathrm{e}-1), & z>1\end{cases}$

19. (1) $f_Z(z)=\begin{cases}1-\dfrac{1}{2}z, & 0<z<2 \\ 0, & \text{其他}\end{cases}$；(2) $\dfrac{3}{4}$.

20. (1) $f_Z(z)=\begin{cases}\dfrac{\ln z}{z^2}, & z\geqslant 1 \\ 0, & z<1\end{cases}$；(2) $f_Z(z)=\begin{cases}0, & z\leqslant 0 \\ \dfrac{1}{2}, & 0<z<1 \\ \dfrac{1}{2z^2}, & z\geqslant 1\end{cases}$.

21. $f_Z(z)=\begin{cases}z, & 0<z<1 \\ \dfrac{1}{2}, & 1\leqslant z<2. \\ 0, & \text{其他}\end{cases}$

22. $f_Z(z)=\begin{cases}\dfrac{1}{2\sigma^2}\mathrm{e}^{-\frac{z}{2\sigma^2}}, & z>0 \\ 0, & z\leqslant 0\end{cases}$.

**(B)**

1. (1) $\checkmark$；(2) $\checkmark$；(3) $\times$；(4) $\times$.

2. (1) $a=0.4, b=0.1$.

　(2) $\dfrac{4}{9}$.

　(3) $\dfrac{4}{5}$ ; $\dfrac{3}{5}$.

　(4) $f(x,y)=\begin{cases}\lambda^3 e^{-(x+y+z)}, & x\geqslant 0, y\geqslant 0, z\geqslant 0 \\ 0, & \text{其他}\end{cases}$.

3. B;　C;　D;　B.

# 习题四

## （A）

1. $-0.2, 2.8, 13.4$.

2. $\dfrac{1-p}{2-p}$ ; $\dfrac{1}{p}$.

3. $(e^k p+(1-p))^n$.

4. 5.216 万元.

5. $\sigma\sqrt{\dfrac{\pi}{2}}$.

6. 1.

7. $2, 2, \dfrac{1}{3}$.

8. $\dfrac{50}{3}$.

9. (1) $\left(\dfrac{2}{3}, \dfrac{1}{6}\right)$;　(2) $\left(\dfrac{2}{9}, \dfrac{5}{36}\right)$.

10. (1)

| X ＼ Y | 0 | 1 |
|---|---|---|
| 0 | $1-\dfrac{1}{e}$ | 0 |
| 1 | $\dfrac{1}{e}-\dfrac{1}{e^2}$ | $\dfrac{1}{e^2}$ |

　(2) $\dfrac{1}{e}+\dfrac{1}{e^2}$.

11. (1) $\left(\frac{1}{2},1\right)$；    (2) $\frac{3}{2}$.

12. $\frac{\mu}{2}$，$\frac{1}{3}+\mu+\sigma^2+\mu^2$.

13. $2.4$，$1.41$.

14. $0$，$\frac{1}{6}$.

15. $\sqrt{\frac{2}{\pi}}\sigma$，$\left(1-\frac{2}{\pi}\right)\sigma^2$.

16. 略.

17. 74 人.

18. $\frac{1}{18}$，$\frac{\sqrt{10}}{10}$.

19. 0.

20. (1) 85；    (2) 37.

21. $\frac{3}{5}$.

22. $-\frac{1}{36}$，$-\frac{1}{11}$.

## （B）

1. (1) √；×.    (2) ×.    (3) √.    (4) √.

2. (1) $\frac{1}{3}$.

(2) 27.4.

(3) $\frac{1}{2}$，$\frac{1}{2}\ln 3$，$\frac{1}{3}-\frac{1}{4}\ln^2 3$.

(4) 3.

(5) $\frac{1}{2}\mathrm{e}^{-1}$.

(6) 2.

(7) $1$，$\frac{1}{2}$.

(8) 二维正态，$E(X)=0$，$E(Y)=0$，$D(X)=4^2$，$D(Y)=5^2$，$\rho_{X,Y}=\frac{3}{5}$.

(9) $\mu(\mu^2+\sigma^2)$.

3. (1) C；    (2) B；    (3) A；    (4) B；    (5) C.

# 习题五

1. $P\{|X-E(X)|\geqslant 7.5\}\leqslant\dfrac{1}{22.5}\approx 0.044.$

2. $P\{400<X<600\}\geqslant 0.975.$

3. 略.(提示:利用切比雪夫不等式证明)

4. 0.017.

5. 0.0002.

6. 0.0455.

7. 0.9977.

8. 0.0062.

9. 0.0465.

10. 142kW.

11. 最多可装 98 箱.

# 习题六

1. (1) $10,2.25$;　(2) $50,6.25.$

2. $p,\dfrac{pq}{n},pq.$

3. (1) 不是;　(2) 是;　(3) 不是.

4. (1) $N(36,1.1^2)$;　(2) $0.9540,0.3893.$

5. 0.6744.

6. (1) 0.98;　(2) 0.97.

7. 略.

8. $33.2,24.7,1.7613,1.3450,2.54,0.35.$

9. (1) 0.1314;　(2) 0.025.

10. 0.10.

11. $\sigma^2$,　$\dfrac{2}{n-1}\sigma^4.$

12. 0.01.

13. $E(\overline{X})=n,D(\overline{X})=\dfrac{1}{5}n,E(S^2)=2n.$

14. (1) $\left(\dfrac{1}{\sqrt{2\pi}\sigma}\right)^{10}\mathrm{e}^{-\sum\limits_{i=1}^{10}(x_i-\mu)^2/(2\sigma^2)}$;　(2) $\dfrac{1}{\sqrt{2\pi}\sigma/\sqrt{n}}\mathrm{e}^{-\frac{(x_i-\mu)^2}{2(\sigma/\sqrt{n})^2}}.$

15. (1) 0.99；(2) $\dfrac{2\sigma^4}{15}$.

# 习题七

1. 91.36.

2. 略.

3. 略.

4. $\dfrac{1}{2(n-1)}$.

5. 略.

6. 略.

7. (1) $\hat{\sigma^2} = \dfrac{1}{n}\sum_{i=1}^{n}X_i^2$，$\hat{\sigma} = \sqrt{\dfrac{1}{n}\sum_{i=1}^{n}X_i^2}$；

   (2) $\hat{\mu} = \overline{X}$.

8. $\hat{\theta} = \dfrac{1}{1168} \approx 0.0008\,6$.

9. $\hat{\lambda} = \dfrac{-n}{\sum\limits_{i=1}^{n}\ln X_i}$.

10. $\hat{\theta} = \dfrac{n}{\sum\limits_{i=1}^{n}X_i^a}$.

11. $\hat{\alpha} = \dfrac{-n}{\sum\limits_{i=1}^{n}\ln X_i} - 1$，$\hat{\alpha} = \dfrac{2\overline{X}-1}{1-\overline{X}}$

12. (1) $\hat{\theta} = \dfrac{\overline{X}}{\overline{X}-c}$；(2) $\hat{\theta} = \left(\dfrac{\overline{X}}{1-\overline{X}}\right)^2$；(3) $\hat{p} = \dfrac{\overline{X}}{m}$.

13. 最大似然估计量为(1) $\hat{\theta} = \dfrac{n}{\sum\limits_{i=1}^{n}\ln X_i - n\ln c}$；(2) $\hat{\theta} = \dfrac{n^2}{\left(\sum\limits_{i=1}^{n}\ln X_i\right)^2}$；(3) $\hat{p} = \dfrac{\overline{X}}{m}$.

14. $c_1 = \dfrac{\sigma_2^2 - \rho\sigma_1\sigma_2}{\sigma_1^2 + \sigma_2^2 - 2\rho\sigma_1\sigma_2}$，$c_2 = \dfrac{\sigma_1^2 - \rho\sigma_1\sigma_2}{\sigma_1^2 + \sigma_2^2 - 2\rho\sigma_1\sigma_2}$.

15. $\hat{\theta} = 1.9$，$\hat{\theta} = 1.83$.

矩法估计值不合理. 因为 $x_6 = 1.9 > \hat{\theta} = 1.83$，若 $\theta = 1.83$，则样本观测值不可能出现 1.9.

16. $\hat{\theta}_1 = \min\limits_{1 \leqslant i \leqslant n}\{x_i\}$，$\hat{\theta}_2 = \max\limits_{1 \leqslant i \leqslant n}\{x_i\}$.

17. $\hat{\theta} = \dfrac{1}{2}\max\limits_{1 \leqslant i \leqslant n}\{x_i\}$.

　　提示：似然函数为

$$L(x_1, x_2, \cdots, x_n; \theta) = \begin{cases} \dfrac{1}{\theta^n}, & \theta \leqslant x_i \leqslant 2\theta, i = 1, 2, \cdots n \\ 0, & \text{其他} \end{cases}$$

$$= \begin{cases} \dfrac{1}{\theta^n}, & \dfrac{1}{2}\max\limits_{1 \leqslant i \leqslant n}\{x_i\} \leqslant \theta \leqslant \min\limits_{1 \leqslant i \leqslant n}\{x_i\} \\ 0, & \text{其他} \end{cases}.$$

18. $\hat{p} = 0.92$.

19. 若 $\dfrac{4(u_{\frac{\alpha}{2}})^2\sigma^2}{L^2}$ 是整数，取 $n = \dfrac{4(u_{\frac{\alpha}{2}})^2\sigma^2}{L^2}$；

　　若 $\dfrac{4(u_{\frac{\alpha}{2}})^2\sigma^2}{L^2}$ 不是整数，则 $n = \left[\dfrac{4(u_{\frac{\alpha}{2}})^2\sigma^2}{L^2}\right] + 1$.

20. 0.90.

21. $(1.398, 1.460)$；$1 - \alpha = 0.95$.

22. (1) $(2.063, 2.197)$，$1 - \alpha = 0.90$；　(2) $(2.118, 2.142)$，$1 - \alpha = 0.90$.

23. $(2.690, 2.720)$，$1 - \alpha = 0.95$.

24. $(3.073, 5.527)$，$1 - \alpha = 0.90$；$(4.704, 16.198)$，$1 - \alpha = 0.90$.

25. $(0.362, 1.640)$，$1 - \alpha = 0.99$；$(0.408, 1.255)$，$1 - \alpha = 0.95$.

26. 置信区间长度不变. $\hat{\theta}_1, \hat{\theta}_2$ 可能不变，也可能同时变大或同时变小.

# 习题八

1. 拒绝 $H_0$，即不能认为复合饲料与原饲料相比同样有利于肉鸡生长.

2. 不能拒绝 $H_0$，因而认为生产是正常的.

3. 拒绝 $H_0$，即认为这批推进器的燃烧率有显著提高.

4. 拒绝 $H_0$. 即认为日光灯的平均寿命有显著提高.

5. 在 $\alpha = 0.01$ 下，不能拒绝 $H_0$，即认为患者和正常人的脉搏无显著性差异.
　　在 $\alpha = 0.05$ 下，拒绝 $H_0$，即认为患者和正常人的脉搏有显著性差异.

6. 不能拒绝 $H_0$，即认为改进工艺后铁水含碳量无显著变化.

7. 拒绝 $H_0$，即认为生产不正常.

8. 不能拒绝 $H_0$，即认为这批保险丝的熔化时间的标准差为 8s.

9. 不能拒绝 $H_0$，即认为两矿矿石的含锌量没有显著性差异.

10. 不能拒绝 $H_0$，即认为两台机床是有同样的精度.

11. 不能拒绝 $H_0$,即认为两种香烟尼古丁含量方差相等;

　　不能拒绝 $H_0$,即认为两种香烟尼古丁含量没有显著性差异.

12. 不能拒绝 $H_0$,即认为每 15s 通过该路口的汽车数辆服从泊松分布.

13. 不能拒绝 $H_0$,即螺栓口径是服从正态分布的.

# 习题九

1. $\hat{y}=-0.396+0.144x$.

2. (1) $\hat{y}=188.78+1.87x$;　(2) 回归方程是显著的.

3. (1) $\hat{y}=4.37+0.323x$;　(2) 认为 $y$ 与 $x$ 之间有线性相关关系;　(3) $(23.13,34.07)$.

4. $r=0.5679,r_{0.05}(8)=0.6319,r<r_{0.05}(8)$,认为 $y$ 与 $x$ 之间不存在线性相关关系.

5. $(55.2901,59.9887)$.

6. $\hat{y}=8.5173x^{-0.4259}$.(提示:设 $y=ax^b$)

7. (1) $\hat{y}=-200.4364+5.6834x_1+0.3075x_2$;

　　(2) 回归方程是显著的.

8. (1) $\hat{y}=143.3265+0.5556x_1+0.2501x_2$,$\hat{\sigma}^2=148\,931.9$;

　　(2) 回归方程是显著的,在显著性水平 $\alpha=0.05$ 下,可以认为模型中引入的两个解释变量 $x_1,x_2$ 对 $y$ 的影响都是显著的;

　　(3) $\hat{y}_0=14757$ 元.

$y_0$ 的置信度为 0.95 的预测区间为 $(13\,853.1,15\,661.7)$.

# 附　录　A

表 A1　泊松分布表

$$P\{X \leqslant c\} = \sum_{k=0}^{c} \frac{\lambda^k}{k!} e^{-\lambda}$$

| $c$ | $\lambda$ | | | | | | | | | |
|---|---|---|---|---|---|---|---|---|---|---|
| | 0.1 | 0.2 | 0.3 | 0.4 | 0.5 | 0.6 | 0.7 | 0.8 | 0.9 | 1.0 |
| 0 | .9048 | .8187 | .7408 | .6703 | .6065 | .5488 | .4966 | .4493 | .4066 | .3679 |
| 1 | .9958 | .9825 | .9631 | .6384 | .9098 | .8781 | .8442 | .8088 | .7725 | .7358 |
| 2 | .9998 | .9989 | .9964 | .9921 | .9855 | .9769 | .9659 | .9526 | .9371 | .9197 |
| 3 | 1.0000 | .9999 | .9997 | .9992 | .9998 | .9966 | .9942 | .9909 | .9855 | .9810 |
| 4 | | 1.0000 | 1.0000 | .9999 | 1.0000 | 1.0000 | .9992 | .9986 | .9977 | 9963 |
| 5 | | | | 1.0000 | | | .9699 | .9998 | .9997 | .9994 |
| 6 | | | | | | | 1.0000 | 1.0000 | 1.0000 | .9999 |

| $c$ | $\lambda$ | | | | | | | | | |
|---|---|---|---|---|---|---|---|---|---|---|
| | 1.1 | 1.2 | 1.3 | 1.4 | 1.5 | 1.6 | 1.7 | 1.8 | 1.9 | 2.0 |
| 0 | .3329 | .3012 | .2725 | .2466 | .2231 | .2019 | .1827 | .1653 | .1496 | .1353 |
| 1 | .6990 | .6626 | .6286 | .5918 | .5575 | .5249 | .4932 | .4628 | .4337 | .4060 |
| 2 | .9004 | .8795 | .8571 | .8335 | .8088 | .7834 | .7572 | .7306 | .7037 | .6767 |
| 3 | .9743 | .9662 | .9569 | .9463 | .9344 | .9212 | .9068 | .8913 | .8747 | .8571 |
| 4 | .9946 | .9923 | .9893 | .9857 | .9814 | .9763 | .9704 | .9636 | .9559 | .9471 |
| 5 | .9990 | .9985 | .9978 | .9968 | .9955 | .9940 | .9920 | .9896 | .9868 | .9834 |
| 6 | .9999 | .9997 | .9996 | .9994 | .9991 | .9987 | .9981 | .9974 | .9966 | .9955 |
| 7 | 1.0000 | 1.0000 | .9999 | .9999 | .9999 | .9997 | .9969 | .9994 | .9992 | .9998 |
| 8 | | | 1.0000 | 1.0000 | 1.0000 | 1.0000 | .9999 | .9999 | .9998 | .9999 |

| $c$ | $\lambda$ | | | | | | | | | |
|---|---|---|---|---|---|---|---|---|---|---|
| | 2.5 | 3.0 | 3.5 | 4.0 | 4.5 | 5.0 | 6.0 | 7.0 | 8.0 | 9.0 | 10.0 |
| 0 | .0821 | .0498 | .0302 | .0183 | .0111 | .0067 | .0025 | .0009 | .0003 | .0001 | .0000 |
| 1 | .2878 | .1991 | .1359 | .0916 | .0611 | .0404 | .0174 | .0073 | .0030 | .0012 | .0005 |
| 2 | .5433 | .4232 | .3208 | .2381 | .1736 | .1247 | .0620 | .0296 | .0138 | .0062 | .0028 |
| 3 | .7576 | .6472 | .5366 | .4335 | .3423 | .2650 | .1512 | .0818 | .0424 | .0212 | .0108 |
| 4 | .8912 | .8153 | .7254 | .6288 | .5321 | .4405 | .2851 | .1730 | .0996 | .0550 | .0293 |
| 5 | .9580 | .9161 | .8576 | .7851 | .7029 | .6160 | .4457 | .3007 | .1912 | .1157 | .0671 |
| 6 | .9858 | .9665 | .9347 | .8893 | .8311 | .7622 | .6063 | .4497 | .3134 | .2068 | .1301 |
| 7 | .9958 | .9881 | .9733 | .9489 | .9134 | .8666 | .7440 | .5987 | .4530 | .3239 | .2202 |
| 8 | .9989 | .9962 | .9901 | .9786 | .9597 | .9319 | .8472 | .7291 | .5925 | .4557 | .3328 |
| 9 | .9997 | .9989 | .9967 | .9919 | .9829 | .9982 | .9161 | .8305 | .7166 | .5874 | .4579 |

续表

| $c$ | $\lambda$ | | | | | | | | | | |
|---|---|---|---|---|---|---|---|---|---|---|---|
| | 2.5 | 3.0 | 3.5 | 4.0 | 4.5 | 5.0 | 6.0 | 7.0 | 8.0 | 9.0 | 10.0 |
| 10 | .9999 | .9997 | .9990 | .9972 | .9933 | .9863 | .9574 | .9015 | .8159 | .7060 | .5830 |
| 11 | 1.0000 | .9999 | .9999 | .9997 | .9976 | .9945 | .9799 | .9467 | .8881 | .8030 | .6968 |
| 12 | | 1.0000 | 1.0000 | .9999 | .9992 | .9980 | 9912 | .9730 | .9362 | .8751 | .7916 |
| 13 | | | | | .9997 | .9993 | .9964 | .9872 | .9658 | .9261 | .8645 |
| 14 | | | | | .9999 | .9998 | .9986 | .9943 | .9872 | .9085 | .9165 |
| 15 | | | | | 1.0000 | .9999 | .9995 | .9976 | .9918 | .9780 | .9513 |
| 16 | | | | | | | .9998 | .9990 | .9963 | .9889 | .9730 |
| 17 | | | | | | | .9999 | .9996 | .9984 | .9947 | .9857 |
| 18 | | | | | | | | .9999 | .9993 | .9976 | .9923 |
| 19 | | | | | | | | | .9997 | .9989 | .9965 |
| 20 | | | | | | | | | .9999 | .9996 | .9984 |
| 21 | | | | | | | | | | .9998 | .9993 |
| 22 | | | | | | | | | | .9999 | .9997 |
| 23 | | | | | | | | | | | .9999 |

### 表 A2　标准正态分布函数值表

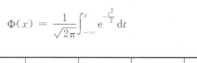

$$\Phi(x) = \frac{1}{\sqrt{2\pi}} \int_{-\infty}^{x} e^{-\frac{t^2}{2}} dt$$

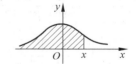

| $x$ | 0.00 | 0.01 | 0.02 | 0.03 | 0.04 | 0.05 | 0.06 | 0.07 | 0.08 | 0.09 |
|---|---|---|---|---|---|---|---|---|---|---|
| 0.0 | 0.500 00 | 0.5040 | 0.5080 | 0.5120 | 0.5160 | 0.5199 | 0.5239 | 0.5279 | 0.5319 | 0.5359 |
| 0.1 | 0.5398 | 0.5438 | 0.5478 | 0.5517 | 0.5557 | 0.5596 | 0.5636 | 0.5675 | 0.5714 | 0.5753 |
| 0.2 | 0.5793 | 0.5832 | 0.5871 | 0.5910 | 0.5948 | 0.5987 | 0.6026 | 0.6064 | 0.6103 | 0.6141 |
| 0.3 | 0.6179 | 0.6217 | 0.6255 | 0.6293 | 0.6331 | 0.6368 | 0.6404 | 0.6443 | 0.6480 | 0.6517 |
| 0.4 | 0.6554 | 0.6591 | 0.6628 | 0.6664 | 0.6700 | 0.6736 | 0.6772 | 0.6808 | 0.6844 | 0.6879 |
| 0.5 | 0.6915 | 0.6950 | 0.6985 | 0.7019 | 0.7054 | 0.7088 | 0.7123 | 0.7157 | 0.7190 | 0.7224 |
| 0.6 | 0.7257 | 0.7291 | 0.7324 | 0.7357 | 0.7389 | 0.7422 | 0.7454 | 0.7486 | 0.7517 | 0.7549 |
| 0.7 | 0.7580 | 0.7611 | 0.7642 | 0.7673 | 0.7703 | 0.7734 | 0.7764 | 0.7794 | 0.7823 | 0.7852 |
| 0.8 | 0.7881 | 0.7910 | 0.7939 | 0.7967 | 0.7995 | 0.8023 | 0.8051 | 0.8078 | 0.8106 | 0.8133 |
| 0.9 | 0.8159 | 0.8186 | 0.8212 | 0.8238 | 0.8264 | 0.8289 | 0.8315 | 0.8340 | 0.8365 | 0.8389 |
| 1.0 | 0.8413 | 0.8438 | 0.8461 | 0.8485 | 0.8508 | 0.8531 | 0.8554 | 0.8577 | 0.8599 | 0.8621 |
| 1.1 | 0.8643 | 0.8665 | 0.8686 | 0.8708 | 0.8729 | 0.8749 | 0.8770 | 0.8790 | 0.8810 | 0.8830 |
| 1.2 | 0.8849 | 0.8869 | 0.8888 | 0.8907 | 0.8925 | 0.8944 | 0.8962 | 0.8980 | 0.8997 | 0.901 47 |
| 1.3 | 0.903 20 | 0.904 90 | 0.906 58 | 0.908 24 | 0.909 88 | 0.911 49 | 0.913 09 | 0.914 66 | 0.916 21 | 0.917 74 |
| 1.4 | 0.919 24 | 0.920 73 | 0.922 20 | 0.933 64 | 0.925 07 | 0.926 47 | 0.927 85 | 0.929 22 | 0.930 56 | 0.931 89 |
| 1.5 | 0.933 19 | 0.934 88 | 0.935 74 | 0.936 99 | 0.938 22 | 0.939 43 | 0.940 62 | 0.941 79 | 0.942 95 | 0.944 08 |
| 1.6 | 0.945 20 | 0.946 30 | 0.947 38 | 0.948 45 | 0.949 50 | 0.950 53 | 0.951 54 | 0.952 54 | 0.953 52 | 0.954 49 |

续表

| $x$ | 0.00 | 0.01 | 0.02 | 0.03 | 0.04 | 0.05 | 0.06 | 0.07 | 0.08 | 0.09 |
|---|---|---|---|---|---|---|---|---|---|---|
| 1.7 | 0.955 43 | 0.956 37 | 0.957 28 | 0.958 18 | 0.959 07 | 0.959 94 | 0.960 80 | 0.96164 | 0.962 64 | 0.963 27 |
| 1.8 | 0.964 07 | 0.964 85 | 0.965 62 | 0.966 38 | 0.967 21 | 0.967 84 | 0.968 56 | 0.969 26 | 0.969 95 | 0.970 62 |
| 1.9 | 0.971 28 | 0.971 93 | 0.972 57 | 0.973 20 | 0.973 81 | 0.974 41 | 0.975 00 | 0.975 58 | 0.976 15 | 0.976 70 |
| 2.0 | 0.977 25 | 0.977 78 | 0.978 31 | 0.978 82 | 0.979 32 | 0.979 82 | 0.980 30 | 0.980 77 | 0.981 24 | 0.981 69 |
| 2.1 | 0.982 14 | 0.982 57 | 0.983 00 | 0.983 41 | 0.983 82 | 0.984 22 | 0.984 61 | 0.985 00 | 0.985 37 | 0.985 74 |
| 2.2 | 0.986 10 | 0.986 45 | 0.986 79 | 0.987 13 | 0.987 45 | 0.987 78 | 0.988 09 | 0.988 40 | 0.988 70 | 0.988 99 |
| 2.3 | 0.989 28 | 0.989 56 | 0.989 83 | $0.9^2 0097$ | $0.9^2 0358$ | $0.9^2 0613$ | $0.9^2 0863$ | $0.9^2 1106$ | $0.9^2 1344$ | $0.9^2 1576$ |
| 2.4 | $0.9^2 1842$ | $0.9^2 2024$ | $0.9^2 2240$ | $0.9^2 2451$ | $0.9^2 2656$ | $0.9^2 2857$ | $0.9^2 3053$ | $0.9^2 3244$ | $0.9^2 3431$ | $0.9^2 3613$ |
| 2.5 | $0.9^2 3790$ | $0.9^2 3963$ | $0.9^2 4132$ | $0.9^2 4297$ | $0.9^2 4457$ | $0.9^2 4614$ | $0.9^2 4766$ | $0.9^2 4915$ | $0.9^2 5060$ | $0.9^2 5201$ |
| 2.6 | $0.9^2 5339$ | $0.9^2 5473$ | $0.9^2 5604$ | $0.9^2 5731$ | $0.9^2 5855$ | $0.9^2 5975$ | $0.9^2 6093$ | $0.9^2 6207$ | $0.9^2 6319$ | $0.9^2 6427$ |
| 2.7 | $0.9^2 6533$ | $0.9^2 6636$ | $0.9^2 6736$ | $0.9^2 6833$ | $0.9^2 6928$ | $0.9^2 7020$ | $0.9^2 7610$ | $0.9^2 7197$ | $0.9^2 7282$ | $0.9^2 7365$ |
| 2.8 | $0.9^2 7445$ | $0.9^2 7523$ | $0.9^2 7599$ | $0.9^2 7673$ | $0.9^2 7744$ | $0.9^2 7814$ | $0.9^2 7882$ | $0.9^2 7943$ | $0.9^2 8012$ | $0.9^2 8074$ |
| 2.9 | $0.9^2 8134$ | $0.9^2 8193$ | $0.9^2 8250$ | $0.9^2 8305$ | $0.9^2 8359$ | $0.9^2 8411$ | $0.9^2 8462$ | $0.9^2 8511$ | $0.9^2 8559$ | $0.9^2 8605$ |
| 3.0 | $0.9^2 8650$ | $0.9^2 8694$ | $0.9^2 8736$ | $0.2^2 8777$ | $0.9^2 8817$ | $0.9^2 8856$ | $0.9^2 8893$ | $0.9^2 8930$ | $0.9^2 8965$ | $0.9^2 8999$ |
| 3.1 | $0.9^3 0324$ | $0.9^3 0646$ | $0.9^3 0957$ | $0.9^3 1260$ | $0.9^3 1553$ | $0.9^3 1836$ | $0.9^3 2112$ | $0.9^3 2378$ | $0.9^3 2636$ | $0.9^3 2883$ |
| 3.2 | $0.9^3 3129$ | $0.9^3 3363$ | $0.9^3 3590$ | $0.9^3 3810$ | $0.9^3 4024$ | $0.9^3 4230$ | $0.9^3 4429$ | $0.9^3 4623$ | $0.9^3 4810$ | $0.9^3 4911$ |
| 3.3 | $0.9^3 5166$ | $0.9^3 5335$ | $0.9^3 5499$ | $0.9^3 5658$ | $0.9^3 5811$ | $0.9^3 5959$ | $0.9^3 6103$ | $0.9^3 6242$ | $0.9^3 6376$ | $0.9^3 6505$ |
| 3.4 | $0.9^3 6633$ | $0.9^3 6752$ | $0.9^3 6869$ | $0.9^3 6982$ | $0.9^3 7091$ | $0.9^3 7197$ | $0.9^3 7299$ | $0.9^3 7398$ | $0.9^3 7493$ | $0.9^3 7585$ |
| 3.5 | $0.9^3 7674$ | $0.9^3 7759$ | $0.9^3 7842$ | $0.9^3 7922$ | $0.9^3 7999$ | $0.9^3 8074$ | $0.9^3 8146$ | $0.9^3 8215$ | $0.9^3 8282$ | $0.9^3 8347$ |
| 3.6 | $0.9^3 8409$ | $0.9^3 8409$ | $0.9^3 8527$ | $0.9^3 8583$ | $0.9^3 8637$ | $0.9^3 8689$ | $0.9^3 8739$ | $0.9^3 8787$ | $0.9^3 8834$ | $0.9^3 8879$ |
| 3.7 | $0.9^3 8922$ | $0.9^3 8964$ | $0.9^4 0039$ | $0.9^4 0426$ | $0.9^4 0799$ | $0.9^4 1158$ | $0.9^4 1504$ | $0.9^4 1838$ | $0.9^4 2159$ | $0.9^4 2468$ |
| 3.8 | $0.9^4 2765$ | $0.9^4 3052$ | $0.9^4 3327$ | $0.9^4 3593$ | $0.9^4 3848$ | $0.9^4 4094$ | $0.9^4 4331$ | $0.9^4 4558$ | $0.9^4 4777$ | $0.9^4 4988$ |
| 3.9 | $0.9^4 5190$ | $0.9^4 5385$ | $0.9^4 5573$ | $0.9^4 5753$ | $0.9^4 5926$ | $0.9^4 6092$ | $0.9^4 6253$ | $0.9^4 6406$ | $0.9^4 6554$ | $0.9^4 6696$ |
| 4.0 | $0.9^4 6833$ | $0.9^4 6964$ | $0.9^4 7090$ | $0.9^4 7211$ | $0.9^4 7327$ | $0.9^4 7439$ | $0.9^4 7564$ | $0.9^4 7649$ | $0.9^4 7748$ | $0.9^4 7843$ |
| 4.1 | $0.9^4 7934$ | $0.9^4 8022$ | $0.9^4 8106$ | $0.9^4 8186$ | $0.9^4 8263$ | $0.9^4 8338$ | $0.9^4 8409$ | $0.9^4 8477$ | $0.9^4 8542$ | $0.9^4 8605$ |
| 4.2 | $0.9^4 8665$ | $0.9^4 8723$ | $0.9^4 8778$ | $0.9^4 8832$ | $0.9^4 8882$ | $0.9^4 8931$ | $0.9^4 8978$ | $0.9^5 0226$ | $0.9^5 0655$ | $0.9^5 1066$ |
| 4.3 | $0.9^5 1460$ | $0.9^5 1837$ | $0.9^5 2199$ | $0.9^5 2545$ | $0.9^5 2876$ | $0.9^5 3193$ | $0.9^5 3497$ | $0.9^5 3788$ | $0.9^5 4066$ | $0.9^5 4332$ |
| 4.4 | $0.9^5 4587$ | $0.9^5 4831$ | $0.9^5 5065$ | $0.9^5 5288$ | $0.9^5 5502$ | $0.9^5 5706$ | $0.9^5 5902$ | $0.9^5 6089$ | $0.9^5 8268$ | $0.9^5 6439$ |
| 4.5 | $0.9^5 6602$ | $0.9^5 6759$ | $0.9^5 6908$ | $0.9^5 7051$ | $0.9^5 7187$ | $0.9^5 7313$ | $0.9^5 7442$ | $0.9^5 7561$ | $0.9^5 7675$ | $0.9^5 7784$ |
| 4.6 | $0.9^5 7888$ | $0.9^5 7987$ | $0.9^5 8081$ | $0.9^5 8172$ | $0.9^5 8258$ | $0.9^5 8340$ | $0.9^5 8419$ | $0.9^5 8494$ | $0.9^5 8566$ | $0.9^5 8634$ |
| 4.7 | $0.9^5 8699$ | $0.9^5 8761$ | $0.9^5 8821$ | $0.9^5 8877$ | $0.9^5 8931$ | $0.9^5 8983$ | $0.9^6 0320$ | $0.9^6 0789$ | $0.9^6 1235$ | $0.9^6 1661$ |
| 4.8 | $0.9^6 2007$ | $0.9^6 2453$ | $0.9^6 2822$ | $0.9^6 3173$ | $0.9^6 3508$ | $0.9^6 3827$ | $0.9^6 4131$ | $0.9^6 4420$ | $0.9^6 4656$ | $0.9^6 4958$ |
| 4.9 | $0.9^6 5208$ | $0.9^6 5446$ | $0.9^6 5673$ | $0.9^6 5889$ | $0.9^6 6094$ | $0.9^6 6289$ | $0.9^6 6475$ | $0.9^6 6652$ | $0.9^6 6821$ | $0.9^6 6918$ |

### 表 A3  $\chi^2$ 分布上侧临界值 $\chi_\alpha^2$ 表

$$P\{(\chi^2(n) \geqslant \chi_\alpha^2(n))\} = \alpha \quad n：自由度$$

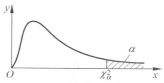

| $n$ \ $\alpha$ | 0.995 | 0.99 | 0.98 | 0.975 | 0.95 | 0.90 | 0.10 | 0.05 | 0.025 | 0.02 | 0.01 | 0.005 |
|---|---|---|---|---|---|---|---|---|---|---|---|---|
| 1 | $0.0^4 393$ | $0.0^3 157$ | $0.0^3 628$ | $0.0^3 982$ | $0.0^2 393$ | 0.0158 | 2.71 | 3.84 | 5.02 | 5.41 | 6.63 | 7.88 |
| 2 | 0.0100 | 0.0201 | 0.0404 | 0.0506 | 0.103 | 0.211 | 4.61 | 5.99 | 7.38 | 7.82 | 9.21 | 10.6 |
| 3 | 0.0717 | 0.115 | 0.185 | 0.216 | 0.352 | 0.584 | 6.25 | 7.81 | 9.35 | 9.84 | 11.3 | 12.8 |
| 4 | 0.2070 | 0.297 | 0.429 | 0.484 | 0.711 | 1.06 | 7.78 | 9.49 | 11.1 | 11.7 | 13.3 | 14.9 |

续表

| $\alpha$ / $n$ | 0.995 | 0.99 | 0.98 | 0.975 | 0.95 | 0.90 | 0.10 | 0.05 | 0.025 | 0.02 | 0.01 | 0.005 |
|---|---|---|---|---|---|---|---|---|---|---|---|---|
| 5 | 0.4120 | 0.554 | 0.752 | 0.831 | 1.150 | 1.61 | 9.24 | 11.1 | 12.8 | 13.4 | 15.1 | 16.7 |
| 6 | 0.676 | 0.872 | 1.13 | 1.24 | 1.64 | 2.20 | 10.6 | 12.6 | 14.4 | 15.0 | 16.8 | 18.5 |
| 7 | 0.989 | 1.24 | 1.56 | 1.69 | 2.17 | 2.83 | 12.0 | 14.1 | 16.0 | 16.6 | 18.5 | 20.3 |
| 8 | 1.340 | 1.65 | 2.03 | 2.18 | 2.73 | 3.49 | 13.4 | 15.5 | 17.5 | 18.2 | 20.1 | 22.0 |
| 9 | 1.730 | 2.09 | 2.53 | 2.70 | 3.33 | 4.17 | 14.7 | 16.9 | 19.0 | 19.7 | 21.7 | 23.6 |
| 10 | 2.160 | 2.56 | 3.06 | 3.25 | 3.94 | 4.87 | 16.0 | 18.3 | 20.5 | 21.2 | 23.2 | 25.2 |
| 11 | 2.60 | 3.05 | 3.61 | 3.82 | 4.57 | 5.58 | 17.3 | 19.7 | 21.9 | 22.6 | 24.7 | 26.8 |
| 12 | 3.07 | 3.57 | 4.18 | 4.40 | 5.23 | 6.30 | 18.5 | 21.0 | 23.3 | 24.0 | 26.2 | 28.3 |
| 13 | 3.57 | 4.11 | 4.77 | 5.01 | 5.89 | 7.04 | 19.8 | 22.4 | 24.7 | 25.5 | 27.7 | 29.8 |
| 14 | 4.07 | 4.66 | 5.37 | 5.63 | 6.57 | 7.79 | 21.10 | 23.7 | 26.1 | 26.9 | 29.1 | 31.3 |
| 15 | 4.60 | 5.23 | 5.99 | 6.26 | 7.26 | 8.55 | 22.3 | 25.0 | 27.5 | 28.3 | 30.6 | 32.8 |
| 16 | 5.14 | 5.81 | 6.61 | 6.91 | 7.96 | 9.31 | 23.5 | 26.3 | 28.8 | 29.6 | 32.0 | 34.3 |
| 17 | 5.70 | 6.41 | 7.26 | 7.56 | 8.67 | 10.1 | 24.8 | 27.6 | 30.2 | 31.0 | 33.4 | 35.7 |
| 18 | 6.26 | 7.01 | 7.91 | 8.23 | 9.39 | 10.9 | 26.0 | 28.9 | 31.5 | 32.3 | 34.8 | 37.2 |
| 19 | 6.84 | 7.63 | 8.57 | 8.91 | 10.1 | 11.7 | 27.2 | 30.1 | 32.9 | 33.7 | 36.2 | 38.6 |
| 20 | 7.43 | 8.26 | 9.24 | 9.59 | 10.9 | 12.4 | 28.4 | 31.4 | 34.2 | 35.0 | 37.6 | 40.0 |
| 21 | 8.03 | 8.90 | 9.92 | 10.3 | 11.6 | 13.2 | 29.6 | 32.7 | 35.5 | 36.3 | 38.9 | 41.4 |
| 22 | 8.64 | 9.54 | 10.6 | 11.0 | 12.3 | 14.0 | 30.8 | 33.9 | 36.8 | 37.7 | 40.3 | 42.8 |
| 23 | 9.26 | 10.2 | 11.3 | 11.7 | 13.1 | 14.8 | 32.0 | 35.2 | 38.1 | 39.0 | 41.6 | 44.2 |
| 24 | 9.89 | 10.9 | 12.0 | 12.4 | 13.8 | 15.7 | 33.2 | 36.4 | 39.4 | 40.3 | 43.0 | 45.6 |
| 25 | 10.5 | 11.5 | 12.7 | 13.1 | 14.6 | 16.5 | 34.4 | 37.7 | 40.6 | 41.6 | 44.3 | 46.9 |
| 26 | 11.2 | 12.2 | 13.4 | 14.8 | 15.4 | 17.3 | 35.6 | 38.9 | 41.9 | 42.9 | 45.6 | 48.3 |
| 27 | 11.8 | 12.9 | 14.1 | 14.6 | 16.2 | 18.1 | 36.7 | 40.1 | 43.2 | 44.1 | 47.0 | 49.6 |
| 28 | 12.5 | 13.6 | 14.8 | 15.3 | 16.9 | 18.9 | 37.9 | 41.3 | 44.5 | 45.4 | 48.3 | 51.0 |
| 29 | 13.1 | 14.3 | 15.6 | 16.0 | 17.7 | 19.8 | 39.1 | 42.6 | 45.7 | 46.7 | 49.6 | 52.3 |
| 30 | 13.8 | 15.0 | 16.3 | 16.8 | 18.5 | 20.6 | 40.3 | 43.8 | 47.0 | 48.0 | 50.9 | 53.7 |

### 表 A4　$t$ 分布上侧临界值 $t_\alpha$ 表

$$P\{t(n) > t_\alpha(n)\} = \alpha \quad n：自由度$$

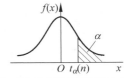

| $\alpha$ / $n$ | 0.25 | 0.10 | 0.05 | 0.025 | 0.01 | 0.005 |
|---|---|---|---|---|---|---|
| 1 | 1.0000 | 3.0777 | 6.3138 | 12.7062 | 31.8207 | 63.6574 |
| 2 | 0.8165 | 1.8856 | 2.9200 | 4.3027 | 6.9646 | 9.9248 |
| 3 | 0.7649 | 1.6377 | 2.3534 | 3.1824 | 4.5407 | 5.8409 |
| 4 | 0.7407 | 1.5332 | 2.1318 | 2.7764 | 3.7469 | 4.6041 |
| 5 | 0.7267 | 1.4759 | 2.0150 | 2.5706 | 3.3649 | 4.0322 |
| 6 | 0.7176 | 1.4398 | 1.9432 | 2.4469 | 3.1427 | 3.7074 |
| 7 | 0.7111 | 1.4149 | 1.8946 | 2.3646 | 2.9980 | 3.4995 |

续表

| α<br>n | 0.25 | 0.10 | 0.05 | 0.025 | 0.01 | 0.005 |
|---|---|---|---|---|---|---|
| 8 | 0.7064 | 1.3968 | 1.8595 | 2.3060 | 2.8965 | 3.3554 |
| 9 | 0.7027 | 1.3830 | 1.8331 | 2.2622 | 2.8214 | 3.2498 |
| 10 | 0.6998 | 1.3722 | 1.8125 | 2.2281 | 2.7638 | 3.1693 |
| 11 | 0.6974 | 1.3634 | 1.7959 | 2.2010 | 2.7181 | 3.1058 |
| 12 | 0.6955 | 1.3562 | 1.7823 | 2.1788 | 2.6810 | 3.0545 |
| 13 | 0.6938 | 1.3502 | 1.7709 | 2.1604 | 2.6503 | 3.0123 |
| 14 | 0.6924 | 1.3450 | 1.7613 | 2.1448 | 2.6245 | 2.9768 |
| 15 | 0.6912 | 1.3406 | 1.7531 | 2.1315 | 2.6025 | 2.9467 |
| 16 | 0.6901 | 1.3368 | 1.7459 | 2.1199 | 2.5835 | 2.9208 |
| 17 | 0.6892 | 1.3334 | 1.7396 | 2.1098 | 2.5669 | 2.8982 |
| 18 | 0.6884 | 1.3304 | 1.7341 | 2.1009 | 2.5524 | 2.8784 |
| 19 | 0.6876 | 1.3277 | 1.7291 | 2.0930 | 2.5395 | 2.8609 |
| 20 | 0.6870 | 1.3253 | 1.7247 | 2.0860 | 2.5280 | 2.8453 |
| 21 | 0.6864 | 1.3232 | 1.7207 | 2.0796 | 2.5177 | 2.8314 |
| 22 | 0.6858 | 1.3212 | 1.7171 | 2.0739 | 2.5083 | 2.8188 |
| 23 | 0.6853 | 1.3195 | 1.7139 | 2.0687 | 2.4999 | 2.8073 |
| 24 | 0.6848 | 1.3178 | 1.7109 | 2.0639 | 2.4922 | 2.7969 |
| 25 | 0.6844 | 1.3163 | 1.7081 | 2.0595 | 2.4851 | 2.7874 |
| 26 | 0.6840 | 1.3150 | 1.7056 | 2.0555 | 2.4786 | 2.7787 |
| 27 | 0.6837 | 1.3137 | 1.7033 | 2.0518 | 2.4727 | 2.7707 |
| 28 | 0.6834 | 1.3125 | 1.7011 | 2.0484 | 2.4671 | 2.7633 |
| 29 | 0.6830 | 1.3114 | 1.6991 | 2.0452 | 2.4620 | 2.7564 |
| 30 | 0.6828 | 1.3104 | 1.6973 | 2.0423 | 2.4573 | 2.7500 |
| 31 | 0.6825 | 1.3095 | 1.6955 | 2.0395 | 2.4528 | 2.7440 |
| 32 | 0.6822 | 1.3086 | 1.6939 | 2.0369 | 2.4487 | 2.7385 |
| 33 | 0.6820 | 1.3077 | 1.6924 | 2.0345 | 2.4448 | 2.7333 |
| 34 | 0.6818 | 1.3070 | 1.6909 | 2.0322 | 2.4411 | 2.7284 |
| 35 | 0.6816 | 1.3062 | 1.6896 | 2.0301 | 2.4377 | 2.7238 |
| 36 | 0.6814 | 1.3055 | 1.6883 | 2.0281 | 2.4345 | 2.7195 |
| 37 | 0.6812 | 1.3049 | 1.6871 | 2.0262 | 2.4314 | 2.7154 |
| 38 | 0.6810 | 1.3042 | 1.6860 | 2.0244 | 2.4286 | 2.7116 |
| 39 | 0.6808 | 1.3036 | 1.6849 | 2.0227 | 2.4258 | 2.7079 |
| 40 | 0.6807 | 1.3031 | 1.6839 | 2.0211 | 2.4233 | 2.7045 |
| 41 | 0.6805 | 1.3025 | 1.6829 | 2.0195 | 2.4208 | 2.7012 |
| 42 | 0.6804 | 1.3020 | 1.6820 | 2.0181 | 2.4185 | 2.6981 |
| 43 | 0.6802 | 1.3016 | 1.6811 | 2.0167 | 2.4163 | 2.6951 |
| 44 | 0.6801 | 1.3011 | 1.6802 | 2.0154 | 2.4141 | 2.6923 |
| 45 | 0.6800 | 1.3006 | 1.6794 | 2.0141 | 2.4121 | 2.6896 |

## 表 A5  F 分布上侧临界值 $F_\alpha$ 表

$$P\{F(n_1,n_2) > F_\alpha(n_1,n_2)\} = \alpha$$

$n_1$:第一自由度;$n_2$:第二自由度

$(\alpha=0.05)$

| $n_2$ \ $n_1$ | 1 | 2 | 3 | 4 | 5 | 6 | 7 | 8 | 9 | 10 | 12 | 15 | 20 | 24 | 30 | 40 | 60 | 120 | ∞ |
|---|---|---|---|---|---|---|---|---|---|---|---|---|---|---|---|---|---|---|---|
| 1 | 161.4 | 199.5 | 215.7 | 224.6 | 230.2 | 234.0 | 236.8 | 238.9 | 240.5 | 241.9 | 243.9 | 245.9 | 248.0 | 249.1 | 250.1 | 251.1 | 252.2 | 253.3 | 254.3 |
| 2 | 18.51 | 19.00 | 19.16 | 19.25 | 19.30 | 19.33 | 19.37 | 19.37 | 19.38 | 19.40 | 19.41 | 19.43 | 19.45 | 19.45 | 19.46 | 19.47 | 19.48 | 19.49 | 19.30 |
| 3 | 10.13 | 9.55 | 9.28 | 9.12 | 9.01 | 8.94 | 8.89 | 8.85 | 8.81 | 8.79 | 8.74 | 8.70 | 8.66 | 8.64 | 8.62 | 8.59 | 8.57 | 8.55 | 8.53 |
| 4 | 7.71 | 6.94 | 6.59 | 6.39 | 6.26 | 6.16 | 6.09 | 6.04 | 6.00 | 5.96 | 5.91 | 5.86 | 5.80 | 5.77 | 5.75 | 5.72 | 5.69 | 5.66 | 5.63 |
| 5 | 6.61 | 5.79 | 5.41 | 5.19 | 5.05 | 4.95 | 4.88 | 4.82 | 4.77 | 4.74 | 4.68 | 4.62 | 4.56 | 4.53 | 4.50 | 4.46 | 4.43 | 4.40 | 4.36 |
| 6 | 5.99 | 5.14 | 4.76 | 4.53 | 4.39 | 4.28 | 4.21 | 4.15 | 4.10 | 4.06 | 4.00 | 3.94 | 3.87 | 3.84 | 3.81 | 3.77 | 3.74 | 3.70 | 3.67 |
| 7 | 5.59 | 4.74 | 4.35 | 4.12 | 3.97 | 3.87 | 3.79 | 3.73 | 3.68 | 3.64 | 3.57 | 3.51 | 3.44 | 3.41 | 3.38 | 3.34 | 3.30 | 3.27 | 3.23 |
| 8 | 5.32 | 4.46 | 4.07 | 3.84 | 3.69 | 3.58 | 3.50 | 3.44 | 3.39 | 3.35 | 3.28 | 3.22 | 3.15 | 3.12 | 3.08 | 3.04 | 3.01 | 2.97 | 2.93 |
| 9 | 5.12 | 4.26 | 3.86 | 3.63 | 3.48 | 3.37 | 3.29 | 3.23 | 3.18 | 3.14 | 3.07 | 3.01 | 2.94 | 2.90 | 2.86 | 2.83 | 2.79 | 2.75 | 2.71 |
| 10 | 4.96 | 4.10 | 3.71 | 3.48 | 3.33 | 3.22 | 3.14 | 3.07 | 3.02 | 2.98 | 2.91 | 2.85 | 2.77 | 2.74 | 2.70 | 2.66 | 2.62 | 2.58 | 2.54 |
| 11 | 4.84 | 3.98 | 3.59 | 3.36 | 3.20 | 3.09 | 3.01 | 2.95 | 2.90 | 2.85 | 2.79 | 2.72 | 2.65 | 2.61 | 2.57 | 2.53 | 2.49 | 2.45 | 2.40 |
| 12 | 4.75 | 3.89 | 3.49 | 3.26 | 3.11 | 3.00 | 2.91 | 2.85 | 2.80 | 2.75 | 2.69 | 2.62 | 2.54 | 2.51 | 2.47 | 2.43 | 2.38 | 2.34 | 2.30 |
| 13 | 4.67 | 3.81 | 3.41 | 3.18 | 3.03 | 2.92 | 2.85 | 2.77 | 2.71 | 2.67 | 2.60 | 2.53 | 2.46 | 2.42 | 2.38 | 2.34 | 2.30 | 2.25 | 2.21 |
| 14 | 4.60 | 3.74 | 3.34 | 3.11 | 2.96 | 2.85 | 2.76 | 2.70 | 2.65 | 2.60 | 2.53 | 2.46 | 2.39 | 2.35 | 2.31 | 2.27 | 2.22 | 2.18 | 2.13 |
| 15 | 4.54 | 3.68 | 3.29 | 3.06 | 2.90 | 2.79 | 2.71 | 2.64 | 2.59 | 2.54 | 2.48 | 2.40 | 2.33 | 2.29 | 2.25 | 2.20 | 2.16 | 2.11 | 2.07 |
| 16 | 4.49 | 3.63 | 3.24 | 3.01 | 2.85 | 2.74 | 2.66 | 2.59 | 2.54 | 2.49 | 2.42 | 2.35 | 2.28 | 2.24 | 2.19 | 2.15 | 2.11 | 2.06 | 2.01 |
| 17 | 4.45 | 3.59 | 3.20 | 2.96 | 2.81 | 2.70 | 2.61 | 2.55 | 2.49 | 2.45 | 2.38 | 2.31 | 2.23 | 2.19 | 2.15 | 2.10 | 2.06 | 2.01 | 1.96 |
| 18 | 4.41 | 3.55 | 3.16 | 2.93 | 2.77 | 2.66 | 2.58 | 2.51 | 2.46 | 2.41 | 2.34 | 2.27 | 2.19 | 2.15 | 2.11 | 2.06 | 2.02 | 1.97 | 1.92 |
| 19 | 4.38 | 3.52 | 3.13 | 2.90 | 2.74 | 2.63 | 2.54 | 2.48 | 2.42 | 2.38 | 2.31 | 2.23 | 2.16 | 2.11 | 2.07 | 2.03 | 1.98 | 1.93 | 1.88 |
| 20 | 4.35 | 3.49 | 3.10 | 2.87 | 2.71 | 2.60 | 2.51 | 2.45 | 2.39 | 2.35 | 2.28 | 2.20 | 2.12 | 2.08 | 2.04 | 1.99 | 1.95 | 1.90 | 1.84 |
| 21 | 4.32 | 3.47 | 3.07 | 2.84 | 2.68 | 2.57 | 2.49 | 2.42 | 2.37 | 2.32 | 2.25 | 2.18 | 2.10 | 2.05 | 2.01 | 1.96 | 1.92 | 1.87 | 1.81 |
| 22 | 4.30 | 3.44 | 3.05 | 2.82 | 2.66 | 2.55 | 2.46 | 2.40 | 2.34 | 2.30 | 2.23 | 2.15 | 2.07 | 2.03 | 1.98 | 1.94 | 1.89 | 1.84 | 1.78 |
| 23 | 4.28 | 3.42 | 3.03 | 2.80 | 2.64 | 2.53 | 2.44 | 2.37 | 2.32 | 2.27 | 2.20 | 2.13 | 2.05 | 2.01 | 1.96 | 1.91 | 1.86 | 1.81 | 1.76 |
| 24 | 4.26 | 3.40 | 3.01 | 2.78 | 2.62 | 2.51 | 2.42 | 2.36 | 2.30 | 2.25 | 2.18 | 2.11 | 2.03 | 1.98 | 1.94 | 1.89 | 1.84 | 1.79 | 1.73 |
| 25 | 4.24 | 3.39 | 2.99 | 2.76 | 2.60 | 2.49 | 2.40 | 2.34 | 2.28 | 2.24 | 2.16 | 2.09 | 2.01 | 1.96 | 1.92 | 1.87 | 1.82 | 1.77 | 1.71 |
| 26 | 4.23 | 3.37 | 2.98 | 2.74 | 2.59 | 2.47 | 2.39 | 2.32 | 2.27 | 2.22 | 2.15 | 2.07 | 1.99 | 1.95 | 1.90 | 1.85 | 1.80 | 1.75 | 1.69 |
| 27 | 4.21 | 3.35 | 2.96 | 2.73 | 2.57 | 2.46 | 2.37 | 2.31 | 2.25 | 2.20 | 2.13 | 2.06 | 1.97 | 1.93 | 1.88 | 1.84 | 1.79 | 1.73 | 1.67 |
| 28 | 4.20 | 3.34 | 2.95 | 2.71 | 2.56 | 2.45 | 2.36 | 2.29 | 2.24 | 2.19 | 2.12 | 2.04 | 1.96 | 1.91 | 1.87 | 1.82 | 1.77 | 1.71 | 1.65 |
| 29 | 4.18 | 3.33 | 2.93 | 2.70 | 2.55 | 2.43 | 2.35 | 2.28 | 2.22 | 2.18 | 2.10 | 2.03 | 1.94 | 1.90 | 1.85 | 1.81 | 1.75 | 1.70 | 1.64 |
| 30 | 4.17 | 3.32 | 2.92 | 2.69 | 2.53 | 2.42 | 2.33 | 2.27 | 2.21 | 2.16 | 2.09 | 2.01 | 1.93 | 1.89 | 1.84 | 1.79 | 1.74 | 1.68 | 1.62 |
| 40 | 4.08 | 3.23 | 2.84 | 2.61 | 2.45 | 2.34 | 2.25 | 2.18 | 2.12 | 2.08 | 2.00 | 1.92 | 1.84 | 1.79 | 1.74 | 1.69 | 1.64 | 1.58 | 1.51 |
| 60 | 4.00 | 3.15 | 2.76 | 2.53 | 2.37 | 2.25 | 2.17 | 2.10 | 2.04 | 1.99 | 1.92 | 1.84 | 1.75 | 1.70 | 1.65 | 1.59 | 1.53 | 1.47 | 1.39 |
| 120 | 3.92 | 3.07 | 2.68 | 2.45 | 2.29 | 2.17 | 2.09 | 2.02 | 1.96 | 1.91 | 1.83 | 1.75 | 1.66 | 1.61 | 1.55 | 1.50 | 1.43 | 1.35 | 1.25 |
| ∞ | 3.84 | 3.00 | 2.60 | 2.37 | 2.21 | 2.10 | 2.01 | 1.94 | 1.88 | 1.83 | 1.75 | 1.67 | 1.57 | 1.52 | 1.46 | 1.39 | 1.32 | 1.22 | 1.00 |

续表

$(\alpha = 0.025)$

| $n_2 \backslash n_1$ | 1 | 2 | 3 | 4 | 5 | 6 | 7 | 8 | 9 | 10 | 12 | 15 | 20 | 24 | 30 | 40 | 60 | 120 | $\infty$ |
|---|---|---|---|---|---|---|---|---|---|---|---|---|---|---|---|---|---|---|---|
| 1 | 647.8 | 799.5 | 864.2 | 899.6 | 921.8 | 937.1 | 948.2 | 956.7 | 963.3 | 968.6 | 976.7 | 984.9 | 993.1 | 997.2 | 1001 | 1006 | 1010 | 1014 | 1018 |
| 2 | 38.51 | 39.00 | 39.17 | 39.25 | 39.30 | 39.33 | 39.36 | 39.37 | 39.39 | 39.40 | 39.41 | 39.43 | 39.45 | 39.46 | 39.46 | 39.47 | 39.48 | 39.49 | 39.50 |
| 3 | 17.44 | 16.04 | 15.44 | 15.10 | 14.88 | 14.73 | 14.62 | 14.54 | 14.47 | 14.42 | 14.34 | 14.25 | 14.17 | 14.12 | 14.08 | 14.04 | 13.99 | 13.95 | 13.90 |
| 4 | 12.22 | 10.65 | 9.98 | 9.60 | 9.36 | 9.20 | 9.07 | 8.98 | 8.90 | 8.84 | 8.75 | 8.66 | 8.56 | 8.51 | 8.46 | 8.41 | 8.36 | 8.31 | 8.26 |
| 5 | 10.01 | 8.43 | 7.76 | 7.39 | 7.15 | 6.98 | 6.85 | 6.76 | 6.68 | 6.62 | 6.52 | 6.43 | 6.33 | 6.28 | 6.23 | 6.18 | 6.12 | 6.07 | 6.02 |
| 6 | 8.81 | 7.26 | 6.60 | 6.23 | 5.99 | 5.82 | 5.70 | 5.60 | 5.52 | 5.46 | 5.37 | 5.27 | 5.17 | 5.12 | 5.07 | 5.01 | 4.96 | 4.90 | 4.85 |
| 7 | 8.07 | 6.54 | 5.89 | 5.52 | 5.29 | 5.12 | 4.99 | 4.90 | 4.82 | 4.76 | 4.67 | 4.57 | 4.47 | 4.42 | 4.36 | 4.31 | 4.25 | 4.20 | 4.14 |
| 8 | 7.57 | 6.06 | 5.42 | 5.05 | 4.82 | 4.65 | 4.53 | 4.43 | 4.36 | 4.30 | 4.20 | 4.10 | 4.00 | 3.95 | 3.89 | 3.84 | 3.78 | 3.73 | 3.67 |
| 9 | 7.21 | 5.71 | 5.08 | 4.72 | 4.48 | 4.32 | 4.20 | 4.10 | 4.03 | 3.96 | 3.87 | 3.77 | 3.67 | 3.61 | 3.56 | 3.51 | 3.45 | 3.39 | 3.33 |
| 10 | 6.94 | 5.46 | 4.83 | 4.47 | 4.24 | 4.07 | 3.95 | 3.85 | 3.78 | 3.72 | 3.62 | 3.52 | 3.42 | 3.37 | 3.31 | 3.26 | 3.20 | 3.14 | 3.08 |
| 11 | 6.72 | 5.26 | 4.63 | 4.28 | 4.04 | 3.88 | 3.76 | 3.66 | 3.59 | 3.53 | 3.43 | 3.33 | 3.23 | 3.17 | 3.12 | 3.06 | 3.00 | 2.94 | 2.88 |
| 12 | 6.55 | 5.10 | 4.47 | 4.12 | 3.89 | 3.73 | 3.61 | 3.51 | 3.44 | 3.37 | 3.28 | 3.18 | 3.07 | 3.02 | 2.96 | 2.91 | 2.85 | 2.79 | 2.72 |
| 13 | 6.41 | 4.97 | 4.35 | 4.00 | 3.77 | 3.60 | 3.48 | 3.39 | 3.31 | 3.25 | 3.15 | 3.05 | 2.95 | 2.89 | 2.84 | 2.78 | 2.72 | 2.66 | 2.60 |
| 14 | 6.30 | 4.86 | 4.24 | 3.89 | 3.66 | 3.50 | 3.38 | 3.29 | 3.21 | 3.15 | 3.05 | 2.95 | 2.84 | 2.79 | 2.73 | 2.67 | 2.61 | 2.55 | 2.49 |
| 15 | 6.20 | 4.77 | 4.15 | 3.80 | 3.58 | 3.41 | 3.29 | 3.20 | 3.12 | 3.06 | 2.96 | 2.86 | 2.76 | 2.70 | 2.64 | 2.59 | 2.52 | 2.46 | 2.40 |
| 16 | 6.12 | 4.69 | 4.08 | 3.73 | 3.50 | 3.34 | 3.22 | 3.12 | 3.05 | 2.99 | 2.89 | 2.79 | 2.68 | 2.63 | 2.57 | 2.51 | 2.45 | 2.38 | 2.32 |
| 17 | 6.04 | 4.62 | 4.01 | 3.66 | 3.44 | 3.28 | 3.16 | 3.06 | 2.98 | 2.92 | 2.82 | 2.72 | 2.62 | 2.56 | 2.50 | 2.44 | 2.38 | 2.32 | 2.25 |
| 18 | 5.98 | 4.56 | 3.95 | 3.61 | 3.38 | 3.22 | 3.10 | 3.01 | 2.93 | 2.87 | 2.77 | 2.67 | 2.56 | 2.50 | 2.44 | 2.38 | 2.32 | 2.26 | 2.19 |
| 19 | 5.92 | 4.51 | 3.90 | 3.56 | 3.33 | 3.17 | 3.05 | 2.96 | 2.88 | 2.82 | 2.72 | 2.62 | 2.51 | 2.45 | 2.39 | 2.33 | 2.27 | 2.20 | 2.13 |
| 20 | 5.87 | 4.46 | 3.86 | 3.51 | 3.29 | 3.13 | 3.01 | 2.91 | 2.84 | 2.77 | 2.68 | 2.57 | 2.46 | 2.41 | 2.35 | 2.29 | 2.22 | 2.16 | 2.09 |
| 21 | 5.83 | 4.42 | 3.82 | 3.48 | 3.25 | 3.09 | 2.97 | 2.87 | 2.80 | 2.73 | 2.64 | 2.53 | 2.42 | 2.37 | 2.31 | 2.25 | 2.18 | 2.11 | 2.04 |
| 22 | 5.79 | 4.38 | 3.78 | 3.44 | 3.22 | 3.05 | 2.93 | 2.84 | 2.76 | 2.70 | 2.60 | 2.50 | 2.39 | 2.33 | 2.27 | 2.21 | 2.14 | 2.08 | 2.00 |
| 23 | 5.75 | 4.35 | 3.75 | 3.41 | 3.18 | 3.02 | 2.90 | 2.81 | 2.73 | 2.67 | 2.57 | 2.47 | 2.36 | 2.30 | 2.24 | 2.18 | 2.11 | 2.04 | 1.97 |
| 24 | 5.72 | 4.32 | 3.72 | 3.38 | 3.15 | 2.99 | 2.87 | 2.78 | 2.70 | 2.64 | 2.54 | 2.44 | 2.33 | 2.27 | 2.21 | 2.15 | 2.08 | 2.01 | 1.94 |
| 25 | 5.69 | 4.29 | 3.69 | 3.35 | 3.13 | 2.97 | 2.85 | 2.75 | 2.68 | 2.61 | 2.51 | 2.41 | 2.30 | 2.24 | 2.18 | 2.12 | 2.05 | 1.98 | 1.91 |
| 26 | 5.66 | 4.27 | 3.67 | 3.33 | 3.10 | 2.94 | 2.82 | 2.73 | 2.65 | 2.59 | 2.49 | 2.39 | 2.28 | 2.22 | 2.16 | 2.09 | 2.03 | 1.95 | 1.88 |
| 27 | 5.63 | 4.24 | 3.65 | 3.31 | 3.08 | 2.92 | 2.80 | 2.71 | 2.63 | 2.57 | 2.47 | 2.36 | 2.25 | 2.19 | 2.13 | 2.07 | 2.00 | 1.93 | 1.85 |
| 28 | 5.61 | 4.22 | 3.63 | 3.29 | 3.06 | 2.90 | 2.78 | 2.69 | 2.61 | 2.55 | 2.45 | 2.34 | 2.23 | 2.17 | 2.11 | 2.05 | 1.98 | 1.91 | 1.83 |
| 29 | 5.59 | 4.20 | 3.61 | 3.27 | 3.04 | 2.88 | 2.76 | 2.67 | 2.59 | 2.53 | 2.43 | 2.32 | 2.21 | 2.15 | 2.09 | 2.03 | 1.96 | 1.89 | 1.81 |
| 30 | 5.57 | 4.18 | 3.59 | 3.25 | 3.03 | 2.87 | 2.75 | 2.65 | 2.57 | 2.51 | 2.41 | 2.31 | 2.20 | 2.14 | 2.07 | 2.01 | 1.94 | 1.87 | 1.79 |
| 40 | 5.42 | 4.05 | 3.46 | 3.13 | 2.90 | 2.74 | 2.62 | 2.53 | 2.45 | 2.39 | 2.29 | 2.18 | 2.07 | 2.01 | 1.94 | 1.88 | 1.80 | 1.72 | 1.64 |
| 60 | 5.29 | 3.93 | 3.34 | 3.01 | 2.79 | 2.63 | 2.51 | 2.41 | 2.33 | 2.27 | 2.17 | 2.06 | 1.94 | 1.88 | 1.82 | 1.74 | 1.67 | 1.58 | 1.48 |
| 120 | 5.15 | 3.80 | 3.23 | 2.89 | 2.67 | 2.52 | 2.39 | 2.30 | 2.22 | 2.16 | 2.05 | 1.94 | 1.82 | 1.76 | 1.69 | 1.61 | 1.53 | 1.43 | 1.31 |
| $\infty$ | 5.02 | 3.69 | 3.12 | 2.79 | 2.57 | 2.41 | 2.29 | 2.19 | 2.11 | 2.05 | 1.94 | 1.83 | 1.71 | 1.64 | 1.57 | 1.48 | 1.39 | 1.27 | 1.00 |

续表

（$\alpha=0.01$）

| $n_2$ \ $n_1$ | 1 | 2 | 3 | 4 | 5 | 6 | 7 | 8 | 9 | 10 | 12 | 15 | 20 | 24 | 30 | 40 | 60 | 120 | ∞ |
|---|---|---|---|---|---|---|---|---|---|---|---|---|---|---|---|---|---|---|---|
| 1 | 4052 | 4999.5 | 5403 | 5625 | 5764 | 5859 | 5928 | 5982 | 6022 | 6056 | 6106 | 6157 | 6209 | 6235 | 6261 | 6287 | 6313 | 6339 | 6366 |
| 2 | 98.50 | 99.00 | 99.17 | 99.25 | 99.30 | 99.33 | 99.36 | 99.37 | 99.39 | 99.40 | 99.42 | 99.43 | 99.45 | 99.46 | 99.47 | 99.47 | 99.48 | 99.49 | 99.50 |
| 3 | 34.12 | 30.82 | 29.46 | 28.71 | 28.24 | 27.91 | 27.67 | 27.49 | 27.35 | 27.23 | 27.05 | 26.83 | 26.69 | 26.60 | 26.50 | 26.41 | 26.32 | 26.22 | 26.13 |
| 4 | 21.20 | 18.00 | 16.69 | 15.98 | 15.52 | 15.21 | 14.98 | 14.80 | 14.66 | 14.55 | 14.37 | 14.20 | 14.02 | 13.93 | 13.84 | 13.75 | 13.65 | 13.56 | 13.46 |
| 5 | 16.26 | 13.27 | 12.06 | 11.39 | 10.97 | 10.67 | 10.46 | 10.29 | 10.16 | 10.05 | 9.89 | 9.72 | 9.55 | 9.47 | 9.38 | 9.25 | 9.20 | 9.11 | 9.02 |
| 6 | 13.75 | 10.92 | 9.78 | 9.15 | 8.75 | 8.47 | 8.26 | 8.10 | 7.98 | 7.87 | 7.72 | 7.56 | 7.40 | 7.31 | 7.23 | 7.14 | 7.06 | 6.97 | 6.88 |
| 7 | 12.25 | 9.55 | 8.45 | 7.85 | 7.46 | 7.19 | 6.99 | 6.84 | 6.72 | 6.62 | 6.47 | 6.31 | 6.16 | 6.07 | 5.99 | 5.91 | 5.82 | 5.74 | 5.65 |
| 8 | 11.26 | 8.65 | 7.59 | 7.01 | 6.63 | 6.37 | 6.18 | 6.03 | 5.91 | 5.81 | 5.67 | 5.52 | 5.36 | 5.28 | 5.20 | 5.12 | 5.03 | 4.95 | 4.86 |
| 9 | 10.56 | 8.02 | 6.99 | 6.42 | 6.06 | 5.80 | 5.61 | 5.47 | 5.35 | 5.26 | 5.11 | 4.96 | 4.81 | 4.73 | 4.65 | 4.57 | 4.48 | 4.40 | 4.31 |
| 10 | 10.04 | 7.56 | 6.55 | 5.99 | 5.64 | 5.39 | 5.20 | 5.06 | 4.94 | 4.85 | 4.71 | 4.56 | 4.41 | 4.33 | 4.25 | 4.17 | 4.08 | 4.00 | 3.91 |
| 11 | 9.65 | 7.21 | 6.22 | 5.67 | 5.32 | 5.07 | 4.89 | 4.74 | 4.63 | 4.54 | 4.40 | 4.25 | 4.10 | 4.02 | 3.94 | 3.86 | 3.78 | 3.69 | 3.60 |
| 12 | 9.33 | 6.93 | 5.95 | 5.41 | 5.06 | 4.82 | 4.64 | 4.50 | 4.39 | 4.30 | 4.16 | 4.01 | 3.86 | 3.78 | 3.70 | 3.62 | 3.54 | 3.45 | 3.36 |
| 13 | 9.07 | 6.70 | 5.74 | 5.21 | 4.86 | 4.62 | 4.44 | 4.30 | 4.19 | 4.10 | 3.96 | 3.82 | 3.66 | 3.59 | 3.51 | 3.43 | 3.34 | 3.25 | 3.17 |
| 14 | 8.86 | 6.51 | 5.56 | 5.04 | 4.69 | 4.46 | 4.28 | 4.14 | 4.03 | 3.94 | 3.80 | 3.66 | 3.51 | 3.43 | 3.35 | 3.27 | 3.18 | 3.09 | 3.00 |
| 15 | 8.68 | 6.36 | 5.42 | 4.89 | 4.56 | 4.32 | 4.14 | 4.00 | 3.89 | 3.80 | 3.67 | 3.52 | 3.37 | 3.29 | 3.21 | 3.13 | 3.05 | 2.96 | 2.87 |
| 16 | 8.53 | 6.23 | 5.29 | 4.77 | 4.44 | 4.20 | 4.03 | 3.89 | 3.78 | 3.69 | 3.55 | 3.41 | 3.26 | 3.18 | 3.10 | 3.02 | 2.93 | 2.84 | 2.75 |
| 17 | 8.40 | 6.11 | 5.18 | 4.67 | 4.34 | 4.10 | 3.93 | 3.79 | 3.68 | 3.59 | 3.46 | 3.31 | 3.16 | 3.08 | 3.00 | 2.92 | 2.83 | 2.75 | 2.65 |
| 18 | 8.29 | 6.01 | 5.09 | 4.58 | 4.25 | 4.01 | 3.84 | 3.71 | 3.60 | 3.51 | 3.37 | 3.23 | 3.08 | 3.00 | 2.92 | 2.84 | 2.75 | 2.66 | 2.57 |
| 19 | 8.18 | 5.93 | 5.01 | 4.50 | 4.17 | 3.94 | 3.77 | 3.63 | 3.52 | 3.43 | 3.30 | 3.15 | 3.00 | 2.92 | 2.84 | 2.76 | 2.67 | 2.58 | 2.49 |
| 20 | 8.10 | 5.85 | 4.94 | 4.43 | 4.10 | 3.87 | 3.70 | 3.56 | 3.46 | 3.37 | 3.23 | 3.09 | 2.94 | 2.86 | 2.78 | 2.69 | 2.61 | 2.52 | 2.42 |
| 21 | 8.02 | 5.78 | 4.87 | 4.37 | 4.04 | 3.81 | 3.64 | 3.51 | 3.40 | 3.31 | 3.17 | 3.03 | 2.88 | 2.80 | 2.72 | 2.64 | 2.55 | 2.46 | 2.36 |
| 22 | 7.95 | 5.72 | 4.82 | 4.31 | 3.99 | 3.76 | 3.59 | 3.45 | 3.35 | 3.26 | 3.12 | 2.98 | 2.83 | 2.75 | 2.67 | 2.58 | 2.50 | 2.40 | 2.31 |
| 23 | 7.88 | 5.66 | 4.76 | 4.26 | 3.94 | 3.71 | 3.54 | 3.41 | 3.30 | 3.21 | 3.07 | 2.93 | 2.78 | 2.70 | 2.62 | 2.54 | 2.45 | 2.35 | 2.26 |
| 24 | 7.82 | 5.61 | 4.72 | 4.22 | 3.90 | 3.67 | 3.50 | 3.36 | 3.26 | 3.17 | 3.03 | 2.89 | 2.74 | 2.66 | 2.58 | 2.49 | 2.40 | 2.31 | 2.21 |
| 25 | 7.77 | 5.57 | 4.68 | 4.18 | 3.85 | 3.63 | 3.46 | 3.32 | 3.22 | 3.13 | 2.99 | 2.85 | 2.70 | 2.62 | 2.54 | 2.45 | 2.36 | 2.27 | 2.17 |
| 26 | 7.72 | 5.53 | 4.64 | 4.14 | 3.82 | 3.59 | 3.42 | 3.29 | 3.18 | 3.09 | 2.96 | 2.81 | 2.66 | 2.58 | 2.50 | 2.42 | 2.33 | 2.23 | 2.13 |
| 27 | 7.68 | 5.49 | 4.60 | 4.11 | 3.78 | 3.56 | 3.39 | 3.26 | 3.15 | 3.06 | 2.93 | 2.78 | 2.63 | 2.55 | 2.47 | 2.38 | 2.29 | 2.20 | 2.10 |
| 28 | 7.64 | 5.45 | 4.57 | 4.07 | 3.75 | 3.53 | 3.36 | 3.23 | 3.12 | 3.03 | 2.90 | 2.75 | 2.60 | 2.52 | 2.44 | 2.35 | 2.26 | 2.17 | 2.06 |
| 29 | 7.60 | 5.42 | 4.54 | 4.04 | 3.73 | 3.50 | 3.33 | 3.20 | 3.09 | 3.00 | 2.87 | 2.73 | 2.57 | 2.49 | 2.41 | 2.33 | 2.23 | 2.14 | 2.03 |
| 30 | 7.56 | 5.39 | 4.51 | 4.02 | 3.70 | 3.47 | 3.30 | 3.17 | 3.07 | 2.98 | 2.84 | 2.70 | 2.55 | 2.47 | 2.39 | 2.30 | 2.21 | 2.11 | 2.01 |
| 40 | 7.31 | 5.18 | 4.31 | 3.83 | 3.51 | 3.29 | 3.12 | 2.99 | 2.89 | 2.80 | 2.66 | 2.52 | 2.37 | 2.29 | 2.20 | 2.11 | 2.02 | 1.92 | 1.80 |
| 60 | 7.08 | 4.98 | 4.13 | 3.65 | 3.34 | 3.12 | 2.95 | 2.82 | 2.72 | 2.63 | 2.50 | 2.35 | 2.20 | 2.12 | 2.03 | 1.94 | 1.84 | 1.73 | 1.60 |
| 120 | 6.85 | 4.79 | 3.95 | 3.48 | 3.17 | 2.96 | 2.79 | 2.66 | 2.56 | 2.47 | 2.34 | 2.19 | 2.03 | 1.95 | 1.86 | 1.76 | 1.66 | 1.53 | 1.38 |
| ∞ | 6.63 | 4.61 | 3.78 | 3.32 | 3.02 | 2.86 | 2.64 | 2.51 | 2.41 | 2.32 | 2.18 | 2.04 | 1.88 | 1.79 | 1.70 | 1.59 | 1.47 | 1.32 | 1.00 |

续表

$(\alpha = 0.005)$

| $n_2 \backslash n_1$ | 1 | 2 | 3 | 4 | 5 | 6 | 7 | 8 | 9 | 10 | 12 | 15 | 20 | 24 | 30 | 40 | 60 | 120 | ∞ |
|---|---|---|---|---|---|---|---|---|---|---|---|---|---|---|---|---|---|---|---|
| 1 | 16 211 | 20 000 | 21 615 | 22 300 | 23 056 | 23 437 | 23 715 | 23 925 | 24 091 | 24 224 | 24 426 | 24 630 | 24 836 | 24 940 | 25 044 | 25 148 | 25 253 | 25 359 | 25 465 |
| 2 | 198.5 | 199.0 | 199.2 | 199.2 | 199.3 | 199.3 | 199.4 | 199.4 | 199.4 | 199.4 | 199.4 | 199.4 | 199.4 | 199.5 | 199.5 | 199.5 | 199.5 | 199.5 | 199.5 |
| 3 | 55.55 | 49.80 | 47.47 | 46.19 | 45.39 | 44.84 | 44.43 | 44.13 | 43.88 | 43.69 | 43.39 | 43.08 | 42.78 | 42.62 | 42.47 | 42.31 | 42.15 | 41.99 | 41.83 |
| 4 | 31.33 | 26.28 | 24.26 | 23.15 | 22.46 | 21.97 | 21.62 | 21.35 | 21.14 | 20.97 | 20.70 | 20.44 | 20.17 | 20.03 | 19.89 | 19.75 | 19.61 | 19.47 | 19.32 |
| 5 | 22.78 | 18.31 | 16.53 | 15.56 | 14.94 | 14.51 | 14.20 | 13.96 | 13.77 | 13.62 | 13.38 | 13.15 | 12.90 | 12.78 | 12.66 | 12.53 | 12.40 | 12.27 | 12.14 |
| 6 | 18.63 | 14.54 | 12.92 | 12.03 | 11.46 | 11.07 | 10.79 | 10.57 | 10.39 | 10.25 | 10.03 | 9.81 | 9.59 | 9.47 | 9.36 | 9.24 | 9.12 | 9.00 | 8.88 |
| 7 | 16.24 | 12.40 | 10.88 | 10.05 | 9.52 | 9.16 | 8.89 | 8.68 | 8.51 | 8.38 | 8.18 | 7.97 | 7.75 | 7.65 | 7.53 | 7.42 | 7.31 | 7.19 | 7.08 |
| 8 | 14.69 | 11.04 | 9.60 | 8.81 | 8.30 | 7.95 | 7.69 | 7.50 | 7.34 | 7.21 | 7.01 | 6.81 | 6.61 | 6.50 | 6.40 | 6.29 | 6.18 | 6.06 | 5.95 |
| 9 | 13.61 | 10.11 | 8.72 | 7.96 | 7.47 | 7.13 | 6.88 | 6.69 | 6.54 | 6.42 | 6.23 | 6.03 | 5.83 | 5.73 | 5.62 | 5.52 | 5.41 | 5.30 | 5.19 |
| 10 | 12.83 | 9.43 | 8.08 | 7.34 | 6.87 | 6.54 | 6.30 | 6.12 | 5.97 | 5.85 | 5.66 | 5.47 | 5.27 | 5.17 | 5.07 | 4.97 | 4.86 | 4.75 | 4.64 |
| 11 | 12.23 | 8.91 | 7.60 | 6.88 | 6.42 | 6.10 | 5.86 | 5.68 | 5.54 | 5.42 | 5.24 | 5.05 | 4.86 | 4.76 | 4.65 | 4.55 | 4.44 | 4.34 | 4.23 |
| 12 | 11.75 | 8.51 | 7.23 | 6.52 | 6.07 | 5.76 | 5.52 | 5.35 | 5.20 | 5.09 | 4.91 | 4.72 | 4.53 | 4.43 | 4.33 | 4.23 | 4.12 | 4.01 | 3.90 |
| 13 | 11.37 | 8.19 | 6.93 | 6.23 | 5.79 | 5.48 | 5.25 | 5.08 | 4.94 | 4.82 | 4.64 | 4.46 | 4.27 | 4.17 | 4.07 | 3.97 | 3.87 | 3.76 | 3.65 |
| 14 | 11.06 | 7.92 | 6.68 | 6.00 | 5.56 | 5.26 | 5.03 | 4.86 | 4.72 | 4.60 | 4.43 | 4.25 | 4.06 | 3.96 | 3.86 | 3.76 | 3.66 | 3.55 | 3.44 |
| 15 | 10.80 | 7.70 | 6.48 | 5.80 | 5.37 | 5.07 | 4.85 | 4.67 | 4.54 | 4.42 | 4.25 | 4.07 | 3.88 | 3.79 | 3.69 | 3.58 | 3.48 | 3.37 | 3.26 |
| 16 | 10.58 | 7.51 | 6.30 | 5.64 | 5.21 | 4.91 | 4.69 | 4.52 | 4.38 | 4.27 | 4.10 | 3.92 | 3.73 | 3.64 | 3.54 | 3.44 | 3.33 | 3.22 | 3.11 |
| 17 | 10.38 | 7.35 | 6.16 | 5.50 | 5.07 | 4.78 | 4.56 | 4.39 | 4.25 | 4.14 | 3.97 | 3.79 | 3.61 | 3.51 | 3.41 | 3.31 | 3.21 | 3.10 | 2.98 |
| 18 | 10.22 | 7.21 | 6.03 | 5.37 | 4.96 | 4.66 | 4.44 | 4.28 | 4.14 | 4.03 | 3.86 | 3.68 | 3.50 | 3.40 | 3.30 | 3.20 | 3.10 | 2.99 | 2.87 |
| 19 | 10.07 | 7.09 | 5.92 | 5.27 | 4.85 | 4.56 | 4.34 | 4.18 | 4.04 | 3.93 | 3.76 | 3.59 | 3.40 | 3.31 | 3.21 | 3.11 | 3.00 | 2.89 | 2.78 |
| 20 | 9.94 | 6.99 | 5.82 | 5.17 | 4.76 | 4.47 | 4.26 | 4.09 | 3.96 | 3.85 | 3.68 | 3.50 | 3.32 | 3.22 | 3.12 | 3.02 | 2.92 | 2.81 | 2.69 |
| 21 | 9.83 | 6.89 | 5.73 | 5.09 | 4.68 | 4.39 | 4.18 | 4.01 | 3.88 | 3.77 | 3.60 | 3.43 | 3.24 | 3.15 | 3.05 | 2.95 | 2.84 | 2.73 | 2.61 |
| 22 | 9.73 | 6.81 | 5.65 | 5.02 | 4.61 | 4.32 | 4.11 | 3.94 | 3.81 | 3.70 | 3.54 | 3.36 | 3.18 | 3.08 | 2.98 | 2.88 | 2.77 | 2.66 | 2.55 |
| 23 | 9.63 | 6.73 | 5.58 | 4.95 | 4.54 | 4.26 | 4.05 | 3.88 | 3.75 | 3.64 | 3.47 | 3.30 | 3.12 | 3.02 | 2.92 | 2.82 | 2.71 | 2.60 | 2.48 |
| 24 | 9.55 | 6.66 | 5.52 | 4.89 | 4.49 | 4.20 | 3.99 | 3.83 | 3.69 | 3.59 | 3.42 | 3.25 | 3.06 | 2.97 | 2.87 | 2.77 | 2.66 | 2.55 | 2.43 |
| 25 | 9.48 | 6.60 | 5.46 | 4.84 | 4.43 | 4.15 | 3.94 | 3.78 | 3.64 | 3.54 | 3.37 | 3.20 | 3.01 | 2.92 | 2.82 | 2.72 | 2.61 | 2.50 | 2.38 |
| 26 | 9.41 | 6.54 | 5.41 | 4.79 | 4.38 | 4.10 | 3.89 | 3.73 | 3.60 | 3.49 | 3.33 | 3.15 | 2.97 | 2.87 | 2.77 | 2.67 | 2.56 | 2.45 | 2.33 |
| 27 | 9.34 | 6.49 | 5.36 | 4.74 | 4.34 | 4.06 | 3.85 | 3.69 | 3.56 | 3.45 | 3.28 | 3.11 | 2.93 | 2.83 | 2.73 | 2.63 | 2.52 | 2.41 | 2.29 |
| 28 | 9.28 | 6.44 | 5.32 | 4.70 | 4.30 | 4.02 | 3.81 | 3.65 | 3.52 | 3.41 | 3.25 | 3.07 | 2.89 | 2.79 | 2.69 | 2.59 | 2.48 | 2.37 | 2.25 |
| 29 | 9.23 | 6.40 | 5.28 | 4.66 | 4.26 | 3.98 | 3.77 | 3.61 | 3.48 | 3.38 | 3.21 | 3.04 | 2.86 | 2.76 | 2.66 | 2.56 | 2.45 | 2.33 | 2.21 |
| 30 | 9.18 | 6.35 | 5.24 | 4.62 | 4.23 | 3.95 | 3.74 | 3.58 | 3.45 | 3.34 | 3.18 | 3.01 | 2.82 | 2.73 | 2.63 | 2.52 | 2.42 | 2.30 | 2.18 |
| 40 | 8.83 | 6.07 | 4.98 | 4.37 | 3.99 | 3.71 | 3.51 | 3.35 | 3.22 | 3.12 | 2.95 | 2.78 | 2.60 | 2.50 | 2.40 | 2.30 | 2.18 | 2.06 | 1.93 |
| 60 | 8.49 | 5.79 | 4.73 | 4.14 | 3.76 | 3.49 | 3.29 | 3.13 | 3.01 | 2.90 | 2.74 | 2.57 | 2.39 | 2.29 | 2.19 | 2.08 | 1.96 | 1.83 | 1.69 |
| 120 | 8.18 | 5.54 | 4.50 | 3.92 | 3.55 | 3.28 | 3.09 | 2.93 | 2.81 | 2.71 | 2.54 | 2.37 | 2.19 | 2.09 | 1.98 | 1.87 | 1.75 | 1.61 | 1.43 |
| ∞ | 7.88 | 5.30 | 4.28 | 3.72 | 3.35 | 3.09 | 2.90 | 2.74 | 2.62 | 2.52 | 2.36 | 2.19 | 2.00 | 1.90 | 1.79 | 1.67 | 1.53 | 1.36 | 1.00 |

## 表 A6 相关系数检验表

$$P\{\mid r \mid > r_a\} = \alpha$$

| $n-2$ ＼ $\alpha$ | 0.05 | 0.01 | $n-2$ ＼ $\alpha$ | 0.05 | 0.01 |
|---|---|---|---|---|---|
| 1 | 0.997 | 1.000 | 21 | 0.413 | 0.526 |
| 2 | 0.950 | 0.990 | 22 | 0.404 | 0.515 |
| 3 | 0.878 | 0.959 | 23 | 0.396 | 0.505 |
| 4 | 0.811 | 0.917 | 24 | 0.388 | 0.496 |
| 5 | 0.754 | 0.874 | 25 | 0.381 | 0.487 |
| 6 | 0.707 | 0.834 | 26 | 0.374 | 0.478 |
| 7 | 0.666 | 0.798 | 27 | 0.367 | 0.470 |
| 8 | 0.632 | 0.765 | 28 | 0.361 | 0.463 |
| 9 | 0.602 | 0.735 | 29 | 0.355 | 0.456 |
| 10 | 0.576 | 0.708 | 30 | 0.349 | 0.449 |
| 11 | 0.553 | 0.684 | 35 | 0.325 | 0.418 |
| 12 | 0.532 | 0.661 | 40 | 0.304 | 0.393 |
| 13 | 0.514 | 0.641 | 45 | 0.288 | 0.372 |
| 14 | 0.497 | 0.623 | 50 | 0.273 | 0.354 |
| 15 | 0.482 | 0.606 | 60 | 0.250 | 0.325 |
| 16 | 0.468 | 0.590 | 70 | 0.232 | 0.302 |
| 17 | 0.456 | 0.575 | 80 | 0.217 | 0.283 |
| 18 | 0.444 | 0.561 | 90 | 0.205 | 0.267 |
| 19 | 0.433 | 0.549 | 100 | 0.195 | 0.254 |
| 20 | 0.423 | 0.537 | 200 | 0.138 | 0.181 |

# 参 考 文 献

[1]　概率统计教研室.概率与数理统计[M].2版.北京：中国财政经济出版社,2001.

[2]　茆诗松,程依明,濮晓龙.概率论与数理统计教程[M].北京：高等教育出版社,2004.

[3]　李博纳,赵新泉.概率论与数理统计[M].北京：高等教育出版社,2006.

[4]　盛骤,谢式千,潘承毅.概率论与数理统计[M].3版.北京：高等教育出版社,2001.

[5]　陈家鼎,郑忠国.概率与统计[M].北京：北京大学出版社,2007.

[6]　王明慈,沈恒范.概率论与数理统计[M].北京：高等教育出版社,1999.

[7]　陈希孺.概率论与数理统计[M].合肥：中国科学技术大学出版社,2004.